X 射线自由电子激光物理导论

章林文 编著

科学出版社

北京

内 容 简 介

本书描述了 X 射线波段自由电子激光（free electron laser，FEL）的兴起与发展，论述了电子束通过波荡器时发出的电磁辐射，介绍了低增益 FEL 理论；也论述了高增益 FEL 理论中的基本知识，包括微群聚概念以及麦克斯韦波动方程和弗拉索夫方程的基本思想，同时根据傅里叶-拉普拉斯变换来研究三维情况下的高增益 FEL 理论，可以考察电子回旋加速、横向效应对增益长度的影响，可用于 FEL 功率饱和的非线性区。在第 6 章中，讨论了一维近似下处理高增益 FEL 的问题，推导了一阶耦合方程以及三阶方程，以明了 FEL 物理过程，该三阶方程在 FEL 物理的线性区有效，此区的输出电场与输入电场呈线性关系。在第 8 章简单地介绍了激光同步辐射光源。

本书适合从事自由电子激光的科学研究工作者阅读参考。

图书在版编目(CIP)数据

X 射线自由电子激光物理导论/章林文编著. —北京：科学出版社，2022.9
ISBN 978-7-03-073072-5

Ⅰ.①X… Ⅱ.①章… Ⅲ.①自由电子激光器 Ⅳ.①TN248.6

中国版本图书馆 CIP 数据核字(2022)第 162140 号

责任编辑：周 涵 田轶静／责任校对：樊雅琼
责任印制：吴兆东／封面设计：无极书装

科学出版社 出版
北京东黄城根北街 16 号
邮政编码：100717
http://www.sciencep.com
北京建宏印刷有限公司 印刷
科学出版社发行 各地新华书店经销
*
2022 年 9 月第 一 版 开本：720×1000 B5
2022 年 9 月第一次印刷 印张：14
字数：200 000

定价：128.00 元
(如有印装质量问题，我社负责调换)

序

当著者请我为此书作序时，映入我脑海里的第一个画面是 2014 年夏天我们在德国德累斯顿里斯本河畔讨论如何发展中国 X 射线自由电子激光的情景。那一周，我们正在参加第五届国际粒子加速器大会，在会上美国科学家提出基于连续波超导直线加速器的高重频 X 射线自由电子激光直线加速器相干光源 II(LCLS-II)，令人耳目一新。实际上在这之前的 2011 年和 2013 年，我作为会议主席在上海组织召开了第 33 届国际自由电子激光大会和第 4 届国际粒子加速器大会，这些会议都及时报告了美国 LCLS、日本 SACLA(Spring-8 angstrom compact free-electron laser)、意大利 FERMI 等 X 射线自由电子激光装置的成功建设和运行情况，还有韩国 PAL-XFEL、瑞士 SwissFEL 和欧洲 XFEL 等装置的建设进展，让我们真切地感受到了国际上 X 射线自由电子激光发展的强劲势头。

在这种情况下，我们共同想到了举办中国的自由电子激光学术交流会这一动议，借此推动国内自由电子激光物理和技术的发展。于是，中国科学院上海应用物理研究所和中国工程物理研究院流体物理研究所于 2014 年在我国的水晶之城江苏省东海县举办了中国首届自由电子激光学术交流会。之后，由中国工程物理研究院流体物理研究所在北川举办了第二届，由北京大学举办了第三届，原计划由中国科学院大连化学物理研究所举办的第四届，因新冠肺炎疫情暂缓。21 世纪以来，我国的短波长高增益自由电子激光研究和装置研制得到加速发展。2010 年上海深紫外自由电子激光出光；2013 年 7 月大连极紫外自由电子激光动工，2017 年初步建成并向用户开放；2014 年 12 月 X 射线自由电子激光试验装置获批开建，2016 年 11 月获得进一步支持，开始基于该试验装置升级建设用户装置，目前覆盖整个"水窗"波段的上海软 X 射线自由电子激光设施已经建成；2018 年 4 月上海硬 X 射线自由电子激光装置启动建设，目标是 2025 年出光。近几年，成都、大连和深圳等地也相继提出了建设极紫外和 X 射线自由电子激光装置的动议，我国高增益自由电子激光的发展进入了新阶段。

根据国内外自由电子激光的发展态势，可以预见 X 射线自由电子激光装置研制和使用的从业人员将大幅度增长。近年来，自由电子激光相关的专业书籍在国内外时有出版，仅中文版的就有三本，包括：2018 年出版的北京大学黄森林和刘克新教授翻译的美国阿贡国家实验室金光齐和黄志戎教授等著的《同步辐射与自由电子激光——相干 X 射线产生原理》、2021 年出版的我和同事编著的拙作《先进 X 射线光源加速器原理与关键技术》、2022 年出版的中国科学技术大学贾启卡教授著的《自由电子激光物理导论》。

该书的初稿是作者在论证猝发脉冲高重频硬 X 射线自由电子激光装置过程中，为给中国工程物理研究院的青年科技工作者和研究生讲授 X 射线自由电子激光物理课程而撰写的。通过授课，作者将讲稿进行了进一步整理和修改，撰写成书。该书描述了低增益自由电子激光理论，也论述了高增益自由电子激光的物理过程，特别是书中的第 8 章专门讨论了逆汤姆孙散射型的高能 γ 射线源的物理过程，这些内容对从事 X 射线自由电子激光研究和应用的科技工作者、教师和学生都具有参考价值。

赵振堂

2022 年 8 月 9 日

目　　录

第 1 章 引　言

J. Madey 于 20 世纪 70 年代初提出了自由电子激光 (free electron laser，FEL) 原理 [1]，此后又在实验上得到验证，从此以后，FEL 因其具有波长可任意选择的独特优势，受到了科学家们的青睐，FEL 技术的发展和设备的建造方兴未艾。在 20 世纪 80 年代，美国的"星球大战计划"企图用 FEL 作为定向能武器而称霸太空，各个科技强国争相开展 FEL 的研究，但 Paladin 计划的失败使该计划搁浅，于是 FEL 的研究热潮随之降温。

后来，FEL 的发展朝向更短波长的可调、高功率、单色的相干辐射光源，FEL 装置有潜力成为功率极强的 X 射线谱区的新光源。为了克服反射镜或相干种子方面的困难，人们使波荡器的初始随机自发辐射在很长的波荡器中被高亮度电子束介质放大而成为很强的准相干辐射。在从几纳米 (nm) 到埃 (Å) 区的 X 射线波长范围内，以自放大自发辐射 (SASE) 模式运行的高增益 FEL 可以产生功率为吉瓦 (GW) 级、时间间隔为飞秒 (fs) 级的相干 X 射线脉冲。位于汉堡的德国电子同步辐射加速器 (DESY) 的真空紫外线 (VUV) 和软 X 射线 FEL 设备 Flash 在 X 射线 FEL 发展中起了先驱作用。类似地，位于斯坦福的直线加速器相干光源 (LCLS)[2] 和位于汉堡的欧洲 X 射线自由电子激光 (XFEL) 设备 [3] 所产生的 X 射线脉冲的峰值亮度提高了 10 个量级。

高脉冲能量和飞秒级时间长度的 X 射线脉冲及其相干性开启了全新的研究领域，例如，单个生物分子的结构分析，这是第三代光源所不可及的。21 世纪以来，加速器和 FEL 技术的巨大进展已开创了第四代光源的新纪元，实际上 SASE-FEL 就是基于加速器的第四代光源。与现有的同步辐射光源 (主要是配备有波荡器的储存环) 相比，SASE-FEL 对电子束品质 (小的束截面、高电荷密度以及低的能散度) 的要求如此之高，以至于只能用直线加速器来驱动这样的电子束。

顺便提及，作为第四代光源原理的竞争者，由电子束引起的强激光的汤姆孙散射则有产生高通量 ($\geqslant 10^{21}$ 光子/s)、窄谱宽 (0.1%)、高亮度 ($\geqslant 10^{19}$ 光子/$(s \cdot mm^2 \cdot mrad^2)$) 和超短持续时间 (1 ps) 的 X 射线脉冲的能力；这种光源称为 LSS，是 "激光同步辐射光源" 的英文缩写。

自 FEL 出现以来，科学家在这一领域做了大量理论和应用工作。《激光手册》第六卷 (自由电子激光) 已对 1990 年以前的工作做了综合评述 [4]。直到现在，柯尔森 (Colson) 等学者 [5,6] 的论文所介绍的低增益和高增益 FEL 物理都有很好的参考价值。其他的附加参考文章还包括激光手册中的其他著作 [7,8] 和论文 [9]。裴列格里尼 (Pellegrini) 等 [10,11] 介绍了直到 2004 年为止在 FEL 物理和技术方面的有用的报道。FEL 理论的完全数学处理见萨尔丁 (Saldin) 等 [12] 的著书《自由电子激光物理》。关于 XFEL 的著名参考文献主要是 STMP-229 卷上的《紫外和软 X 射线自由电子激光》[13]，黄志戎和金广吉的论文《X 射线自由电子激光理论评述》[14]，以及由杜宇兰 (Doyuran) 在 BNL 所编写的《自由电子激光理论和 HGHG 实验》[15]。黄志戎和金广吉的论文对 XFEL 理论的现状作了透彻评述。后者还论述了利用种子激光的高次谐波放大的高增益高次谐波发生器 (HGHG) 实验；与 SASE-FEL 相比，HGHG-FEL 有许多优点：辐射完全相干、辐射谱窄几个量级，以及其脉冲宽度远比电子束脉冲窄。

众所周知，以归一化速度 β 做弯曲运动的电子在到观察点方向 n

上所发射同步辐射强度谱 (即向单位立体角发射、在单位频率间隔内的辐射能量) 的基本公式为 [16]

$$\frac{\mathrm{d}^2 I}{\mathrm{d}\omega \mathrm{d}\Omega} = \frac{e^2 \omega^2}{16\pi^3 \varepsilon_0 c} \left| \int_{-\infty}^{\infty} \boldsymbol{n} \times (\boldsymbol{n} \times \boldsymbol{\beta}) \exp[\mathrm{i}\omega(t - \boldsymbol{n} \cdot \boldsymbol{r}(t)/c)] \mathrm{d}t \right|^2 \quad (1.1)$$

在高能电子同步加速器或储存环的弯曲磁铁中,相对论电子向环心加速并沿圆轨道的切线方向发射同步辐射射线 [17-20]。通常在电子束团内的不同电子互不相干地进行辐射,于是辐射呈不相干性。辐射频谱连续并从 0 频率延伸到临界频率 $\omega_c = 3c\gamma^3/(2R)$($R$ 是弯曲磁铁的曲率半径,γ 为洛伦兹因子)。在磁场为 B 的弯曲磁铁中一个电子的辐射功率为

$$P_{\mathrm{syn}} = \frac{e^4 \gamma^2 B^2}{6\pi \varepsilon_0 c m_{\mathrm{e}}^2} \quad (1.2)$$

绝大部分功率包含在张角为 $1/\gamma$ 的锥内 (图 1.1),锥 (轴) 心位于圆形轨道的切线上。

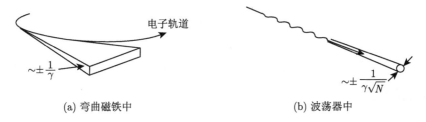

(a) 弯曲磁铁中   (b) 波荡器中

图 1.1　两种同步辐射源

在现代同步光源中,辐射由摇摆器或波荡器磁铁所产生,摇摆器或波荡器由周期排列而极性交替的许多短二极磁铁组成。电子通过这种磁铁时,沿正弦轨道运动,电子的总偏转为 0(图 1.2)。波荡器辐射由窄谱线组成并集中于张角为 $1/(\gamma\sqrt{N_{\mathrm{u}}})$ 的一个沿轴的窄锥内,比一般弯曲磁铁的辐射更有用 (图 1.1)。令 λ_{u} 为磁铁的周期。在以电子速度

运动的坐标系中，因相对论长度的收缩其周期变为 $\lambda_u^* = \lambda_u/\gamma$，电子则以相应较高的圆频率 $\omega^* = 2\pi c/\lambda_u^*$ 振荡并发射出类似于磁偶极振荡的辐射。对于面对电子束的实验室观察者，因相对论多普勒 (Doppler) 效应，该辐射出现强的蓝移。于是实验室坐标系中波荡器辐射的波长为 $\lambda_s \approx \lambda_u^*/(2\gamma) \approx \lambda_u/(2\gamma^2)$。

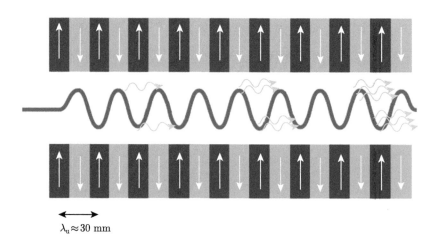

$$\lambda_u \approx 30 \text{ mm}$$

图 1.2　平面波荡器中电子运动和波荡器辐射示意图

正弦轨道振幅仅为几微米

电子轨道的正弦形状以及电子纵向速度低于其总速度，以后将得到较精确的公式

$$\lambda_s = \frac{\lambda_u}{2\gamma^2}(1 + K^2/2) \quad \left(K \equiv \frac{eB_0\lambda_u}{2\pi m_e c}\right) \tag{1.3}$$

式中，K 为波荡器参量 (无量纲参量)；B_0 是波荡器轴上峰值磁场。该方程对于 FEL 也正确，描述了基波波长 $\lambda_1 \equiv \lambda_s$。向前方向的辐射仅包含奇次高次谐波，其 m 次谐波波长为基波波长除以 $m(m$ 为正奇数)。可见，仅仅改变电子能量 γ，就可以任意改变波荡器辐射波长。

波荡器中一个电子的辐射功率与磁场为 $B = B_0/\sqrt{2}$ 的弯曲磁铁中

一个电子所辐射的功率相同，但波荡器辐射强度集中于窄谱区内。不同电子的独立辐射意味着，由束团内 N_e 个电子产生的总辐射能量正好是一个电子辐射能量的 N_e 倍。如果电子束团满足其长度短于光波波长的条件，那么束团产生的辐射强度可以按电子数目的平方 N_e^2 定标。然而，实际上由光阴极产生的电子束团长度为 10 μm 量级，远大于 X 射线、紫外线乃至可见光的波长，因此这一条件在实际的光波、紫外和 X 射线区绝不满足。然而在高增益自由电子激光中，电子束与激光光场的相互作用促成了电子束微群聚，微群聚后的电子束长度可以在 X 射线波长的尺度上，辐射强度按电子数目的平方 N_e^2 定标就成为可能。

FEL 的主要部件是一台加速器和一套波荡器磁铁。在 FEL 中，相对论电子束因为在光波波长的尺度上的自调制过程 (称为微群聚) 而有大量电子相干地发出辐射，于是辐射功率以粒子数的平方定标。对于相干区典型的 10^6 个电子，FEL 的输出光子比波荡器高百万倍。

"laser" (激光) 一词是受激发射辐射光放大 (light amplification by stimulated emission of radiation) 英文首字母的缩写词。如图 1.3 所示，常规激光器由三个基本部件组成：至少具有三个能级的激光介质、产生粒子数翻转的能泵和光学共振器。光腔轴决定了光子方向，其偏差典型地小于 1 mrad。在严格的单模激光器中激发了腔的光学本征模。这一模式的光子具有相同频率、相同方向 k、相同偏振以及相同相位。这些量子数表征了量子态，可以用狄拉克 (Dirac) 刃矢量 $|a\rangle$ 表示之。光子自旋为 1 并遵从玻色–爱因斯坦统计；它们有着占据相同量子态的强烈趋势。

共振腔内处于激发态 E_2 的许多原子在转换到基态 E_1 时发射出频率 $\omega = (E_2 - E_1)/\hbar$ 的辐射。激光过程之初，量子态 $|a\rangle$ 中光子数为 0。令 p_{spon} 为一个原子因自发发射而发射一个光子进入这一量子态的

概率。这一光子在反射镜之间来回飞行而仍然位于腔内。但是，具有相同概率发射到量子态 $|b\rangle$ 而方向离开腔轴的任何其他光子将立即逃逸出光学共振腔。因此，量子态 $|a\rangle$ 内的光子数随时间增加。如果在量子态 $|a\rangle$ 中已经有 n 个光子，那么进入该量子态光子数为 $(n+1)$ 的概率比发射到任何其他量子态 $|b\rangle$ 的概率 p_{spon} 大 n 倍：$p_n = (n+1)p_{\text{spon}}$。$n$ 表示受激发射 (由量子态 $|a\rangle$ 内已经存在的量子所引起)，而因子 1 代表自发发射，对于因能量守恒所允许的任何终态都有相同的概率 p_{spon}。该方程可以用量子场论推导出，它是激光的物理基础。激光过程从噪声开始，即从受激原子的自发发射开始，而受激发射则引起光强度的指数增长。

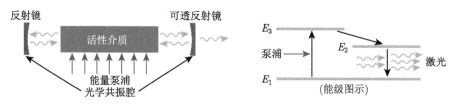

图 1.3　量子激光原理 (束缚电子激光)

　　根据量子力学可知，受激发射概率正比于业已存在的光子数。求光学跃迁的一般方法是利用扰动理论。原子内的电子用波函数描述，该波函数遵从薛定谔方程。基态与激发态之间的跃迁由扰动哈密顿量引起，该量本质上是电子在外光波场中的势能，但是，将这一电磁场视为经典量而用经典电动力学处理。原子中两量子态之间的跃迁矩阵元正比于光波电场 E_0，而跃迁概率则正比于 E_0^2 (用 Fermi-Golden 法则计算)。共振腔体积 V 内的场能为 $\varepsilon_0 E_0^2 V / 2 = n\hbar\omega$，$n$ 是光腔内的光子数目。因此受激发射概率的确正比于在量子态 $|a\rangle$ 中已存在的光子数 n。

　　辐射的吸收和受激发射是两种辐射过程，可用量子力学扰动理论处理, 这两个过程具有相同的概率。p_n 中的因子 "1" 对应于自发发射, 这一点既不能用量子力学解释, 也不能用经典电动力学解释。为了对自发辐射作理论解释, 都要将电子和辐射场进行 "量子化"。这导致了量子电动力学和电磁相互作用的量子场论。在量子场论中基态 (通常称为 "真空") 绝不与数学中的空集一样。相反, 基态完全是活跃的, 一直发射着短暂的虚光子以及发生着粒子–反粒子对的产生和湮灭。对它们的所谓真空涨落有着很好的理论理解, 并在实验上证明了对原子能级有影响。被一个受激发原子或通过波荡器而运动的电子自发发射辐射可以解释为真空涨落所激发的发射。

在常规量子激光中, 一个电子束缚于原子、分子或固态能级上, 于是量子激光也可以称为束缚电子激光 (bound-electron laser)。与之相比, FEL 中电子在真空中自由运动, 故称为自由电子激光。

在 FEL 中相对论电子束既是激活激光的介质, 又是激光能量泵浦者 (图 1.4)。运行于红外和可见光区的 FEL 可以装配光腔, 短波荡器每单程的百分之几的光强度增加足以在多次往返后实现 FEL 增益并达到激光饱和。但是如果将波长降低到 100 nm 以下, 则因为在正入射情况下金属和其他反射镜镀层的反射率快速降到 0 而不再能使用光学腔。在极紫外和 X 射线区的大激光增益必须在很长的波荡器磁铁的单程内达到。在这些短波长情况下, 自放大自发发射可以实现高增益的 FEL。

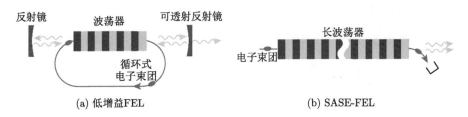

(a) 低增益FEL　　　　　　　　　　　　(b) SASE-FEL

图 1.4　FEL 原理: (a) 可见光或红外区使用光腔; (b) 紫外和 X 射线区可以利用 SASE 机制

在"低增益 FEL 理论"一章中将看到电子和在波荡器内已经激发的光波之间的耦合 (程度) 正比于光波的电场 E_0, 而激光增益正比于 E_0^2, 即光波中的光子数目。因此在论及 FEL 时, 受激发射辐射的光放大的说法是正确的。而且, 在 FEL 中一有光出现, 它就具有常规激光的性质, 即单色、偏振、极亮、高度准直以及高度的横向相干性。

FEL 方程可以根据经典相对论电动力学推导而不必使用量子理论方法。波荡器辐射或 FEL 辐射不像原子内的光学跃迁, 其功率计算不需要使用量子力学矩阵元, 而是用加速电荷辐射的经典拉莫尔公式。

第 1 章比较了常规量子激光与 FEL。第 2 章论述波荡器辐射, 它与 FEL 辐射密切相关。第 3 章推导低增益 FEL 理论。第 4 章介绍高增益 FEL 理论基本知识, 包括微群聚概念以及麦克斯韦波动方程和弗拉索夫方程的基本思想。第 5 章则根据傅里叶–拉普拉斯变换来研究三维情况下的高增益 FEL 理论, 可以考察电子回旋加速运动、横向效应对增益长度的影响, 可以使用于 FEL 功率饱和的非线性区; 在一维近似下的结果与第 6 章的结论相一致。第 6 章则在一维近似下处理高增益 FEL: 推导了一阶耦合方程以及三阶方程; 在 FEL 的线性区, 该三阶方程在 FEL 物理的线性区有效, 此区的输出电场与输入电场呈线性关系; 通常将该区称为指数增益区, 其 FEL 功率与在波荡器内飞行距离之间呈指数增长关系; 耦合一阶方程则更普遍, 也可以使用于 FEL 功率饱和的非线性区。

特别要强调的是 SASE。SASE-FEL 常常被视为基于加速器的第四代光源。与现有的同步辐射光源 (主要是配备有波荡器的储存环) 相比, SASE-FEL 对电子束品质 (小的束截面、高电荷密度以及低的能散度) 的要求如此之高, 以至于只能用直线加速器来驱动这样的电子束。

第 7 章研究对电子束电流和能量的要求、分析多种非理想因素对

FEL 增益长度的影响并介绍光源亮度的一些基本概念。非理想因素包括电子束固有能散度、发射度、电子束的回旋加速振荡运动以及光量子的量子统计等。

第 8 章则介绍可以提供 X 射线但不同于欧洲 XFEL 的所谓激光同步辐射光源 (LSS)。激光同步辐射光源使用电子的逆汤姆孙散射原理，从经典角度分析电子在激光场中的横向振荡所发射的辐射；激光同步辐射光源中激光场的周期性磁场起着类似于激光同步辐射光源设备中的波荡器的作用，利用两次多普勒效应得到反散射的 X 射线辐射。

本书的公式使用 SI 单位制，为方便起见，某些常用公式也按实用单位给出。

参 考 文 献

[1] Madey J M J. Stimulated emission of bremsstrahlung in a periodic magnetic field. J. Appl. Phys., 1971, 42: 1906.

[2] Group T. Linear Coherent Light Source(LCLS) Design Study Report. 1998.

[3] Brinkmann R. TESLA XFEL: first stage of the X-ray laser laboratory. Technical Design Report, 2002.

[4] Colson W B, Pellegrini C, Renieri A. Laser Handbook. Vol. 6. Amsterdam: North Holland, 1990.

[5] Murphy J B, Pellegrini C. Introduction to the physics of the free electron laser//Laser Handbook. Vol. 6. Amsterdam: North Holland, 1998.

[6] Colson W B. Classical free electron laser theory//Laser Handbook. Vol. 6. Amsterdam: North Holland, 1990.

[7] Brau C A. Free-Electron Lasers. Boston: Academic Press, 1990.

[8] Freund H P, Antonsen T M. Principles of Free-Electron Lasers. London: Chapman & Hall, 1996.

[9] O'Shea P, Freund H P. Free-electron lasers: status and applications. Science, 2001, 292: 1853.

[10] Pellegrini C, Reiche S. The development of X-ray free-electron lasers. IEEE J. Quantum Electron., 2004, 10(6): 1393.

[11] Pellegrini C, Reiche S. Free-Electron Lasers. The Optics Encyclopedia. New York: Wiley-VCH, 2003.

[12] Saldin E L, Schneidmiller E A, Yurkov M V. The Physics of Free Electron Lasers. Heidelberg: Springer, 2000.

[13] Huang Z, Kim K J. Review of X-ray free-electron laser theory. Phys. Rev. ST Accel. Beams, 2007, 10: 034801.

[14] Schmuser P, Dohlus M, Rossbach J. Ultraviolet and soft X-ray free-electron lasers: introduction to physical principles, experimental results, technological challenges. 2008.

[15] Doyuran A. Free Electron Laser Theory and HGHG Experiments.

[16] Chao A C, Tiger M. Handbook of Accelerator Physics and Engineering. Singapore: World Scientific, 1998.

[17] Jackson J D.Classical Electrodynamics. 3rd ed. New York: John & Wiley, 1999.

[18] Duke P J. Synchrotron Radiation: Production and Properties. Oxford: Oxford University Press, 2000.

[19] Wiedemann H. Particle Accelerator Physics II. 2nd ed. Berlin: Springer, 1999.

[20] Clarke J A. The Science and Technology of Undulators and Wigglers. Oxford: Oxford University Press, 2004.

第 2 章　波荡器辐射

波荡器 (或摇摆器) 是 FEL 设备的主要部件，其基本功能是使相对论运动的电子因周期性交替磁场而造成沿其向前运动方向上的横向振荡运动，相关的加速度造成同步辐射的发射。根据所提供横向磁场的不同具体情况，可以将波荡器分为两类，即螺旋型波荡器和线性型波荡器；线性型波荡器包括平面波荡器 (磁极面为平面) 和曲面波荡器 (磁极面为抛物柱面)。设实验室坐标系为直角坐标系，波荡器轴为 z 轴，横向平面的水平方向为 x 轴，而竖直方向为 y 轴。由于电子束沿平面波荡器轴传播时，束电子因波荡器 y 向周期变化磁场的作用而在 x-z 平面上做正弦振荡运动，从而发射同步辐射。对于 $\gamma \gg 1$，带电粒子发射的辐射限于沿实际路程的宽度为 $\Delta\theta = O(1/\gamma)$ 的窄角范围内。当粒子沿振荡路径运动时，像 "探照灯" 一样的辐射束将相对于前进方向来回移动。定性上，依赖于路程与前进方向的最大夹角 φ_0 是否大于 $\Delta\theta$ 而有不同的辐射谱 [1]。

2.1　电 子 轨 道

使用哈密顿运动方程可以很方便地求出电子在波荡器中运动的轨道方程。一个电子 (电量为 $-e$，$e = 1.602 \times 10^{-19}$ C 是基本电量) 在波荡器磁场中的相对哈密顿函数为

$$H = \gamma_0 m_\mathrm{e} c^2 = [(\boldsymbol{P} + e\boldsymbol{A})^2 c^2 + m_\mathrm{e}^2 c^4]^{1/2} \tag{2.1}$$

式中，$\boldsymbol{P}$ 是正则动量；$\boldsymbol{p} = \boldsymbol{P} + e\boldsymbol{A}$ 是力学动量；$\boldsymbol{A}$ 是磁矢势 (假定标势为 0)。根据电动力学，波荡器磁场与磁矢势的关系为

$$\boldsymbol{B} = \nabla \times \boldsymbol{A} \tag{2.2}$$

在傍轴近似下，波荡器磁场与横向坐标无关 (仅为 z 的函数)，因此哈密顿函数也与正则坐标 x 和 y 无关。按照哈密顿运动方程可以得到

$$\dot{P}_x = -\frac{\partial H}{\partial x} = 0, \quad \dot{P}_y = -\frac{\partial H}{\partial y} = 0 \tag{2.3}$$

显然，这意味着横向正则动量守恒。$P_x = m_{\mathrm{e}}\gamma c\beta_x - eA_x$ 和 $P_y = m_{\mathrm{e}}\gamma c\beta_y - eA_y$ 是运动常数。由于进入波荡器之前初始条件为 $\beta_x = \beta_y = 0$ 以及 $A_x = A_y = 0$，也就是说，$P_x = P_y = 0$。于是，不管哪一种波荡器都应该有

$$\beta_x = \frac{e}{\gamma m_{\mathrm{e}}c}A_x, \quad \beta_y = \frac{e}{\gamma m_{\mathrm{e}}c}A_y \tag{2.4}$$

或者用横向平面矢量表示为

$$\boldsymbol{\beta}_\perp = \frac{e}{\gamma m_{\mathrm{e}}c}\boldsymbol{A}_\perp$$

2.1.1 螺旋型波荡器中的电子轨道

设波荡器周期为 λ_{u}，对应的波数为 $k_{\mathrm{u}}(k_{\mathrm{u}} = 2\pi/\lambda_{\mathrm{u}})$，磁矢势的幅值为 A_{u}，则对于螺旋型波荡器，磁矢势为

$$\boldsymbol{A} = \boldsymbol{A}_\perp = A_{\mathrm{u}}[\cos(k_{\mathrm{u}}z)\boldsymbol{i} + \sin(k_{\mathrm{u}}z)\boldsymbol{j}] \tag{2.5}$$

根据方程 (2.2)，在傍轴近似下得到螺旋型波荡器的磁场表达式：

$$\boldsymbol{B} = \boldsymbol{B}_\perp = B_{\mathrm{u}}[\sin(k_{\mathrm{u}}z)\boldsymbol{i} + \cos(k_{\mathrm{u}}z)\boldsymbol{j}] \tag{2.6}$$

式中，B_u 是磁场幅值：

$$B_u = k_u A_u = 2\pi A_u / \lambda_u \tag{2.7}$$

按照方程 (2.4) 立即得到电子的横向速度 $\boldsymbol{v}_\perp$ 或归一化横向速度 $\boldsymbol{\beta}_\perp$ 为

$$\boldsymbol{v}_\perp = \frac{eA_u}{\gamma m_e}[\cos(k_u z)\boldsymbol{i} + \sin(k_u z)\boldsymbol{j}] = \frac{cK}{\gamma}[\cos(k_u z)\boldsymbol{i} + \sin(k_u z)\boldsymbol{j}] \tag{2.8}$$

$$\boldsymbol{\beta}_\perp = \frac{eA_u}{\gamma m_e c}[\hat{x}\cos(k_u z) + \hat{y}\sin(k_u z)] = \frac{K}{\gamma}[\hat{x}\cos(k_u z) + \hat{y}\sin(k_u z)] \tag{2.9}$$

式中，K 为波荡器磁场强度参量，定义为

$$K = \frac{eA_u}{m_e c} = \frac{eB_u}{m_e c k_u} = \frac{e\lambda_u B_u}{2\pi m_e c k_u} \tag{2.10}$$

用实用单位制表示，$K \approx 0.94\lambda_u[\mathrm{cm}]B_u[\mathrm{T}]$，通常 K 的大小为 1 的量级。

从方程 (2.8) 可见，电子的两个横向速度的平方和为 $v_\perp^2 = v_x^2 + v_y^2 = K^2 c^2/\gamma^2$，是与在波荡器中 z 向位置无关的常数，或者表示为 $\beta_\perp^2 = K^2/\gamma^2$。可见电子的螺旋形摇摆运动不影响电子的纵向速度。电子的纵向速度由下式得到：

$$v_z = \beta_z c = c\sqrt{\beta^2 - \beta_\perp^2} = c\sqrt{\beta^2 - K^2/\gamma^2} \approx c\left(1 - \frac{1+K^2}{2\gamma^2}\right) \tag{2.11}$$

将方程 (2.8) 以及方程 (2.11) 积分，立即得到电子在螺旋型波荡器中的轨道：

$$\begin{aligned}
x(t) &= \frac{eB_u}{\gamma m_e k_u^2 v_z}\sin(\omega_u t) \\
y(t) &= -\frac{eB_u}{\gamma m_e k_u^2 v_z}\cos(\omega_u t) \\
z(t) &= v_z t
\end{aligned} \tag{2.12}$$

这正好是右手螺旋线方程，螺旋半径为

$$r_{\text{hel}} = \frac{eB_{\text{u}}}{\gamma m_{\text{e}} k_{\text{u}}^2 v_z} \approx \frac{K}{\gamma k_{\text{u}}} \tag{2.13}$$

图 2.1 是这一轨道的示意图，螺旋半径为 r_{hel}，螺距 (周期) 为 λ_{u}。

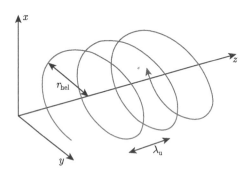

图 2.1　螺旋型波荡器中的电子轨道

2.1.2　平面波荡器中的电子轨道

平面波荡器的磁矢势为

$$\boldsymbol{A} = A_x \boldsymbol{i} = A_{\text{u}} \cos(k_{\text{u}} z) \boldsymbol{i}, \quad A_y \approx A_z = 0 \tag{2.14}$$

根据方程 (2.2)，得到螺旋型波荡器在傍轴近似下的磁场表达式:

$$\boldsymbol{B} = (0, B_y, 0), \quad B_y = -B_{\text{u}} \sin(k_{\text{u}} z) \tag{2.15}$$

其中，$B_{\text{u}} = k_{\text{u}} A_{\text{u}} = 2\pi A_{\text{u}}/\lambda_{\text{u}}$，是磁场幅值。

如上述，利用两个横向上的哈密顿方程分别可以得到 $P_x = \gamma m_{\text{e}} v_x + eA_x$ 和 $P_y = \gamma m_{\text{e}} v_y$ 都是运动常数。取在波荡器起点之后 $z = \lambda_{\text{u}}/4$ 处的矢势 A_x 为 0。就在该处选择初始条件 $v_x = v_y = 0$，于是得到沿波荡器 $P_x = P_y = 0$，从而有 $v_y(z) = 0$ 以及

$$v_x(z) = \frac{eB_{\text{u}}}{\gamma m_{\text{e}} k_{\text{u}}} \cos(k_{\text{u}} z) = \frac{cK}{\gamma} \cos(k_{\text{u}} z) \tag{2.16}$$

因为正则动量 P_x 和 P_y 沿全波荡器均为 0，哈密顿量仅依赖于 z 和 P_z

$$H = H(z, P_z) = c\left[\frac{e^2 B_u^2}{k_u^2}\cos^2(k_u z) + P_z^2 + m_e^2 c^2\right]^{1/2} \tag{2.17}$$

根据哈密顿方程，立即得到

$$\dot{z} = \frac{\partial H}{\partial P_z} = \frac{P_z}{\gamma m_e}, \quad \dot{P}_z = -\frac{\partial H}{\partial z} = \frac{e^2 B_u^2}{2\gamma m_e k_u}\sin(2k_u z)$$

利用 $z(t) \approx \bar{v}_z t$，第二个方程可以对时间积分，将所得结果代入第一个方程得到

$$v_z(t) \approx \bar{v}_z - \frac{e^2 B_u^2}{4\gamma^2 m_e^2 k_u^2 c}\cos(2k_u \bar{v}_z t) \tag{2.18}$$

第一项是积分常数，$\bar{v}_z$ 表示平均速度。其解释如下：根据已求出的横向速度可知

$$v_z = c(\beta^2 - \beta_x^2)^{1/2} \approx c\left(1 - \frac{1-\beta^2}{2} - \frac{\beta_x^2}{2}\right) \approx c\left[1 - \frac{1}{2\gamma^2}(1 + \gamma^2 v_x^2/c^2)\right]$$

$$= c\left[1 - \frac{1}{2\gamma^2}\left(1 + \frac{K^2}{2}\right)\right] - \frac{cK^2}{4\gamma^2}\cos(2\omega_u t)$$

推导中使用了 $(\beta\gamma)^2 \approx \gamma^2$ 以及 $\sqrt{1-\kappa} \approx 1-\kappa/2$ 的近似，并利用 $\sin^2\varphi$ 与 $\cos(2\varphi)$ 的关系，同时定义了 $\omega_u = \bar{v}_z k_u$。于是式 (2.18) 中的第一项为

$$\bar{v}_z = c\left[1 - \frac{1}{2\gamma^2}\left(1 + \frac{K^2}{2}\right)\right] \equiv \bar{\beta}_z c$$

式中，$\bar{\beta}_z$ 是平均纵向速度的洛伦兹因子：

$$\bar{\beta}_z = 1 - \frac{1}{2\gamma^2}\left(1 + \frac{K^2}{2}\right) \tag{2.19}$$

选择 $x(0) = y(0) = 0$，则平面波荡器中的电子轨道为

$$x(t) = \frac{cK}{\gamma\omega_\mathrm{u}} \sin\left(\omega_\mathrm{u}t\right)$$

$$y(t) = 0 \tag{2.20}$$

$$z(t) = \bar{v}_z t - \frac{cK^2}{8\gamma^2\omega_\mathrm{u}} \sin\left(2\omega_\mathrm{u}t\right)$$

可见，在傍轴近似下忽略 z 向的小振幅振荡，则平面波荡器中的电子轨道近似为在 x-z 平面上的一条正弦曲线 (图 2.2)。

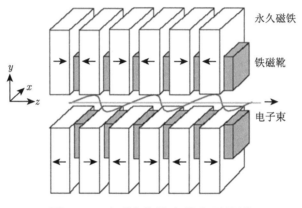

图 2.2　平面波荡器中的电子轨道

2.2　回旋振荡运动

螺旋型波荡器中，波荡器本身提供了两个横向 (x 向和 y 向) 的聚焦，因此不必专门分析螺旋型波荡器中的回旋振荡 (betatron) 运动。螺旋型波荡器难于建造。相比之下，线性型波荡器的线偏振光在高输出功率下比来自螺旋型波荡器的圆偏振光更易于处理。对线性型波荡器设计稍作修正即可以给出螺旋型波荡器所具有的聚焦和共振性质，但没有螺旋型波荡器所存在的技术困难。其修正则是在电子束传播方向的横向上将磁极面变更为近似抛物面。本节仅分析线性型波荡器的回旋振荡运动。

2.2.1 平面波荡器中电子的回旋振荡运动

实际上方程 (2.15) 的磁场不满足麦克斯韦 (Maxwell) 方程，而仅仅是表征波荡器中电子轨道总体特征的一种必要近似。对于电子轨道的精确描述，应该使用比较实际的磁场。由于真空磁场需要满足 $\nabla \times \boldsymbol{B} = \boldsymbol{0}$，因此常规设计的平面波荡器磁场的一种形式为 [2]

$$
\begin{aligned}
B_x &= 0 \\
B_y &= -B_{\mathrm{u}} \cosh(k_{\mathrm{u}} y) \sin(k_{\mathrm{u}} z) \approx -B_{\mathrm{u}} \left[1 + \frac{1}{2}(k_{\mathrm{u}} y)^2 \right] \sin(k_{\mathrm{u}} z) \\
B_z &= -B_{\mathrm{u}} \sinh(k_{\mathrm{u}} y) \cos(k_{\mathrm{u}} z) \approx -k_{\mathrm{u}} B_{\mathrm{u}} y \cos(k_{\mathrm{u}} z)
\end{aligned} \quad (2.21)
$$

精确到 $O(k_{\mathrm{u}}^3 y^3)$。上式中的近似结果表明，当 y 值很小时，B_y 仍然起着上述的使电子在 $x\text{-}z$ 平面上执行正弦式摇摆运动的作用，摇摆运动的振幅与 B_y 增幅一样，随 y 的增加而增加。

波荡器磁场 B_z 与 x 向的摇摆运动速度的耦合则会引起电子的回旋振荡，即所谓的回旋振荡运动。描述该运动的方程为

$$
\frac{\mathrm{d}^2 y}{\mathrm{d} z^2} \approx \frac{e}{\gamma m_{\mathrm{e}} c^2} v_x B_z = -\frac{k_{\mathrm{u}}^2 K^2}{\gamma^2} \cos^2(k_{\mathrm{u}} z) y = -k_\beta^2 y \quad (2.22)
$$

这里已对波荡器周期取平均，$\cos^2(k_{\mathrm{u}} z)$ 的平均值为 $1/2$。显然，这是波数为 k_β 的回旋振荡运动；由于 k_β 很小，因而这种振荡运动是慢变化的。k_β 定义为

$$
k_\beta = k_{\mathrm{u}} K / (\sqrt{2} \gamma) \quad (2.23)
$$

y 向的回旋振荡运动起着对电子束的聚焦作用。这就是波荡器的自然聚焦 (弱聚焦) 性质。

要考察 y 向回旋振荡运动对束电子纵向平均速度的影响，必须先研究电子在这种波荡器中的横向速度。精确到 $O(k_{\mathrm{u}}^3 y^3)$ 的 x 向摇摆运

动速度和 y 向回旋振荡运动结果如下:

$$x' \approx \frac{K}{\gamma}\left(1 + \frac{k_{\mathrm{u}}^2 y^2}{2}\right)\sin(k_{\mathrm{u}}z) \tag{2.24}$$

$$y' = -k_{\beta y}y_\beta \sin(k_{\beta y}z + \phi_{\beta y}), \quad y = y_\beta \cos(k_{\beta y}z + \phi_{\beta y}) \tag{2.25}$$

式中, $\phi_{\beta y}$ 是一个任意的回旋振荡相位。于是横向速度 $\boldsymbol{\beta}_\perp = x'\boldsymbol{i} + y'\boldsymbol{j}$ 的值为

$$\beta_\perp^2 = \frac{K^2}{\gamma^2}[1 + k_{\mathrm{u}}^2 y_\beta^2 \cos^2(k_{\beta y}z + \phi_{\beta y})]\sin^2(k_{\mathrm{u}}z) + y_\beta^2 k_{\beta y}^2 \sin^2(k_{\beta y}z + \phi_{\beta y})$$

在一个摇摆周期内对 $\sin^2(k_{\mathrm{u}}z)$ 取平均, 其值为 1/2。由方程 (2.23) k_β 的定义得到

$$\overline{\beta_\perp^2} = \frac{K^2}{\gamma^2}(1 + k_{\mathrm{u}}^2 y_\beta^2) \tag{2.26}$$

对于 $\gamma \gg 1$, $\beta_\perp \ll \beta_\parallel$, 利用 $\beta_\parallel^2 = \beta^2 - \beta_\perp^2 \approx 1 - \gamma^{-2} - \beta_\perp^2$ 立即得到

$$\beta_\parallel \approx 1 - \frac{1}{2\gamma^2} - \frac{\beta_\perp^2}{2} \tag{2.27}$$

　　从而证明了波荡器自然聚焦很关键的特性, 即对波荡器周期平均的电子横向速度和纵向速度均不受电子回旋振荡运动的调制。

　　对于常规设计的平面波荡器, 由于仅在摇摆器磁场方向有聚焦作用, 而另一横向 (摇摆平面的横向) 的聚焦通常需要用附加的四极子场来提供。四极子 (强) 聚焦情况下, 在 x 向摇摆运动上附加的回旋振荡运动可描述为

$$x_0'' = -k_q^2 x_0, \quad k_q^2 = q_0/\gamma \equiv \frac{eQ_0}{\gamma m_{\mathrm{e}}c^2} \tag{2.28}$$

式中, Q_0 是四极子强度 (磁场梯度); x_0 在其摇摆运动的引导中心附近缓慢地变化。四极子聚焦以及其他外聚焦会出现附加问题, 即在整个

回旋振荡轨道上对摇摆周期取平均的纵向速度 $\overline{\beta_\perp^2}$ 不再为常数。摇摆运动与电场之间的相位受回旋振荡运动的调制，从而造成对电子微群聚的瓦解作用。对于电子束整体，电子在有质动力势阱中的相位 $\psi \equiv (k + k_{\mathrm{u}})z - \omega t + \phi$ 的均方根变化量为

$$\langle \Delta\psi \rangle_{\mathrm{rms}} \approx k\varepsilon_x/4 \qquad (2.29)$$

式中，ε_x 是非归一的 x 向均方根发射度：

$$\varepsilon_x \equiv k_q \langle x_\beta^2 \rangle_{\mathrm{rms}} \qquad (2.30)$$

为使得在四极子聚焦下由回旋振荡运动引起的解群聚效应不重要，则要求满足 $k\varepsilon_x/4 \ll 1$ 或 $L_{\mathrm{u}} \ll \pi/k_q$（$L_{\mathrm{u}}$ 是波荡器总长度）。

2.2.2　曲面波荡器中电子的回旋振荡运动

如果将平面波荡器磁场设计为另一种形式，即 $\boldsymbol{B} = (B_x, B_y, B_z)$，其中，

$$B_x = -B_{\mathrm{u}} \sinh(k_\perp x) \sinh(k_\perp y) \sin(k_{\mathrm{u}} z) \approx -B_{\mathrm{u}}(k_\perp^2 xy) \sin(k_{\mathrm{u}} z)$$

$$B_y = -B_{\mathrm{u}} \cosh(k_\perp x) \cosh(k_\perp y) \sin(k_{\mathrm{u}} z)$$

$$\approx -B_{\mathrm{u}} \left[1 + \frac{1}{2} k_\perp^2 (x^2 + y^2) \right] \sin(k_{\mathrm{u}} z) \qquad (2.31)$$

$$B_z = -\frac{k_{\mathrm{u}} B_{\mathrm{u}}}{k_\perp} \cosh(k_\perp x) \sinh(k_\perp y) \cos(k_{\mathrm{u}} z)$$

$$\approx -B_{\mathrm{u}} k_{\mathrm{u}} y \left(1 + \frac{1}{2} k_\perp^2 x^2 \right) \cos(k_{\mathrm{u}} z)$$

就得到了磁极面为"抛物形"柱面的波荡器 [3]。该磁场是真空麦克斯韦方程之解，但必须满足以下条件：双曲函数中两个横向波数取相同值（$k_x = k_y = k_\perp$），以确保电子束截面在波荡器内保持为圆形，$k_\perp$ 与波荡

器波数 k_{u} 的关系应该为

$$k_{\mathrm{u}}^2 = 2k_{\perp}^2 \qquad (2.32)$$

假定极面场用不锈钢极面来整形，在不锈钢内 $\mu \to \infty$。在 $\cos(k_{\mathrm{u}}z)$ = 1 时，极面应该遵从磁标势为常数的曲面：$\cosh(k_x x)\sinh(k_y y) = C_0$。于是极面用以下曲线描述：

$$y(x) = \frac{1}{k_y}\mathrm{arcsinh}\left(\frac{C_0}{\cosh(k_x x)}\right)$$

或近似为

$$y(x) = \frac{C_0}{k_y}\left(1 - \frac{k_x^2 x^2}{2}\right) \qquad (2.33)$$

这一公式说明了曲率的近似抛物线性质。

在曲面波荡器中，电子位置表示为 $\boldsymbol{r} = \boldsymbol{r}_0 + \boldsymbol{r}_1$，这里 $\boldsymbol{r}_0$ 是电子引导中心的位置，而 $\boldsymbol{r}_1$ 则为摇摆轨道。不难求出电子摇摆运动结果为

$$x_1' \approx \frac{K}{\gamma}\left(1 + \frac{k_{\perp}^2(x_0^2 + y_0^2)}{2}\right)\cos(k_{\mathrm{u}}z) \qquad (2.34)$$

精度截止到三阶。方程 (2.34) 描述了摇摆运动的振幅正比于 x_0 和 y_0 的回旋振荡运动。经推导，在对摇摆周期取平均后得到如下的关于 x_0 和 y_0 的回旋振荡运动方程：

$$x_0'' = -k_{\beta\perp}^2 x_0, \quad y_0'' = -k_{\beta\perp}^2 y_0 \qquad (2.35)$$

其中，

$$k_{\beta\perp} = \frac{K}{\sqrt{2}\gamma}k_{\mathrm{u}} \qquad (2.36)$$

求解方程 (2.35)，得到轨道 x_0 和 y_0：

$$x_0 = x_\beta \cos(k_{\beta\perp}z + \phi_x), \quad y_0 = y_\beta \cos(k_{\beta\perp}z + \phi_y) \qquad (2.37)$$

式中，x_β 和 y_β 是两个横向上回旋振荡运动的振幅；ϕ_x 和 ϕ_y 分别是对应的相位。同样可以得到 $\overline{\beta_\perp^2}$：

$$\overline{\beta_\perp^2} = x_1'^2 + x_0'^2/c^2 + y_0'^2/c^2 = \frac{K^2}{\gamma^2}[1 + k_\perp^2(x_\beta^2 + y_\beta^2)]$$

这是与在波荡器中的位置 (z) 无关的量，说明电子横向速度和纵向速度均不受电子回旋振荡运动的调制。

弯曲极面平面波荡器中的电子轨道在 x-z 平面上投影的示意图见图 2.3，图中显示了长周期的回旋振荡运动和短周期的摇摆运动，并已人为地将回旋振荡振幅放大以更清晰地看出这一回旋振荡运动的情况。

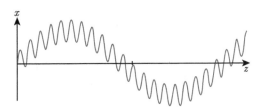

图 2.3 弯曲极面平面波荡器中的电子轨道示意图

2.3 波荡器辐射及其谱形

仅由超相对论电子在波荡器磁场作用下所发射的辐射称为波荡器辐射，不考虑所发射辐射与相对论电子束的相互作用。本节分别分析螺旋型波荡器和线性型波荡器所发射的波荡器辐射谱形。

先以线性型波荡器为例，求出一个相对论电子的波荡器辐射 (同步辐射) 的辐射功率。在线性型波荡器中，电子以平均速度 $\bar{v}_z = \bar{\beta}_z c$ 沿 z 向运动，并以由方程 (2.17) 所给的横向速度执行摇摆运动。设 $x_0 = 0$，$y_0 = 0$，$z_0 = 0$，并令 $a \equiv K/(\gamma k_u)$，那么在以速度 $\bar{v}_z = \bar{\beta}_z c$ 沿 z 向运动的运动坐标系 (x^*, y^*, z^*) 中得到

$$x^* = x = a\sin(\omega_u t) = a\sin(\omega^* t^*)$$

$$y^* = y = 0$$

$$z^* = \bar{\gamma}(z - \bar{\beta}ct) = -\frac{\bar{\gamma}K^2}{8\gamma^2 k_u \bar{\beta}_z} \sin(2k_u \bar{\beta}_z ct)$$

$$\approx -\frac{aK}{8\sqrt{1 + K^2/2}} \sin(2\omega^* t^*)$$

其中已使用了 $\bar{\beta}_z \approx 1$ 和 $\gamma = \bar{\gamma}\sqrt{1 + K^2/2}$ 的近似，而运动坐标系中频率 ω^* 与实验室坐标系频率 ω_u (即波荡器频率) 的关系为

$$\omega^* = \bar{\gamma}\omega_u = \bar{\gamma}ck_u \approx \frac{\gamma ck_u}{\sqrt{1 + K^2/2}} \tag{2.38}$$

可见，在运动坐标系中电子的轨道方程为

$$\frac{z^*}{a} = -\frac{K}{4\sqrt{1 + K^2/2}} \frac{x^*}{a} \sqrt{1 - \left(\frac{x^*}{a}\right)^2}$$

该方程描述了频率为 $\omega^* = \bar{\gamma}\omega_u$ 的横向谐振荡，并叠加上 2 倍于该频率的纵向振荡 (图 2.4)。如果暂且略去这一纵向振荡，那么在运动坐标系中电子发射偶极辐射，辐射的频率为 $\omega^* = \bar{\gamma}\omega_u$，波长为 $\lambda_u^* = \lambda_u/\bar{\gamma}$。这一轨道的 z^* 向最大值为

$$z_{\max}^* = \frac{\sqrt{2}Ka}{8\sqrt{K^2 + 2}}$$

为了求出一个电子的偶极辐射功率，可以利用拉莫尔 (Larmor) 公式 [1]

$$P_{\text{Larmor}} = \frac{e^2}{6\pi\varepsilon_0 c^3} \dot{\boldsymbol{v}}^2$$

略去纵向振荡，对 x^* 向加速度平方取时间平均，在运动坐标系中的总辐射功率为

$$P^* = \frac{e^2 c\gamma^2 K^2 k_u^2}{12\pi\varepsilon_0(1 + K^2/2)^2}$$

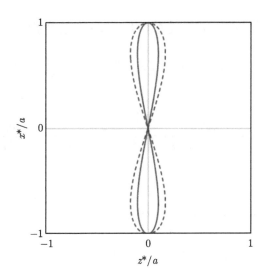

图 2.4　$K = 1$ (实线) 或 $K = 5$ (虚线) 波荡器在运动坐标系中的电子轨道；曲线呈 "8" 字形，$K \gg 1$ 时纵向最大位置为 $z^*_{\max}/a = \sqrt{2}/8$；$K \to 0$ 时纵向宽度收缩到 0

注意到总辐射功率是相对论不变量，于是实验室坐标系中的每个电子的基波辐射功率为

$$P_1 = \frac{e^2 c \gamma^2 K^2 k_u^2}{12\pi\varepsilon_0 (1 + K^2/2)^2}$$

如果考虑到纵向振荡，则除基波 (一次谐波) 外还有高次谐波。对所有谐波的辐射功率求和，给出一个电子的同步辐射总功率为

$$P_{\text{spont}} = \frac{e^2 c \gamma^2 K^2 k_u^2}{12\pi\varepsilon_0} = \frac{e^4 \gamma^2 B_0^2}{12\pi\varepsilon_0 c m_e^2} \qquad (2.39)$$

对比弯曲磁铁中一个电子的辐射功率 (方程 (1.2))，在相同的磁场幅值下，波荡器中一个电子的同步辐射总功率正好是弯曲磁铁情况的一半。

现在考察辐射的坐标系转换关系。设实验室坐标系中光子能量为 $\hbar\omega_s$，因而光子动量为 $p_{\text{ph}} = \hbar\omega_s/c$。为了求出实验室坐标系中光波波长

与相对于束轴夹角 θ 之间的关系，应用洛伦兹变换：

$$\hbar\omega^* = \bar{\gamma}(\hbar\omega_{\mathrm{s}} - \bar{\beta}cp_{\mathrm{ph}}\cos\theta) = \bar{\gamma}\hbar\omega_{\mathrm{s}}(1 - \bar{\beta}\cos\theta)$$

于是，

$$\omega_{\mathrm{s}} = \frac{\omega^*}{\bar{\gamma}(1 - \bar{\beta}\cos\theta)} = \frac{\bar{\beta}\omega_{\mathrm{u}}}{1 - \bar{\beta}\cos\theta} \approx \frac{\omega_{\mathrm{u}}}{1 - \bar{\beta}\cos\theta}$$

利用如下近似关系：

$$1 - \bar{\beta}\cos\theta = 1 - \bar{\beta}(1 - \theta^2/2) \approx 1 - \left[1 - \frac{1}{2\gamma^2}\left(1 + \frac{K^2}{2}\right)\right] + \theta^2/2$$

$$= \frac{1}{2\gamma^2}\left(1 + \frac{K^2}{2} + \gamma^2\theta^2\right)$$

不难得到光波频率的共振关系：

$$\omega_{\mathrm{s}} = \frac{\omega_{\mathrm{u}}}{1 - \bar{\beta}\cos\theta} = \frac{2\gamma^2\omega_{\mathrm{u}}}{1 + K^2/2 + \gamma^2\theta^2} \tag{2.40}$$

其波矢关系为

$$k_{\mathrm{u}} = \frac{2\gamma^2 k_{\mathrm{s}}}{1 + K^2/2 + \gamma^2\theta^2} \tag{2.41}$$

而波长关系为

$$\lambda_{\mathrm{s}} = \frac{\lambda_{\mathrm{u}}}{2\gamma^2}\left(1 + \frac{K^2}{2} + \gamma^2\theta^2\right) \tag{2.42}$$

设波荡器总长度为 $L_{\mathrm{u}} = N_{\mathrm{u}}\lambda_{\mathrm{u}}$，那么辐射在波荡器中的最大飞行时间为 $T = N_{\mathrm{u}}\lambda_{\mathrm{u}}/c$，这里，$N_{\mathrm{u}}$ 是波荡器周期数，λ_{u} 是波荡器周期。若以波荡器中心处取时间的 0 点，那么被加速的电子要发生自发辐射，辐射强度分布 (即单个电子在单位立体角、单位频率间隔内的辐射总能量) 由方程 (1.1) 给出，即

$$\frac{\mathrm{d}^2 I}{\mathrm{d}\omega\mathrm{d}\Omega} = \frac{e^2\omega^2}{16\pi^3\varepsilon_0 c}\left|\int_{-T/2}^{T/2} \boldsymbol{n}\times(\boldsymbol{n}\times\boldsymbol{\beta})\exp[\mathrm{i}\omega(t - \boldsymbol{n}\cdot\boldsymbol{r}/c)]\mathrm{d}t\right|^2 = \frac{e^2\omega^2}{16\pi^3\varepsilon_0 c}S^2$$

$$\tag{2.43}$$

式中，n 是从电子到观察点的单位矢量；β 为电子速度；r 为电子轨道；S 表示积分结果。辐射强度分布与观察角有关。

图 2.4 所示的运动坐标系中的电子轨道上振荡偶极子的辐射如图 2.5(a) 所示，转换到实验室坐标系则得到方向集中于沿轴的小锥角内的辐射，见图 2.5(b)。用编码 [4] 可以计算出通过波荡器运动的相对论电子的电场图形。场线见图 2.6，可以清晰看到光波前以及波长对发射角的依赖关系。

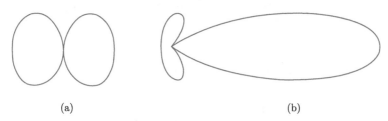

(a)   (b)

图 2.5 在 (a) 运动坐标系以及 (b) 速度为 $v = 0.9c$ 的实验坐标系中振荡偶极子的辐射特性

图 2.6 $v = 0.9c$ 电子的波荡器辐射 [2]

波荡器参量为 $K = 1$，波纹曲线表明波荡器中的电子轨道

1. 螺旋型波荡器辐射谱

对于螺旋型波荡器，研究 $n = k$ 的情况，即考察沿波荡器轴的辐射

谱。为了完成积分，引入单位矢量 $\boldsymbol{e}_\pm = (\boldsymbol{i} \pm \mathrm{i}\boldsymbol{j})/\sqrt{2}$。显然 $\boldsymbol{n} \cdot \boldsymbol{r} = \bar\beta_z ct$，而

$$\boldsymbol{n} \times (\boldsymbol{n} \times \boldsymbol{\beta}) = -\frac{K}{\gamma}\mathrm{Re}\{(\boldsymbol{i} + \mathrm{i}\boldsymbol{j})\mathrm{e}^{\mathrm{i}ck_\mathrm{u}\beta_0 t}\} = -\frac{K}{\sqrt{2}\gamma}(\boldsymbol{e}_- \mathrm{e}^{\mathrm{i}ck_\mathrm{u}\beta_0 t} + \boldsymbol{e}_+ \mathrm{e}^{-\mathrm{i}ck_\mathrm{u}\beta_0 t})$$

考虑到 $\cos(k_\mathrm{u}z) = (\mathrm{e}^{\mathrm{i}k_\mathrm{u}\bar\beta_z ct} + \mathrm{e}^{-\mathrm{i}k_\mathrm{u}\bar\beta_z ct})/2$，求模时略去方向因子，可知

$$\begin{aligned}
S^2 &= \left|\int_{-T/2}^{T/2} \boldsymbol{n} \times (\boldsymbol{n} \times \boldsymbol{\beta}) \exp[\mathrm{i}\omega(t - \boldsymbol{n} \cdot \boldsymbol{r}/c)]\mathrm{d}t\right|^2 \\
&= \frac{K^2}{2\gamma^2}\left\{\left|\int_{-T/2}^{T/2} \exp \mathrm{i}[\omega_\mathrm{u}\beta_0 t + \omega(1 - \beta_0)t]\mathrm{d}t\right|^2 \right. \\
&\quad\left. + \left|\int_{-T/2}^{T/2} \exp \mathrm{i}[-\omega_\mathrm{u}\beta_0 t + \omega(1 - \beta_0)t]\mathrm{d}t\right|^2\right\}
\end{aligned}$$

近似求出

$$\beta_0 \approx 1 - \frac{1 + K^2}{2\gamma^2} \approx 1, \quad 1 - \beta_0 \approx \frac{1 + K^2}{2\gamma^2}$$

利用方程 (2.42) 的光波频率的共振关系，S^2 中所关心的后一部分中的积分为

$$\begin{aligned}
S_2 &= \int_{-T/2}^{T/2} \exp\{\mathrm{i}[-\omega_\mathrm{u}\beta_0 t + \omega(1 - \beta_0)t]\}\mathrm{d}t \\
&= \int_{-T/2}^{T/2} \exp\left\{\mathrm{i}\left[\frac{1 + K^2}{2\gamma^2}\omega - \frac{1 + K^2}{2\gamma^2}\omega_\mathrm{s}\right]t\right\}\mathrm{d}t \\
&= \int_{-T/2}^{T/2} \exp\left\{\mathrm{i}\frac{1 + K^2}{2\gamma^2}(\omega - \omega_\mathrm{s})t\right\}\mathrm{d}t \\
&= \frac{T}{x}\frac{1}{\mathrm{i}}[\mathrm{e}^{\mathrm{i}x/2} - \mathrm{e}^{-\mathrm{i}x/2}] = T\frac{\sin(x/2)}{x/2}
\end{aligned}$$

其中已利用了波荡器频率 ω_u 与 FEL 基波频率 ω_s 的关系 $\omega_\mathrm{u} = \omega_\mathrm{s}(1 + K^2)/(2\gamma^2)$，而新参量 x 如下定义：

$$x = \frac{(1 + K^2)(\omega - \omega_\mathrm{s})T}{2\gamma^2} = 2\pi N_\mathrm{u}\frac{\omega - \omega_\mathrm{s}}{\omega_\mathrm{s}}$$

$$T = \frac{4\gamma^2\pi N_\mathrm{u}}{(1 + K^2)\omega_\mathrm{s}} = \frac{2\pi N_\mathrm{u}}{\omega_\mathrm{u}} = \frac{L_\mathrm{u}}{c}$$

同理可得

$$\int_{-T/2}^{T/2} \exp\{\mathrm{i}[\omega_\mathrm{u}\beta_0 t + \omega(1 - \beta_0)t]\}\mathrm{d}t = T\frac{\sin(y/2)}{y/2}$$

$$y \equiv \frac{(1 + K^2)(\omega + \omega_\mathrm{s})T}{2\gamma^2}$$

但是必须注意，后一积分描述负频区的谱形，并非所关心的频区，故在实际应用中应该将它舍弃。因此，螺旋型波荡器辐射的辐射强度分布为

$$\frac{\mathrm{d}^2I(\theta=0)}{\mathrm{d}\omega\mathrm{d}\Omega} = \frac{e^2\omega^2}{16\pi^3\varepsilon_0 c}\frac{K^2}{2\gamma^2}\frac{4\pi^2 N_\mathrm{u}^2}{\omega_\mathrm{s}^2}\mathrm{sinc}^2(x/2) = \frac{N_\mathrm{u}^2\gamma^2 e^2 K^2}{2\pi\varepsilon_0 c(1 + K^2)^2}\frac{\omega^2}{\omega_\mathrm{s}^2}\mathrm{sinc}^2(x/2)$$

$$(2.44)$$

2. 线性型波荡器辐射谱

对于平面波荡器中 $\boldsymbol{n} = \boldsymbol{k}$ 的情况，分析过程完全相同。

$$\boldsymbol{n} \cdot \boldsymbol{r} = \beta_z ct, \quad \boldsymbol{n} \times (\boldsymbol{n} \times \boldsymbol{\beta}) = \frac{K}{\gamma}\cos(k_\mathrm{u}z)\boldsymbol{i} = \frac{K}{2\gamma}(\mathrm{e}^{\mathrm{i}ck_\mathrm{u}\beta_0 t} + \mathrm{e}^{-\mathrm{i}ck_\mathrm{u}\beta_0 t})\boldsymbol{i}$$

于是，

$$S^2 = \left|\int_{-T/2}^{T/2} \boldsymbol{n} \times (\boldsymbol{n} \times \boldsymbol{\beta})\exp[\mathrm{i}\omega(t - \boldsymbol{n} \cdot \boldsymbol{r}/c)]\mathrm{d}t\right|^2$$

$$= \frac{K^2}{4\gamma^2}\left|\int_{-T/2}^{T/2} \exp\{\mathrm{i}[-\omega_\mathrm{u}\beta_0 t + \omega(1 - \beta_0)t]\}\mathrm{d}t\right|^2$$

式中已舍弃了负频区的积分。注意到，线性型波荡器情况下的电子轴向平均速度以及共振条件均不同于螺旋型情况，因此积分结果会有差异。对于线性型波荡器，有

$$\bar{\beta}_z = 1 - \frac{1}{2\gamma^2}\left(1 + \frac{K^2}{2}\right), \quad \omega_\mathrm{u} = \omega_\mathrm{s}\frac{1}{2\gamma^2}\left(1 + \frac{K^2}{2}\right)$$

于是所关注的积分为

$$\begin{aligned}
S_2 &= \int_{-T/2}^{T/2} \exp\{\mathrm{i}[-\omega_\mathrm{u}\beta_0 t + \omega(1-\beta_0)t]\}\mathrm{d}t \\
&= \int_{-T/2}^{T/2} \exp\left\{\mathrm{i}\left[\frac{1+K^2/2}{2\gamma^2}\omega - \frac{1+K^2/2}{2\gamma^2}\omega_\mathrm{s}\right]t\right\}\mathrm{d}t \\
&= \int_{-T/2}^{T/2} \exp\left\{\mathrm{i}\frac{1+K^2/2}{2\gamma^2}(\omega - \omega_\mathrm{s})t\right\}\mathrm{d}t \\
&= \frac{T}{\mathrm{i}x}(\mathrm{e}^{\mathrm{i}x/2} - \mathrm{e}^{-\mathrm{i}x/2}) = T\frac{\sin(x/2)}{x/2}
\end{aligned}$$

其中，

$$x = \frac{(1+K^2/2)(\omega - \omega_\mathrm{s})T}{2\gamma^2} = 2\pi N_\mathrm{u}\frac{\omega - \omega_\mathrm{s}}{\omega_\mathrm{s}} \tag{2.45}$$

虽然 x 的定义与螺旋型情况不同，但最后的表达式相同。因此，平面波荡器辐射的辐射强度谱分布为

$$\begin{aligned}
\frac{\mathrm{d}^2 I(\theta = 0°)}{\mathrm{d}\omega\mathrm{d}\Omega} &= \frac{e^2\omega^2}{16\pi^3\varepsilon_0 c}\frac{K^2}{4\gamma^2}\frac{4\pi^2 N_\mathrm{u}^2}{\omega_\mathrm{s}^2}\mathrm{sinc}^2(x/2) \\
&= \frac{N_\mathrm{u}^2\gamma^2 e^2 K^2}{4\pi\varepsilon_0 c(1+K^2/2)^2}\frac{\omega^2}{\omega_\mathrm{s}^2}\mathrm{sinc}^2(x/2) \tag{2.46}
\end{aligned}$$

由于 sinc 函数在 $\omega = \omega_\mathrm{s}$ 处为 1，不同于 ω_s 的频率，该函数很快降到近似 0 而具有近似 δ 函数的性质，所以谱分布中的 ω/ω_s 因子可以用 1 代替。另外，谱形函数 $\mathrm{sinc}^2(x/2)$ 的半高全宽 (FWHM) 近似位于

$x = 0.886\pi \sim \pi$ 处，因此波荡器 (无论是平面型还是螺旋型) 的谱线中心位于 $\omega = \omega_{\mathrm{s}}$，FWHM 为 $1/N_{\mathrm{u}}$：

$$\Delta\omega/\omega = \Delta\omega/\omega_{\mathrm{s}} \approx 1/N_{\mathrm{u}} \qquad (2.47)$$

谱线中心为 $\omega = \omega_{\mathrm{s}}$，等同于 FEL 的共振频率。这一结论表明，在波荡器中轴向的自发辐射和受激辐射发生于同一频率，这一巧合对于 SASE 的指数放大尤为重要。

其实对谱形的分析还有更简单的方法。一个电子通过具有 N_{u} 个周期的波荡器而产生具有 N_{u} 次振荡的一串波，持续时间为 $T = N_{\mathrm{u}}\lambda_{\mathrm{u}}/c$。光波电场为

$$E_{\mathrm{l}}(t) = \begin{cases} E_0 \mathrm{e}^{-\mathrm{i}\omega_{\mathrm{r}}t}, & -T/2 < t < T/2 \\ 0, & \text{其他} \end{cases}$$

由于其长度有限，这一波串并非单色而是包含频谱，因而可进行傅里叶 (Fourier) 变换

$$A(\omega) = \int_{-\infty}^{\infty} E_{\mathrm{l}}(t)\mathrm{e}^{\mathrm{i}\omega t}\mathrm{d}t = E_0 \int_{-T/2}^{T/2} \mathrm{e}^{-\mathrm{i}(\omega_{\mathrm{s}}-\omega)t}\mathrm{d}t = TE_0\mathrm{sinc}[(\omega_{\mathrm{s}}-\omega)T/2]$$

谱强度为

$$I(\omega) \propto |A(\omega)|^2 \propto \mathrm{sinc}^2(x/2)$$

该谱强度在 $\omega = \omega_{\mathrm{s}}$ 处有最大值，其 FWHM 为

$$\Delta\omega \approx \omega_{\mathrm{s}}/N_{\mathrm{u}}$$

这些结论与方程 (2.47) 的结果相同，见图 2.7(a)。

将 $\mathrm{sinc}^2(x/2)$ 对 x 求导数，可以得到描述低增益 FEL 的增益函数 $f(x)$。谱形函数是波荡器辐射谱线曲线的负斜率，也称为 FEL 增益函

数，其表达式如下 (令 $\alpha = x/2$，x 由方程 (2.45) 定义)：

$$\frac{\mathrm{d}}{\mathrm{d}\alpha}\frac{\sin^2\alpha}{\alpha^2}\bigg|_{\alpha=x/2} = \frac{2\alpha\sin\alpha\cos\alpha - 2\sin^2\alpha}{\alpha^3}$$

$$= \frac{\alpha\sin 2\alpha - (1 - \cos 2\alpha)}{\alpha^3} = -8f(x)$$

其中，FEL 增益函数 $f(x)$ 定义如下：

$$f(x) = \frac{1 - \cos x - (x\sin x)/2}{x^3} \tag{2.48}$$

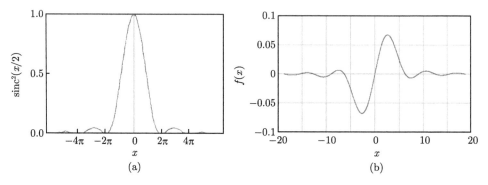

图 2.7   (a) 波荡器辐射的谱形函数；(b) FEL 增益函数

图 2.7(b) 给出了该增益函数的形状。因为该函数随 x 可正可负，增益函数会有最大值和最小值。如果选择得到正增益的调谐，则 FEL 过程所发射的辐射得到增强。这意味着电子将它们的能量传递给辐射场。然而，若选择给出负增益的调谐，那么电子将从波荡器中的辐射获得能量，从而形成电子的加速。这一过程是激光加速 (电子) 的过程，也就是逆自由电子激光 (IFEL) 过程。增益函数的最大值为 0.066。

2.4 波荡器辐射的角宽度

分析电子在波荡器中的运动可以知道磁场中相对论电子所发射辐射的一般性质是，在远距离处绝大多数辐射强度集中于张角为 $1/\gamma$ 的一个窄小锥内。锥心在粒子轨道的即时切线上。该切线方向沿正弦轨道变化，相对于轴的最大张角为

$$\theta_{\max} \approx \max\{\beta_x\} \approx K/\gamma \tag{2.49}$$

如果这一方向的变化小于 $1/\gamma$，那么来自多段轨道对辐射场的贡献在空间上重叠并相互干涉，它由很好定义的频率及其高次奇次谐波的窄谱线所组成。这就是波荡器辐射的特征，条件是 $K \leqslant 1$。否则，当 $K > 1$(波荡器辐射情况) 时，波荡器辐射由许多在空间紧密相间的谱线组成，形成一条准连续谱，它类似于弯曲磁铁中的普通同步辐射谱。

前面已导出波荡器基波频率与观察角之间的关系：

$$\omega_{\mathrm{s}}(\theta) = \frac{2\gamma^2\omega_{\mathrm{u}}}{1 + K^2/2 + \gamma^2\theta^2} = \omega_{\mathrm{s}}(0)\frac{1 + K^2/2}{1 + K^2/2 + \gamma^2\theta^2} \tag{2.50}$$

对应的角宽度均方根值为

$$\sigma_\theta \approx \frac{1}{\gamma}\sqrt{\frac{1 + K^2/2}{2N_{\mathrm{u}}}} \approx \frac{1}{\gamma}\frac{1}{\sqrt{N_{\mathrm{u}}}} \quad (\text{对于} K \approx 1) \tag{2.51}$$

显然，波荡器辐射一次谐波 (基波) 的准直性远优于同步辐射：应将典型张角 $1/\gamma$ 乘以一个小因子 $1/\sqrt{N_{\mathrm{u}}}$(图 1.1)。注意，仅仅当需要使频率保持在带宽以内时才应用这一紧密的准直。如果舍弃对窄谱线的限制并接受整个依赖于角度的频率范围和高次谐波，那么波荡器辐射锥角变成对于 $K > 1$ 的情况，则使用 $\theta_{\mathrm{cone}} \approx K/\gamma$。

2.5   高 次 谐 波

波荡器辐射在向前方向上 $(\theta = 0°)$ 仅观察到奇次高次谐波，而离轴处则包含偶次高次谐波。

考虑中心在 $\theta = 0°$ 而具有一小孔径的探测器，它置于远离波荡器之处。在具有最大角度 K/γ 的正弦轨道上，运动的电子将它们的辐射发射到张角为 $1/\gamma$ 的一个锥内。如果波荡器参量 $K \ll 1$，辐射锥点总是向着探测器，因此探测到的是整个轨道上的辐射。观察到纯正弦电场，它仅有在基波 ω_1 处的一个傅里叶分量，见图 2.8 上图。如果波荡器参量 K 远大于 1，情况发生了变化。因为电子的角偏离远大于锥角 $1/\gamma$，其辐射锥来回扫描过探测器孔径，于是探测器仅仅接收到很短的一段轨

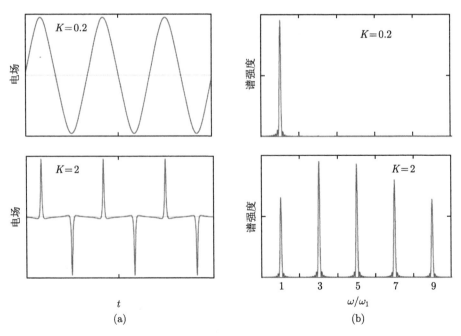

图 2.8   前方小探测器所见的 (a) 光波电场示意图和 (b) 对应的频谱 [2]

道上的辐射光。因此探测器所观察到的辐射场仅包含交替偏转的窄脉冲，见图 2.8 下图。频谱包含许多高次谐波，因为正负脉冲形状对称而间隔相等，所以在向前方向上仅有奇次谐波。当探测器置于 $\theta > 0°$ 时，脉冲间隔不再相等，辐射谱也包含偶次谐波 [5]。

第 m 次谐波波长与角度 θ 的函数关系为

$$\lambda_m(\theta) = \frac{1}{m}\frac{\lambda_u}{2\gamma^2}(1 + K^2/2 + \gamma^2\theta^2), \quad m = 1, 2, 3, \cdots \qquad (2.52)$$

向前方向仅有奇次谐波，其波长为

$$\lambda_m = \frac{1}{m}\frac{\lambda_u}{2\gamma^2}(1 + K^2/2), \quad m = 1, 3, 5, \cdots \qquad (2.53)$$

于是 $\lambda_3 = \lambda_1/3$，$\lambda_5 = \lambda_1/5, \cdots$。第 3 章将介绍方程 (2.53) 的另一种推导。同时给出以下方程中的因子 JJ 的来历。

每个电子在向前方向上 $(\theta = 0°)$ 发射辐射第 m 次谐波的谱能量密度为 [4-6]

$$\frac{d^2 I_m}{d\Omega d\omega} = \frac{e^2\gamma^2 m^2 K^2}{4\pi\varepsilon_0 c(1 + K^2/2)^2}\frac{\sin^2[\pi N_u(\omega - \omega_m)/\omega_1]}{\sin^2[\pi(\omega - \omega_m)/\omega_1]}|JJ|^2$$

$$JJ = J_n\left(\frac{mK^2}{4 + 2K^2}\right) - J_{n+1}\left(\frac{mK^2}{4 + 2K^2}\right), \quad m = 2n + 1 \qquad (2.54)$$

式中，$\omega_m = m\omega_1 \equiv m\omega_s$ 是 m 次谐波的角频率，$m = 2n + 1$。对于 $n = 0,1,2,\cdots$ 仅取奇整数 $m = 1, 3, 5, \cdots$。J_n 是 n 阶贝塞尔 (Bessel) 函数。

所有谐波在 $\theta = 0°$ 方向的带宽相同，

$$\Delta\omega_1 = \Delta\omega_3 = \Delta\omega_5 = \cdots$$

因为在 N_u 个周期的波荡器内的波串由 mN_u 次振荡组成，则相对带宽按 $1/m$ 降低：

$$\frac{\Delta\omega_m}{\omega_m} = \frac{1}{mN_u} \qquad (2.55)$$

角宽度为 [5]

$$\sigma_{\theta,m} \approx \frac{1}{\gamma} \cdot \left(\frac{1 + K^2/2}{2mN_{\mathrm{u}}} \right) \approx \frac{1}{\gamma} \cdot \frac{1}{\sqrt{mN_{\mathrm{u}}}} \quad (K \approx 1) \qquad (2.56)$$

对应的立体角为

$$\Delta\Omega_m = 2\pi\sigma_{\theta,m}^2 \approx \frac{2\pi}{\gamma^2} \frac{1}{mN_{\mathrm{u}}}$$

第 m 次谐波对应的立体角随谐波阶次的增加而按 $1/m$ 降低。在立体角 $\Delta\Omega_m$ 内，依赖于角度的频移小于带宽。实际上所关心的是在这一立体角内包含的谱能量：

$$U_m(\omega) = \frac{\mathrm{d}^2 I_m}{\mathrm{d}\Omega\mathrm{d}\omega}\Delta\Omega_m, \quad m = 1, 3, 5, \cdots \qquad (2.57)$$

图 2.9 表明了 $K = 1.5$、10 周期的短波荡器情况对于 $m = 1,3,5,7$ 的这一谱能量。

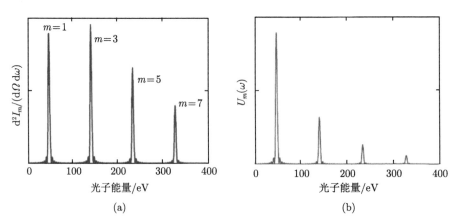

图 2.9   (a) 10 周期波荡器中波荡器辐射在 $\theta = 0°$ 处的微分谱形 $\mathrm{d}^2 I_m/(\mathrm{d}\Omega\mathrm{d}\omega)$[2]；(b) 发射到立体角 $\Delta\Omega_m$ 内第 m 次谐波的能谱 $U_m(\omega)$[2]

谱能量对角度依赖关系的推导见参考文献 [6]。正如以上论述，对于 $\theta \neq 0°$ 发射角，辐射包含了所有高次谐波。

2.6 小　　结

本章仅考虑电子受到器件中磁洛伦兹力 ($f = -ev \times B$) 的作用而发射同步辐射，指出一个电子的总同步辐射功率正好是弯曲磁铁情况下一个电子同步辐射功率的一半。正如引言中所指出的，不同电子的独立辐射意味着由束团内 N_e 个电子产生的总辐射能量正好是一个电子辐射能量的 N_e 倍。并分析了傍轴近似下电子轨道和束电子的横向速度 ($\overline{\beta_\perp^2}$) 和对波荡器平均的纵向速度 ($\beta_\parallel$)。这一结果有助于第 3 章的低增益 FEL 的理论分析。得到了波荡器辐射谱强度分布和角分布：指出波荡器辐射谱强度分布为谱线中心位于 $\omega = \omega_r$、FWHM 为 $1/N_u$ 的 $\mathrm{sinc}(x)$ 函数；波荡器辐射角分布的均方根角宽度为 $1/(\gamma\sqrt{N_u})$，比普通弯曲磁场中电子同步辐射窄，因子为 $1/\sqrt{N_u}$。

另外，介绍了电子回旋振荡运动的影响。指出无论是螺旋型波荡器还是曲面波荡器，对波荡器周期平均的电子纵向速度和横向速度均不受电子回旋振荡的调制。线性型波荡器的电子回旋振荡运动仅在横向的竖直向起聚焦作用。为了保持电子束在波荡器传输中的圆截面，对于线性型波荡器还必须利用外聚焦方法 (四极子) 来维持束水平方向的聚焦，但整个回旋振荡轨道上对波荡器周期取平均的纵向速度不再为常数。

参 考 文 献

[1] Jackson J D. Classical Electrodynamics. 3rd ed. New York: John & Wiley, 1999.

[2] Schmüser P, Dohlus M, Rossbach J. Ultraviolet and Soft X-ray Free-Electron Lasers: Introduction to Physical Principles, Experimental Results, Technological Challenges. Berlin, Heidelberg: Springer, 2008.

[3] Scharlemann E T. Wiggle plane focusing in linear wigglers. J. Appl. Phys., 1985, 58(6): 2154.

[4] Wiedemann H. Particle Accelerator Physics II. 2nd ed. Berlin: Springer, 1999.

[5] Clarke J A. The Science and Technology of Undulators and Wigglers. Oxford: Oxford University Press, 2004.

[6] Duke P J. Synchrotron Radiation: Production and Properties. Oxford: Oxford University Press, 2000.

第 3 章 低增益 FEL 理论

第 2 章已论述了当电子束在波荡器中沿轴传播并执行横向摇摆运动后发生波荡器辐射,所辐射电磁波可以用横向电场表征。在螺旋型波荡器中,由于波荡器磁矢势为螺旋形,可以预料电子发射的电磁辐射也具有圆偏振性质;类似地,线性型波荡器的磁矢势沿水平方向,因此对应的辐射电场是沿水平方向的线偏振场。现在需要关注电子在波荡器内传播时,还必须考虑电磁辐射与电子的相互作用。在波荡器磁场和辐射的电磁场作用下,作用于电子的洛伦兹力为

$$\boldsymbol{f} = -e[\boldsymbol{E}_1 + \boldsymbol{v} \times (\boldsymbol{B}_{\mathrm{u}} + \boldsymbol{B}_1)] \tag{3.1}$$

式中,$\boldsymbol{E}_1$ 和 $\boldsymbol{B}_1$ 分别为电磁波的电场和磁场,用下标 1 来标识电磁场;后文为 FEL 所关心的是波荡器中电磁波如何从电子获得能量。在通常情况下,沿同方向传播的电磁波与电子之间没有这种能量交换,因为电子速度与波电场互相垂直,其标积为 $0(\boldsymbol{v} \cdot \boldsymbol{E}_1 = 0)$。但是在波荡器中电子具有横向速度分量,于是电磁波和电子束之间因发生相互作用而发生能量交换。另一方面,由于电磁波磁场远小于波荡器磁场,作为近似可以忽略方程 (3.1) 中 $\boldsymbol{B}_1$ 的影响。

在后文的介绍中,仅关注线性型波荡器的 FEL 理论。本章介绍低增益情况下的 FEL。图 3.1 给出低增益 FEL 示意图。主要部件包括:① 一台电子储存环 (相对论电子束团在环内做多次旋转) 或一台直线加速器 (提供周期性的束团串);② 一套 (短) 波荡器磁铁;③ 一个光腔。

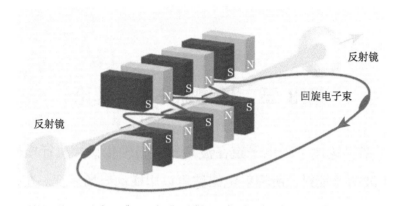

图 3.1　装配有光共振器的低增益 FEL 原理

假定初始光波由外源 (种子辐射) 提供或者是由光腔内的波荡器辐射，并设初始光波的波长为 λ_s。沿用激光物理的术语，如果激光过程由种子辐射开始则称为 FEL 放大器，而如果由自发辐射开始，则称为 FEL 振荡器。电子束多次通过波荡器，每次通过波荡器就使 FEL 强度增加百分之几，这就是为什么会有增益的理由。但是，当使电子束足够多地 N 次通过波荡器时，如果光学本征模足够长，即使每一次通过波荡器后增益很小，也会使 FEL 达到很高的输出功率：

$$P_{\text{out}} = P_{\text{in}}(1+G)^N \approx P_{\text{in}}(1+NG) \tag{3.2}$$

式中，P_{in} 是输入功率；G 为每次的相对增益，当 FEL 达到饱和时 G 要减小。

3.1　电子束与光波的能量交换

在平面波荡器中，随着相对论电子束团同向传播的光波场 (x 向电场) 为平面电磁波 (光波)。电磁波的电场描述为

$$E_x(z,t) = \frac{1}{2}E(z,t)\mathrm{e}^{\mathrm{i}(k_s z - \omega_s t + \psi_0)} + \text{c.c.} = E(z,t)\cos(k_s z - \omega_s t + \psi_0) \tag{3.3}$$

式中，ψ_0 是 EM 波相对于一个任意电子轨道而言的初始相位；$\omega_s = k_s c$ 是光波的圆频率。在低增益 FEL 理论中，光波电场振幅可以视为常数，即 $E(z, t) = E_0$；用外激光作为种子光的 FEL 放大器就属于这种情况。

考虑用外激光作为种子光的 FEL 放大器情况。实际上，种子光是功率足够高的脉冲激光。同样地，FEL 是在共振器的反射镜之间来回飞行的短光脉冲。电子能量 $W = \gamma m_e c^2$ 的时间导数是

$$\frac{\mathrm{d}W}{\mathrm{d}t} = \boldsymbol{v} \cdot \boldsymbol{f} = -e v_x E_x(t) \tag{3.4}$$

如果 $\mathrm{d}W/\mathrm{d}t < 0$，能量守恒表明光波有能量增益。显然，电子速度的 x 分量 (v_x) 和光波电场的 x 分量 (E_x) 必须同方向时才会有能量从电子转移到光波。也可以用非齐次波动方程求电子束与光波之间的能量交换。

假设波荡器中某个位置 z_0 处就发生了这一情况 (图 3.2)。会出现这样的问题：第 2 章在线性型波荡器下求出的电子 z 向平均速度为

$$\bar{v}_z = c[1 - (2 + K^2)/(4\gamma^2)]$$

而以光速沿 z 向飞行的光波相对于电子显然要向前滑移。因为电子是有质粒子，其运动总比光慢，但更重要的是因为电子沿正弦轨道飞行而光则沿直线飞行，所以电子 z 向平均速度小于光速 c。

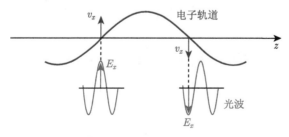

图 3.2 能量持续从电子转移到光波的条件：在电子轨道每半个周期上光波必须提前 $\lambda_s/2$

为了实现沿整个波荡器内稳定地从电子束到光波的能量交换，光波的相位必须滑移某个正确值。图 3.2 说明了如果在电子轨道的半周期上光波推进半个光波波长 $\lambda_s/2$，则电子横向速度 v_x 和光波电场 E_x 保持平行。在波荡器的半个周期上，电子和光波的飞行时间差为

$$\Delta t = t_{\text{electron}} - t_{\text{light}} = \left(\frac{1}{\bar{v}_z} - \frac{1}{c}\right)\frac{\lambda_u}{2}$$

于是维持上述能量转换的条件为 $c\Delta t = \lambda_s/2$。将 Δt 代入即可得到光波波长的表达式。作为较好的近似可给出

$$\lambda_s = c\lambda_u\left(\frac{1}{\bar{v}_z} - \frac{1}{c}\right) = \lambda_u \frac{(1+K^2/2)/(2\gamma^2)}{1-(1+K^2/2)/(2\gamma^2)} \approx \frac{\lambda_u}{2\gamma^2}\left(1+\frac{K^2}{2}\right)$$

注意，使用 $3\lambda_s/2$，$5\lambda_s/2$，$\cdots$ 的滑移也可以得到 FEL 辐射的奇次谐波（$\lambda_s/3$，$\lambda_s/5$，$\cdots$）。但是当 $c\Delta t = 2\lambda_s/2$，$4\lambda_s/2$，$\cdots$ 时，电子和光波之间没有能量交换，于是不存在偶次谐波（$\lambda_s/2$，$\lambda_s/4$，$\cdots$）。

用方程 (3.4) 确定在单位时间内电子向光波的能量转移。在线性型波荡器情况下，将方程 (2.17) 的电子横向速度和方程 (3.3) 的光波电场代入，结果为

$$\begin{aligned}
\frac{dW}{dt} &= -ev_x(t)E_x(t) = -\frac{ecKE_0}{\gamma}\cos(k_u z)\cos(k_s z - \omega_s t + \psi_0)\\
&= -\frac{ecKE_0}{2\gamma}\{\cos[(k_s+k_u)z - \omega_s t + \psi_0] + \cos[(k_s-k_u)z - \omega_s t + \psi_0]\}\\
&= -\frac{ecKE_0}{2\gamma}(\cos\psi + \cos\chi)
\end{aligned} \tag{3.5}$$

由于电子束长度远大于光波波长（$L_b \gg \lambda_s$），必须认识到，相对于一个任意电子的正弦轨道而言光波会有一个任意的相移 ψ_0。首先考虑

方程 (3.5) 的第一项。在 FEL 物理中将第一个余弦函数的自变量 (简写为 ψ) 称为有质动力相位:

$$\psi \equiv (k_{\mathrm{s}} + k_{\mathrm{u}})z - \omega_{\mathrm{s}}t + \psi_0 \tag{3.6}$$

电子位置 z 是时间 t 的函数, 于是有质动力相位是单变量 t 的函数:

$$\psi(t) \equiv (k_{\mathrm{s}} + k_{\mathrm{u}})z(t) - \omega_{\mathrm{s}}t + \psi_0 \tag{3.7}$$

如果有质动力相位 $\psi(t)$ 沿波荡器为常量 (与时间无关), 则方程 (3.5) 第一项提供了从电子到光波的连续能量转换, ψ 的最佳值分别为 $\psi = 0$ 以及 $\psi = \pm n2\pi$。ψ 为常数的条件仅对于某个波长所确定。为了得到这一条件, 将方程 (2.20) 的 $z(t)$ 略去纵向振荡, 即 $z(t) = \bar{v}_z t$, 代入式 (3.7) 后得到 $\psi(t) \equiv (k_{\mathrm{s}} + k_{\mathrm{u}})\bar{v}_z t - \omega_{\mathrm{s}}t + \psi_0$。于是,

$$\frac{\mathrm{d}\psi(t)}{\mathrm{d}t} \equiv (k_{\mathrm{s}} + k_{\mathrm{u}})\bar{v}_z - k_{\mathrm{s}}c = 0 \quad \text{或} \quad k_{\mathrm{s}} = k_{\mathrm{u}}/(1/\bar{\beta}_z - 1) \tag{3.8}$$

将方程 (2.19) 的 $\bar{\beta}_z$ 代入后得到光波波长表达式, 作为好的近似其结果为

$$k_{\mathrm{u}} = \frac{k_{\mathrm{s}}}{2\gamma^2}\left(1 + \frac{K^2}{2}\right) \quad \text{或} \quad \lambda_{\mathrm{s}} = \frac{\lambda_{\mathrm{u}}}{2\gamma^2}\left(1 + \frac{K^2}{2}\right) \tag{3.9}$$

这是一个非常重要的结果: 在沿波荡器自始至终持续不变的能量转换条件下得到波荡器辐射波长 (即方程 (3.9)) 与在 $\theta = 0°$ 的波荡器辐射光波波长 (即方程 (3.4)) 相同。这就是在低增益 FEL 放大器以及高增益 SASE-FEL 中可以用自发波荡器辐射作为种子辐射的理由。

现在观察方程 (3.5) 第二项。该项余弦函数自变量不可能保持为常数, 否则因为根据

$$\chi \equiv (k_{\mathrm{s}} - k_{\mathrm{u}})\bar{v}_z t - \omega_{\mathrm{s}}t + \psi_0 = \text{常数} \tag{3.10}$$

而给出

$$k_s(1 - \bar{\beta}) = -k_u \bar{v}_z/c \Rightarrow k_s < 0$$

这表示光波沿负 z 方向传播。将 ψ 和 χ 作为 z 的函数，立即得到 $\chi(z) = \psi(z) - 2k_u z$，于是，由于 $\psi(z)$ 为常数 (因此满足方程 (3.9))，第二个余弦函数的行为像 $\cos(2k_u z)$，也就是说在一个波荡器周期内有两次振荡从而互相抵消，见图 3.3。略去快速振荡项，方程 (3.5) 简化为

$$\frac{\mathrm{d}W}{\mathrm{d}t} = -\frac{ecKE_0}{2\gamma}\cos\psi \tag{3.11}$$

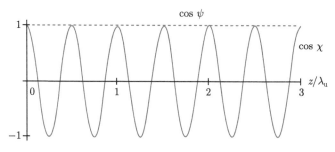

图 3.3　$\cos\psi$ 和 $\cos\chi$ 的 z 依赖关系

3.2　电子束团内坐标

以电子束团轴的某一点为原点而引入束团内坐标 ζ，参见图 3.4；在这一点上的电子有质动力相位为 $\psi_r \equiv \psi(\zeta = 0) = -\pi/2$，因此在该点处电子与光波的能量交换为 0(图 3.5)。有质动力相位 ψ 可以转换为束团内的纵向坐标 ζ。ζ 的定义为

$$\zeta \equiv \frac{\psi + \pi/2}{k_s + k_u} \approx \frac{\psi + \pi/2}{k_s} = \frac{\psi + \pi/2}{2\pi}\lambda_s \tag{3.12}$$

注意，ζ 在实验室系中定标，因此电子和光波之间没有相对长度的扩展。

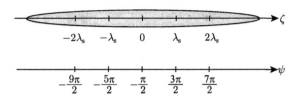

图 3.4 束团内纵向坐标 ζ 的定义

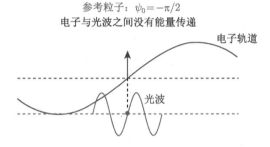

图 3.5 有质动力相位 $\psi_0 = -\pi/2$ 对应于 0 能量交换

用束团内坐标 ζ 可以直观地解释有质动力相位 ψ：在参考坐标原点处，相位 ψ 对应于初始相位 $\psi_0 = -\pi/2$；随着 ζ 变化一个周期，相位 ψ 就对应变化 2π，因此，有质动力相位为 $(4n-1)\pi/2$ 的电子都位于与光波没有能量交换的地方，对应的束团内坐标 ζ 则取值为 $n\lambda_s$，n 为任意整数 (包括 0)。

位于束团内坐标原点的参考电子，其 z 向位置为 $z_r(t) = \bar{v}_z t$。因此任意电子沿波荡器的位置是 $z(t) = z_r(t) + \zeta(t) = \bar{v}_z t + \zeta(t)$，它的有质动力相位为

$$\psi(t) = (k_s + k_u)[\bar{v}_z t + \zeta(t)] - \omega_s t - \pi/2$$

在 $t = 0$ 时刻，初相位为 $\psi_0 \equiv \psi(0) = (k_s + k_u)\zeta(0) - \pi/2$，因此任意电子相对于参考电子的初始距离 $\zeta_0 \equiv \zeta(0)$ 与它的初始相位 ψ_0 有关：

$$\zeta_0 = \frac{\psi_0 + \pi/2}{k_s + k_u} \approx \frac{\psi_0 + \pi/2}{2\pi} \tag{3.13}$$

图 3.5 与图 3.6 说明了有质动力相位的含义。

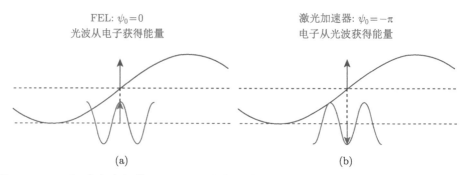

图 3.6　(a) 有质动力相位 $\psi_0 = 0$，从电子向光波的最佳能量传递；(b) $\psi_0 = -\pi$，
从光波向电子的最佳能量传递 (用激光场加速电子)，有时称为逆 FEL

一个普通电子位于束团内的初始位置 $\zeta_0 \neq 0$ 之处，它的初始相位 $\psi_0 \neq -\pi/2$。若选择这一相位为 $\psi_0 = 0$(图 3.6(a))，因为只要光波遵从基本方程 (3.9)，则有 $\psi = $ 常数 $= \psi_0$，于是 $\psi = 0$，因此维持了从电子向光波传递能量，这是 FEL 的最佳工作条件。若选择 $\psi_0 = -\pi$，则得到从光波向电子传递的最大能量，对应于用光波加速电子 (图 3.6(b))。

3.3　FEL 摆方程

本节将 FEL 作为激光放大器来处理低增益 FEL，并假定在波荡器内的激光过程由入射振幅场 E_0、波长 λ_s 的单色光波来起振。按照方程 (3.9) 的波长关系，定义出共振电子的能量 $W_s = \gamma_s m_e c^2$，其中，

$$\gamma_s = \sqrt{\frac{\lambda_u}{2\lambda_s}\left(1 + \frac{K^2}{2}\right)} \qquad (3.14)$$

有时将 W_s 称为参考能量。参考能量的物理意义是具有这一能量 W_s 的电子将发射波荡器辐射，其波长正好等于入射光的波长 λ_s。

现在令电子能量 W 对 W_s 有小偏离，则可定义相对能量偏差 η(注意不要将 η 与电子束的固有相对能散度相混淆)

$$\eta \equiv \frac{W - W_s}{W_s} = \frac{\gamma - \gamma_s}{\gamma_s}, \quad |\eta| \ll 1 \tag{3.15}$$

由于电子和辐射场的相互作用，电子的洛伦兹因子 γ 和有质动力相位 ψ 都要改变。与之相比，低增益 FEL 中场振幅因增长缓慢而在一次通过波荡器时可以作常数处理；注意，在高增益 FEL 中，电场振幅会被放大。对于 $\gamma \neq \gamma_s$，有质动力相位的时间导数不再为 0：

$$\frac{\mathrm{d}\psi}{\mathrm{d}t} = (k_s + k_u)\bar{v}_z - \omega_s \approx k_u c - \frac{k_s c}{2\gamma^2}\left(1 + \frac{K^2}{2}\right) \tag{3.16}$$

近似符号后已用方程 (2.19) 的 $\bar{v}_z$ 代入。按照方程 (3.14) 可以写出

$$k_u c = \frac{k_s c}{2\gamma_s^2}\left(1 + \frac{K^2}{2}\right)$$

并得到

$$\frac{\mathrm{d}\psi}{\mathrm{d}t} = \frac{k_s c}{2}\left(1 + \frac{K^2}{2}\right)\left(\frac{1}{\gamma_s^2} - \frac{1}{\gamma^2}\right)$$

利用式 (3.15) 并考虑到 γ 与 γ_s 的差别甚小而作 $\gamma = \gamma_s$ 的近似处理，则根据上式可以得到

$$\frac{\mathrm{d}\psi}{\mathrm{d}t} = 2k_u c\eta \tag{3.17}$$

按照方程 (3.5)，相对能量偏差的时间导数为

$$\frac{\mathrm{d}\eta}{\mathrm{d}t} = -\frac{eE_0 K}{2m_e c\gamma_s^2}\cos\psi \tag{3.18}$$

方程 (3.17) 和方程 (3.18) 称为 FEL 摆方程。这两个方程对于低增益和高增益 FEL 都很重要；不过需要指出，在高增益 FEL 理论中因为方程 (3.18) 推导中忽略了电场的增长而不采用这一摆方程。

引入位移相位变量 $\phi(\phi = \psi + \pi/2 \rightarrow \cos\psi = \sin\phi)$，方程 (3.17) 和方程 (3.18) 这一对耦合的一阶微分方程变为

$$\frac{\mathrm{d}\phi}{\mathrm{d}t} = 2k_{\mathrm{u}}c\eta$$

$$\frac{\mathrm{d}\eta}{\mathrm{d}t} = -\frac{eE_0 K}{2m_{\mathrm{e}}c\gamma_{\mathrm{s}}^2}\sin\phi \tag{3.19}$$

联立后得到低增益 FEL 的二阶摆方程：

$$\ddot{\phi} + \Omega^2 \sin\phi = 0 \tag{3.20}$$

式中，

$$\Omega^2 \equiv \frac{eE_0 K k_{\mathrm{u}}}{m_{\mathrm{e}}\gamma_{\mathrm{s}}^2} \tag{3.21}$$

Ω 是有质动力势的同步振荡频率，或称为同步回旋频率。

若用波荡器频率 ω_{u} 将 Ω 无量纲化为 Ω_{s}，则 Ω_{s} 的表达式为 [1]

$$\Omega_{\mathrm{s}}^2 = \frac{\Omega^2}{\omega_{\mathrm{u}}^2} \approx \frac{eE_0 K}{k_{\mathrm{u}}m_{\mathrm{e}}c^2\gamma_{\mathrm{s}}^2} = \frac{k_{\mathrm{s}}}{k_{\mathrm{u}}}\frac{a_{\mathrm{s}}K}{\gamma_{\mathrm{s}}^2} \tag{3.22}$$

式中，$\omega_{\mathrm{u}} = k_{\mathrm{u}}\bar{v}_z \approx k_{\mathrm{u}}c$，而 $a_{\mathrm{s}} = eE_0/(k_{\mathrm{s}}m_{\mathrm{e}}c^2)$ 是与初始电场振幅或初始磁矢势振幅有关的无量纲参量。同样，若时间用 $\tau \equiv \omega_{\mathrm{u}}t \approx k_{\mathrm{u}}ct$ 无量纲化，则一阶耦合微分方程 (3.19) 以及二阶摆方程 (3.20) 均可以无量纲化，结果如下：

$$\frac{\mathrm{d}\phi}{\mathrm{d}\tau} = 2\eta$$

$$\frac{\mathrm{d}\eta}{\mathrm{d}\tau} = -\frac{1}{2}\Omega_{\mathrm{s}}^2 \sin\phi \tag{3.19'}$$

$$\ddot{\phi} + \Omega_{\mathrm{s}}^2 \sin\phi = 0 \tag{3.20'}$$

3.4 相空间处理和 FEL 桶

低增益 FEL 的二阶摆方程的形式与数学摆方程完全相同。基于这一类似性，仿照数学摆理论，可以引入低增益 FEL 的哈密顿量 [2-8]

$$H(\phi, \eta) = k_{\mathrm{u}} c \eta^2 + \frac{eKE_0}{2m_{\mathrm{e}}c\gamma_{\mathrm{s}}^2}(1 - \cos\phi)$$

利用哈密顿方程：

$$\frac{\mathrm{d}\phi}{\mathrm{d}t} = \frac{\partial H}{\partial \eta} = 2k_{\mathrm{u}}c\eta, \quad \frac{\mathrm{d}\eta}{\mathrm{d}t} = -\frac{\partial H}{\partial \phi} = -\frac{eKE_0}{2m_{\mathrm{e}}c\gamma_{\mathrm{s}}^2}\sin\phi$$

因此式 (3.19) 所给出的一对摆方程是哈密顿方程的直接结果。在 (ϕ, η) 相空间内的轨道就是哈密顿量为常数的一条曲线。限定运动范围 (称为 "FEL 桶") 与非限定运动范围由一条称为分界线的曲线相隔。

由初始条件 $\phi = \pi$ 和 $\eta = 0$ 可以得到 FEL 分界线方程，推导过程如下。先求出由初始条件所得到的哈密顿量为

$$H(\pi, 0) = \frac{eKE_0}{m_{\mathrm{e}}c\gamma_{\mathrm{s}}^2}$$

因此，分界线上任一点都应满足以下方程：

$$\eta = \pm \left[\frac{eKE_0}{m_{\mathrm{e}}k_{\mathrm{u}}c^2\gamma_{\mathrm{s}}^2}\right]^{1/2}\cos(\phi/2)$$

利用式 (3.22) 所定义的无量纲同步回旋频率 Ω_{s}，分界线方程表示为

$$\eta_{\text{分界}}(\phi) = \pm\Omega_{\mathrm{s}}\cos(\phi/2)$$

或用电子有质动力相位 ψ 和桶中心相位 $\psi_0 = -\pi/2 + 2n\pi (n$ 可为任意整数) 表示：

$$\eta_{\text{分界}}(\psi) = \pm\Omega_{\mathrm{s}}\cos\left(\frac{\psi - \psi_0}{2}\right) \tag{3.23}$$

分界线内的区域可称为 FEL 桶，类似于射频 (RF) 桶，在束团中心处的 "参考" 粒子的能量保持不变，位于 FEL 桶中心。束团内的其他电子随它与参考粒子的相对位置而定，或者被加速，或者被减速。粒子做关于参考粒子的纵向振荡和关于参考能量的能量振荡。图 3.7 是电子束团的纵向相位图。图中虚线内的区域就是 FEL 桶。在桶中心 (图中固定点)，$\phi = 0$ 对应于有质动力相位 $\psi = \psi_0 = \pi/2$，电子与光波之间的能量交换为 0。θ 与 ψ 的周期为 2π，因此一个 FEL 桶对应于电子束团内长度为一个辐射波长 (λ_s) 的束片，参见图 3.4。注意，电子的新相位变量 θ 与对应有值动力相位 ψ 的关系为 (第 5 章中方程 (5.6) 用 ϕ_j 代替 θ_j 表示这一相位)

$$\theta_j \equiv \psi_j + \frac{K^2/4}{1 + K^2/2}\sin(2k_\mathrm{u}z)$$

式中，由于等号后第二项是慢变化项，新相位变量 θ 可以代替有值动力相位 ψ 而用来描述电子相位，这是一个 "光滑"(慢变化) 的相位变量。

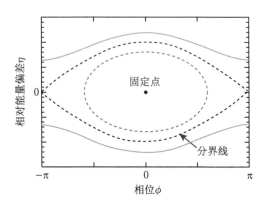

图 3.7   电子束团的纵向相位图和 FEL 桶，两边可周期性延展

电子束长度远大于光波波长 ($L_\mathrm{b} \gg \lambda_\mathrm{s}$)，图 3.7 的相空间图可以周期性地重复 (从 $\phi \to \phi \pm 2n\pi$)，因此对于一个很长的束团会有许多 FEL

桶。各个 FEL 桶中心 (固定点) 的有质动力相位为 $\psi_0 = (4n-1)\pi/2$ (n 包括 0 和任意正负整数)。分界线宽度为 2π(易于从图中看出)、高度为 $2\Omega_\mathrm{s}$。

FEL 桶中心 (称为参考位置) 电子与光波之间没有能量交换；FEL 桶内电子沿着其哈密顿量为常数的曲线轨道做限定性运动；分界线外的电子做非限定性运动。FEL 桶在分析高增益 FEL 中因微群聚而形成电子的微聚束时十分重要。

3.5　高次谐波与修正波荡器参量 $\hat{K}$

2.4 节已经初步介绍了 FEL 的高次谐波，并给出了对应的波长 (见方程 (2.53))。本节考虑电子纵向振荡对单位时间内电子向光波能量转移的影响，并证明 2.4 节中的一些物理结论。

3.4 节在求电子与光波之间能量交换时略去电子的纵向振荡而仅考虑电子的平均纵向速度。现在考虑包括这一纵向振荡的情况 (见方程 (2.20))

$$z(t) = \bar{v}_z t - \frac{cK^2}{8\gamma^2\omega_\mathrm{u}}\sin(2\omega_\mathrm{u}t) \tag{3.24}$$

将它代入方程 (3.5)，为了简化符号而选择 $\psi_0 = 0$，于是，

$$\frac{\mathrm{d}W}{\mathrm{d}t} = -\frac{ecKE_0}{2\gamma}\{\cos[k_\mathrm{s}z(t) + k_\mathrm{u}\bar{v}_z t - \omega_\mathrm{s}t] + \cos[k_\mathrm{s}z(t) - k_\mathrm{u}\bar{v}_z t - \omega_\mathrm{s}t]\}$$

其中，因为 $k_\mathrm{u} \ll k_\mathrm{e}$ 以及 $z(t)$ 振荡项振幅很小，已作了 $k_\mathrm{u}z(t) \approx k_\mathrm{u}\bar{v}_z t$ 的近似。上式中可以将余弦函数表示为如下形式的负指数函数的实部：

$$\exp[\mathrm{i}k_\mathrm{s}(\bar{\beta}-1)ct \pm \mathrm{i}k_\mathrm{u}\bar{v}_z t] \cdot \exp\left[-\mathrm{i}\frac{k_\mathrm{s}K^2}{8k_\mathrm{u}\gamma^2}\sin(2\omega_\mathrm{u}t)\right]$$

而第二个指数又可以用傅里叶–贝塞尔级数表达：

$$\exp(\mathrm{i}Y\sin\Phi) = \sum_{n=-\infty}^{\infty} \mathrm{J}_n(Y)\exp(\mathrm{i}n\Phi) \tag{3.25}$$

式中，

$$Y = -\frac{k_s K^2}{8 k_u \gamma^2}, \quad \Phi = 2\omega_u t = 2\bar{v}_z k_u t$$

于是方程 (3.5) 中的两个余弦项现在变为

$$\left[\sum_{n=-\infty}^{\infty} J_n(Y) e^{i(2n+1)k_u \bar{v}_z t} + \sum_{m=-\infty}^{\infty} J_m(Y) e^{i(2m-1)k_u \bar{v}_z t} \right] e^{ik_s(\bar{\beta}-1)ct}$$

第二个求和中作了变量替代，用 $(n+1)$ 代替 m，于是 $(2m-1)$ 变为 $(2n+1)$。这两个求和可以并写。取实部后，电子的能量变化则为

$$\frac{dW}{dt} = -\frac{ecKE_0}{2\gamma} \sum_n [J_n(Y) + J_{n+1}(Y)] \cos[(k_s + (2n+1)k_u)\bar{v}_z t - k_s ct]$$

能量连续从电子传递给光波的条件是使余弦函数自变量为 0：

$$[k_s + (2n+1)k_u]\bar{v}_z - k_s c = 0 \ \rightarrow \ k_u = \frac{1}{2n+1} \cdot \frac{k_s}{2\gamma^2} \left(1 + K^2/2\right)$$

因为光波波长必须为正，只允许 n 取非负的整数，$n = 0, 1, 2, \cdots$，因此 FEL 的 $m = 2n+1$ 次谐波波长的近似表达式为

$$\lambda_m = \frac{1}{m} \frac{\lambda_u}{2\gamma^2} \left(1 + K^2/2\right), \quad m = 1, 3, 5, \cdots \tag{3.26}$$

可见仅仅有奇次高次谐波的存在。这就证明了第 2 章的方程 (2.53)。

于是，描述能量从电子向光波传递的方程为

$$\frac{dW}{dt} = -\frac{ecKE_0}{2\gamma} \sum_{n=0}^{\infty} [J_n(Y_n) + J_{n+1}(Y_n)] \cos[(k_s + (2n+1)k_u)\bar{v}_z t - k_s ct] \tag{3.27}$$

其中，

$$Y_n = -\frac{(2n+1)K^2}{4 + 2K^2}$$

求和遍及 $n \geqslant 0$ 的所有整数。

　　电子纵向速度的振荡不仅导致奇次高次谐波的产生，还影响基波 (一次谐波) 振幅 ($m = 1, n = 0$)。根据方程 (3.27)，基波从电子束获得能量的速率为

$$\frac{\mathrm{d}W}{\mathrm{d}t} = -\frac{ec\hat{K}E_0}{2\gamma} \cos[(k_\mathrm{s} + k_\mathrm{u})\bar{v}_z t - k_\mathrm{s} ct] \tag{3.28}$$

也就是说，纵向振荡对带电粒子与电磁波之间耦合的影响仅在于将波荡器参量乘以 $[\mathrm{J}_0(Y_0) + \mathrm{J}_1(Y_0)]$ 因子 (有的文章称之为 JJ 因子)，即

$$\hat{K} = K \left[\mathrm{J}_0 \left(\frac{K^2}{4 + 2K^2} \right) - \mathrm{J}_1 \left(\frac{K^2}{4 + 2K^2} \right) \right] \tag{3.29}$$

这里已使用了 J_0 为偶函数、J_1 为奇函数这一事实。对于 $K = 1$，修正波荡器参量值为 $\hat{K} = 0.91$。在 FEL 相关文章中修正波荡器参量 $\hat{K}$ 也可写为 $K{\cdot}\mathrm{JJ}$ 或 $K \cdot A_\mathrm{JJ}$。

3.6　谱　　形

　　限于讨论 $\Omega_\mathrm{s}^2 \ll 1$ 的小信号范围。在这一范围内可以使用扰动法并反复求解对于所有束电子的摆方程组 (3.19′)。考虑到初始电子束经波荡器辐射后具有初始的均方根相对能量失调 $\langle \eta_0 \rangle$。规定束电子的一组初始条件可以得到每一个电子之解 (η_n, ψ_n)，将各单个电子相位平均而得到系综的能量变化。这里略去推导细节而仅介绍谱形结果。

　　低增益 FEL 的谱形由函数 $\mathrm{sinc}^2(x/2)$ 给出，见图 2.7。增益函数 $f(x)$ 则由方程 (2.48) 所定义。谱强度在 $\omega \approx \omega_\mathrm{s}$ 处有最大值，其 FWHM 为

$$\Delta\omega \approx \omega_\mathrm{s}/N_\mathrm{u}$$

　　因为调谐值可正可负，随调谐值变化的增益函数也就会有最小值和最大值。如果选择得到正增益的调谐，则 FEL 过程所发射的辐射得

到增强。这意味着电子将它们的能量传递给辐射场。然而若选择给出负增益的调谐,那么电子将从波荡器中的辐射获得能量,从而形成电子的加速。这一过程是激光加速 (电子) 的过程,也就是逆自由电子激光 (IFEL) 过程。

可以看出,虽然低增益 FEL 辐射已考虑了由波荡器辐射的光波与电子束之间的相互作用,但由于这一作用非常弱,所以不影响光波的性质。因此,FEL 的性质与波荡器辐射性质基本上无差异。唯一需要考虑的是电子的相对能量失调。很自然地使用波荡器末端的 x 值 ($x \equiv \eta_0 \tau$),也就是说 $\tau = k_u L_u = 2\pi N_u$。于是,$x$ 仅正比于初始调谐。这是与初始调谐相关的唯一变量:

$$x \equiv \eta_0 \tau = 2\pi N_u \frac{\gamma - \gamma_s}{\gamma_s} \approx \text{相对能量总失调}$$

与由方程 (2.45) 所定义的参量一致。

系综平均的电子相对能量变化为

$$\left\langle \frac{\Delta \gamma}{\gamma} \right\rangle = \frac{1}{2} \Omega_s^4 \tau^3 f(x) \tag{3.30}$$

3.7   低增益 FEL 的小增益

既然已得到了能量传递,就可以得到小增益公式。假定光束尺寸等于面积为 A_b 的电子束尺寸。定义电子数密度为 n_{e0},则电流由 $I_0 = ecn_{e0}A_b$ 给出,并取电子束团脉冲持续时间为 τ_b。辐射场仅在与电子束团重叠的地方被放大,于是 τ_b 也是辐射脉冲的持续时间。

电磁波能量密度 $u = \varepsilon_0 |E|^2$;波的能量流密度 $\boldsymbol{u} = uc\boldsymbol{k}$,即在 $\boldsymbol{k}$ 方向单位时间通过单位面积的电磁波能量为 $|\boldsymbol{u}| = uc = |E|^2/Z_0$,

$Z_0 = 1/(\varepsilon_0 c) = \mu_0 c$ 为真空阻抗。辐射场的能量 E_s 为

$$E_s = |E|^2 A_b \tau_b / Z_0 \tag{3.31}$$

增益定义为电子束团的能量损失与波荡器中的电场能量之比。于是增益为

$$G = \frac{\Delta W_{\text{beam}}}{E_s} = \frac{\Delta W_e N_e}{E_s} = \frac{\left\langle \dfrac{\Delta\gamma}{\gamma_s} \right\rangle \gamma_s m_e c^2 \dfrac{I_0 \tau_b}{e}}{|E|^2 A_b \tau_b / Z_0}$$

式中，$N_e = I_0 \tau_b / e$ 是束团的总电子数。

利用方程 (3.30) 给出

$$G = \frac{\Omega_s^2 m_e c^2 \gamma_s Z_0}{2e|E|^2} \frac{I_0}{A_b} \tau^3 f(x)$$

利用 Ω_s^2 的参量表达式 (3.22) 和 $E = \omega_s A_{s0}$，将增益表达式改写为

$$G = \frac{\left(2\dfrac{k_s}{k_w}\dfrac{a_s K}{\gamma_s^2}\right)^2 m_e c^2 \gamma_s Z_0}{2e(\omega_s A_{s0})^2} e n_{e0} c \tau^3 f(x)$$

由于 a_s 的定义为 $a_s = eA_{s0}/m_e c$，于是增益表达式为

$$G = -\frac{2Z_0 e^2 n_{e0} \hat{K}^2}{m_e c k_u^2 \gamma_s^3} \tau^3 f(x)$$

为了进一步简化该表达式，使用 FEL 参量或皮尔斯 (Peirce) 参量 ρ_{FEL} 来表示增益。该参量定义为

$$\rho_{\text{FEL}} = \Gamma/(2k_u) \tag{3.32}$$

式中，Γ 称为增益参量：

$$\Gamma \equiv \left(\frac{\mu_0 n_{e0} e^2 k_u \hat{K}^2}{4 m_e \gamma_s^3}\right)^{1/3} \tag{3.33}$$

用常规参量来表示 FEL 参量 ρ，得到

$$\rho_{\text{FEL}} = \left[\frac{\mu_0 n_{\text{e0}} e^2 \hat{K}^2}{32 m_{\text{e}} k_{\text{u}}^2 \gamma_{\text{s}}^3} \right]^{1/3}$$

于是用皮尔斯参量 ρ_{FEL} 表示的增益为

$$G = 4(4\pi \rho_{\text{FEL}} N_{\text{u}})^3 f(x) \tag{3.34}$$

而用增益参量 Γ 和波荡器长度 L_{u} 表示的增益则为

$$G = \frac{1}{2} \Gamma^3 L_{\text{u}}^3 f(x)$$

特别需要指出，很容易将方程 (3.32) 改写为众所周知的 Madey 定理：

$$G = -\frac{\pi e^2 \hat{K}^2 N_{\text{u}}^3 \lambda_{\text{u}}^2 n_{\text{e0}}}{4\varepsilon_0 m_{\text{e}} c^2 \gamma_{\text{s}}^3} \frac{\mathrm{d}}{\mathrm{d}\alpha}(\text{sinc}^2 \alpha), \quad \alpha = x/2 = \pi N_{\text{u}} \eta \tag{3.35}$$

式中，n_{e0} 是电子密度；N_{u} 是波荡器的周期数；而 $\hat{K}$ 是方程 (3.29) 所定义的修正波荡器参量。用无量纲变量 $x = \pi N_{\text{u}}(\omega_{\text{s}} - \omega)/\omega_{\text{s}}$ 来表示对初始频率 ω_{s} 的频偏。方程 (3.35) 就是 Madey 定理，该定理指出，FEL 增益正比于波荡器辐射谱线曲线的负斜率。

3.8　小　　结

低增益 FEL 辐射理论与波荡器辐射理论的不同之处就在于前者考虑了电子束与辐射场之间的能量转换。正因为如此，低增益 FEL 辐射理论需要给出电子能量的变化以及随之引起的电子有质动力相位的变化，以确保能量从电子到辐射场的稳定传递。这两者形成了描述 FEL 的摆方程，从而引出了类似于射频加速器中的"射频桶"的"自由电子激光 (FEL) 桶"。

低增益 FEL 辐射性质与波荡器辐射相同，包括谱形、谱带宽度等。辐射强度与电子束的总电子数 N_e 成正比。FEL 的单程小增益是由 Madey 定理给出的小增益公式。如果使用光学共振腔，将较短的波荡器作为光路上的插入件而使电子束多次反复地通过波荡器，那么低增益 FEL 也能够达到很高的 FEL 输出功率。

参 考 文 献

[1] Kim K J, 黄志戎, Lindberg R. 同步辐射与自由电子激光——相干 X 射线产生原理. 黄森林, 刘克斯, 译. 北京: 北京大学出版社, 2018

[2] Schmüser P, Dohlus M, Rossbach J. Ultraviolet and Soft X-ray Free-Electron Lasers: Introduction to Physical Principles, Experimental Results, Technological Challenges. Berlin Heidelberg: Springer, 2008.

[3] Colson W B, Pellegrini C, Renieri A. Laser Handbook. Vol. 6. Amsterdam: North Holland, 1990.

[4] Freund H P, Antonsen T M. Principles of Free-Electron Lasers. London: Chapman & Hall, 1996.

[5] O'Shea P, Freund H P. Free-electron lasers: status and applications. Science, 2001, 292(5523): 1853-1858.

[6] Saldin E L, Schneidmiller E A, Yurkov M V. The Physics of Free Electron Lasers. Berlin, Heidelberg: Springer, 2000.

[7] ChaoA C, Tiger M. Handbook of Accelerator Physics and Engineering. Singapore: World Scientific, 1998.

[8] Jackson J D. Classical Electrodynamics. 3rd ed. New York: John & Wiley, 1999.

第 4 章 高增益 FEL 理论基本知识

本章从两个不同角度研究高增益 FEL 理论。在介绍高增益 FEL 理论之前，先介绍两种理论中所使用的两个基本方程：一是研究控制电子运动的电磁场麦克斯韦方程以及对应的电磁场和势的波动方程，即经典电动力学；二是研究束电子系综运动情况的广义连续性方程，即所谓的 "弗拉索夫方程"。由于电子与由电子束所产生的辐射之间的相互作用以及两者之间的能量交换过程，形成了电子的微群聚。微群聚是高增益 FEL 中最重要的物理现象，也是 FEL 具有横向相干性和纵向 (空间) 相干性的根本原因。因此，在本章先介绍有关微群聚的基本知识，以便于集中注意力来掌握这一基本概念。

4.1 微群聚的基本知识

微群聚现象是区别低增益 FEL 和高增益 FEL 的重要物理现象。顾名思义，所谓微群聚是 FEL 电场对电子束密度分布的调制作用使长度为一个光波波长 (λ_s) 的电子束片内的大部分电子集中在厚度小于一个光波波长 λ_s 的一小片之内，从而形成束电子周期性堆积的物理现象。图 4.1 是一个光波周期的束团电子微群聚发展过程的示意图 [1-5]。

图 4.1(a) 给出了具有初始能散度的一段束团 (长度为一个光波波长)，图 4.1(b) 表明了因与 FEL 辐射场相互作用而使束电子能量发生调制。图 4.1(c) 则描述了在波荡器中能量越高的电子弯曲越小，因此高能电子比低能电子走过更短路程。这一现象造成了能量较高的电子

追上了能量较低的电子, 这种现象称为束团压缩 (具体地说是束团的磁压缩)。图 4.1(d) 则定性地展示了作为束团压缩的结果, 导致微群聚而形成微聚束。因为这些微聚束的长度比辐射波长更短, 所以这些群聚电子发射相干辐射 (与调制的辐射同相位)。辐射强度增长而有增益。随着辐射的增长, Ω_{s} 也增长, 因此分隔线高度增加, 辐射进入高增益区。

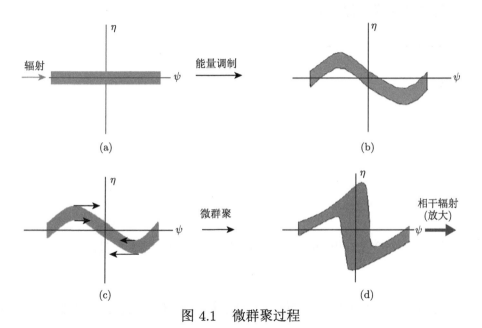

图 4.1 微群聚过程

(a) 具有初始能散度的束团; (b) 因与辐射场相互作用而开始束团的调制; (c) 形成微束团 (箭头符号表示调制中电子运动方向); (d) 微束团发射相干辐射

图 4.2 表示了一个光波周期内的光波电场与电子束片能量的纵向分布。该图表明了微群聚的原理: 由于电子束与光波的相互作用, 在光波电场为正的半周期内因能量从电子传递给光波而使电子能量降低, 在光波电场为负的半周期内能量从光波传递给电子而使电子能量增加。在波荡器中, 能量越高的电子弯曲越小, 因此高能电子比低能电子走过更短

路程。位于左半周期的较高能量的电子将追上位于右半周期的能量较低的电子，形成了一个光波波长内的多数电子堆积于 $\phi=0$ 附近，这一现象称为束团压缩 (更准确的说法是束团的磁压缩)，其结果是电子纵向速度的调制造成电子束内电荷密度分布的调制，在厚度小于光波波长 λ_s 的微束片内造成电子堆积从而形成微聚束。这些微聚束接近于可以发生对光波的最大能量转换的位置上。在图 4.1 中从 (c) 到 (d) 的演化过程正是微群聚的形成过程。

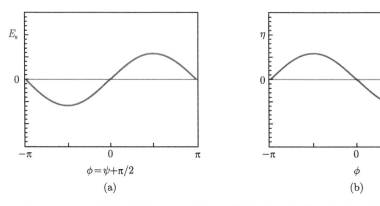

图 4.2   一个光波周期内 (a) 光波电场和 (b) 电子束片能量的纵向分布

对微群聚形成的进一步说明如下。初期的 FEL 处于低增益阶段，波荡器内电子仅执行简单的正弦运动。在处理微群聚效应之前先假定初始的均匀电荷分布 $\rho=\rho_0$ 得到小调制，在束团内坐标 ζ 轴上这一调制具有周期性，周期为光波波长 λ_s；每一个周期对应着一个 FEL 桶。随着电子束继续在波荡器内沿轴行进，激光的净能量增益将不断增加而形成电子束电荷分布 ρ 的调制。随后，有质动力相位 ψ 的分布也具有周期性，周期为 2π。根据 $j_z=v_z\rho$，电流密度得到类似的调制。其结果是，束团内形成以激光波长为周期的微结构，绝大多数电子集中于这一微结构内，形成微群聚状态。仅在光波波长附近很窄间隔内的 FEL 增益很大，而不同于 λ_s 的其他 λ 所对应频率成分的增益可以忽略不计。因此其他波长上的傅里叶分量一般不会被放大，而仅仅维持其小的初始值。这时，FEL 已处于高增益阶段。第 6 章的图 6.8 说明了 FEL 桶及相邻三个 FEL 桶内微群聚形成与发展情况，以及对应的束电荷密度分布的数值模拟结果。

由于在沿波荡器内传播过程中，光波电场不断地被放大；随着沿波荡器传播长度的增加，辐射强度不断有增益，因而 Ω_s 也增长。因此，FEL 桶的分界线高度随之不断增加[2]。在以后的两章将使用不同方法证明光波电场的增益机制。

图 4.3 表明了微群聚过程的数值模拟结果[2]。微聚束内的粒子像一个高电荷数的单粒子一样发射辐射。所得到的强辐射场又进一步加强微群聚，这种正反馈式的作用过程导致了光波电场 ($|E_x|$) 的指数增长，于是辐射功率 ($P_s \propto |E_x|^2$) 的指数增长则更快。图 4.4 给出了波长为 98 nm 的 FEL 脉冲能量随波荡器位置的指数增长情况的实验结果以及与对应的模拟结果的比较，实验结果与理论预言非常一致。可以看出，在该实验中电子束团内有 5~7 个周期的微群聚结构[2]。

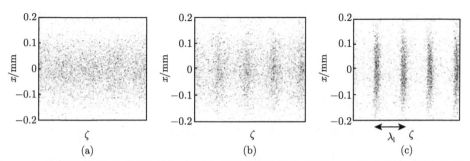

图 4.3　微群聚的数值模拟，在 (x, ζ) 平面的粒子位置图，x 是水平向离轴位移，而 ζ 是纵向束团内坐标

(a) 初始均匀分布；(b) 微群聚开始；(c) 周期为光波波长 λ_l 的微束团

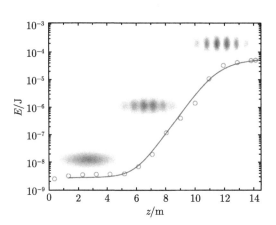

图 4.4　FEL 脉冲能量随波荡器内 z 指数增长，图中表示了微群聚发展过程，在
$z \geqslant 12$ m 时达到激光饱和，激光功率不再增加

在低增益 FEL 中，利用光学共振器使 FEL 辐射脉冲很多次通过短波荡器磁铁而与电子束团在空间上密切重叠；多次往返之后达到很大的总放大率。配备光腔后可以达到饱和，在接近饱和时初始均匀分布的束团有可能获得微群聚结构。当这种束团穿过储存环的弯曲磁铁时刚刚出现的微群聚会渐渐消失，进入储存环再返回的束团基本上是 "新鲜的" 束团，在光波波长的尺度上没有微结构。因此，低增益 FEL 理论不可能得到微群聚状态和结构。高增益 FEL 则必须使电子束一次通过很长的波荡器才能实现。在真空紫外和 X 射线区，由于没有反射镜而不能使用光学共振器，于是必须在很长波荡器磁铁的单程之内达到光的放大，在通过波荡器的运动期间光振幅会显著增长。这一增长以及在光波波长上微群聚结构的发展乃是高增益 FEL 理论新的基本特性。

与波荡器辐射相比，由于大量电子的相干辐射，高增益 FEL 的基本优点是辐射强度高得多。辐射场强度 I_N 随参与相干作用电子数 N 的平方而增长：$I_N \propto N^2 I_1$（I_1 是一个电子的辐射强度）。如果有可能将束团的所有电子聚集到远小于光波波长的小范围内，那么所有 N 个粒子将像一个具有电荷 $Q = -eN$ 的"点形巨粒子"而进行辐射。然而问题是要将 10^9 个电子聚集到小体积内是完全不可能的,即使最短的粒子束团也比 X 射线 FEL 的波长要长得多。这一难题的解决办法由上述的微群聚过程给出。

4.2 麦克斯韦方程和电场波动方程

麦克斯韦方程:

$$\nabla \times \boldsymbol{E} = -\frac{\partial \boldsymbol{B}}{\partial t}, \quad \nabla \cdot \boldsymbol{D} = \rho$$
$$\nabla \times \boldsymbol{H} = \frac{\partial D}{\partial t} + \boldsymbol{j}, \quad \nabla \cdot \boldsymbol{B} = 0 \tag{4.1}$$

状态方程:

$$\boldsymbol{D} = \varepsilon_0 \boldsymbol{E}, \quad \boldsymbol{B} = \mu_0 \boldsymbol{H}$$

电磁场理论用电场 $\boldsymbol{E}$、磁场 $\boldsymbol{B}$ 和标势 φ、矢势 $\boldsymbol{A}$ 作为一个整体来描述。磁场是无源场,电场是有源场,均可以用矢势和标势表示:

$$\boldsymbol{B} = \nabla \times \boldsymbol{A} \tag{4.2}$$

$$\boldsymbol{E} = \nabla \varphi - \frac{\partial \boldsymbol{A}}{\partial t} \tag{4.3}$$

φ、矢势 $\boldsymbol{A}$ 满足洛伦兹规范:

$$\nabla \cdot \boldsymbol{A} + \frac{1}{c^2} \frac{\partial \varphi}{\partial t} = 0$$

电场 $\boldsymbol{E}$、磁场 $\boldsymbol{B}$、标势 φ 和矢势 $\boldsymbol{A}$ 均满足波动方程 (达朗贝尔方程):

$$\left(\nabla^2 - \frac{1}{c^2} \frac{\partial^2}{\partial t^2} \right) \boldsymbol{E} = \mu_0 \frac{\partial \boldsymbol{j}}{\partial t} + \frac{1}{\varepsilon_0} \nabla \rho$$
$$\left(\nabla^2 - \frac{1}{c^2} \frac{\partial^2}{\partial t^2} \right) \boldsymbol{B} = -\mu_0 \nabla \times \boldsymbol{j} \tag{4.4}$$

$$
\begin{aligned}
\left(\nabla^2 - \frac{1}{c^2}\frac{\partial^2}{\partial t^2}\right)\varphi &= -\frac{\rho}{\varepsilon_0} \\
\left(\nabla^2 - \frac{1}{c^2}\frac{\partial^2}{\partial t^2}\right)\boldsymbol{A} &= -\mu_0 \boldsymbol{j}
\end{aligned}
\tag{4.5}
$$

4.3　高增益 FEL 中电场波动方程的简化

高增益 FEL 功率 P 的增益与其电场 $|E|$ 增益密切相关，即 $P = |E|^2 A/(2Z_0)$。这里 A 是光束截面积，$Z_0 = \mu_0 c = 1/(\varepsilon_0 c) = 376.7\ \Omega$ 是真空阻抗。可见，只要求出电场即可得到 FEL 的功率。

麦克斯韦方程的电场可以用势表示。在平面波荡器 (静磁场仅有 y 分量) 的 FEL 中，由于电子仅在平面上进行正弦形摇摆运动，因而所产生辐射为线偏振光，其电场也仅有 x 分量，对应的矢势 $\boldsymbol{A}$ 仅有 x 分量 $\boldsymbol{A} = A_x \boldsymbol{i}$：

$$
A_x = A_s \cos(k_s z - \omega_s t) = \frac{1}{2} A_s \mathrm{e}^{\mathrm{i}(k_s z - \omega_s t)} + \text{c.c.}
\tag{4.6}
$$

注意，不要把辐射场矢势与波荡器中的静矢势相混淆。于是电场是一维场：

$$
\boldsymbol{E} = -\nabla\varphi - \frac{\partial \boldsymbol{A}}{\partial t} \quad \rightarrow \quad E_x = -\frac{\partial \varphi}{\partial x} - \frac{\partial A_x}{\partial t}
$$

实际上，电场的波动方程：

$$
\nabla^2 E_x - \frac{1}{c^2}\frac{\partial^2 E_x}{\partial t^2} = -\mu_0 \frac{\partial j_x}{\partial t} - \frac{1}{\varepsilon_0}\frac{\partial(e n_{e0})}{\partial x}
$$

方程中的右边两项之比值可作如下估算。设圆形电子束的横向尺寸为 σ_x，那么近似有 $\partial/\partial x \sim 1/\sigma_x \sim 4\pi[\rho_{\mathrm{FEL}}/(\lambda_s \lambda_u)]^{1/2}$；对于时间微分算子有类似的近似 $\partial/\partial t \sim \omega_s = 2\pi c/\lambda_s$。注意到 $j_x = e n_e v_x$，从而可以

对电场波动方程中两个源项的比值进行估算 [3]

$$\frac{\dfrac{1}{\varepsilon_0}\dfrac{\partial(en_{e0})}{\partial x}}{\mu_0\dfrac{\partial j_x}{\partial t}} \sim \frac{1}{\varepsilon_0\mu_0}en_{e0}4\pi\sqrt{\frac{\rho_{\mathrm{FEL}}}{\lambda_s\lambda_u}}\frac{1}{\omega_s en_{e0}v_x} \approx 4\pi c^2\sqrt{\frac{\rho_{\mathrm{FEL}}}{\lambda_s\lambda_u}}\frac{1}{\omega_s cK/\gamma}$$

$$\approx 4\pi\sqrt{\frac{\rho_{\mathrm{FEL}}}{\lambda_s\lambda_u}}\frac{\gamma}{k_s c^2 K} = \sqrt{\rho_{\mathrm{FEL}}}\left(\frac{\lambda_s}{\lambda_u}\frac{4\gamma^2}{K^2}\right)^{1/2} \sim \sqrt{\rho_{\mathrm{FEL}}} \ll 1$$

可见电场的波动方程中的电荷密度项 (第二项) 可以舍弃，因此线性型波荡器中高增益 FEL 的电场方程简化为

$$\nabla^2 E_x - \frac{1}{c^2}\frac{\partial^2 E_x}{\partial t^2} = -\mu_0\frac{\partial j_x}{\partial t} \tag{4.7}$$

对应于电场的势表示式中的电势项可舍弃：

$$E_x = -\frac{\partial}{\partial t}A_x = -\omega_s A_s \sin(k_z z - \omega_s t) \tag{4.8}$$

用 E 表示复数电场振幅，方程 (4.8) 可改写为

$$E_x = \frac{1}{2}E e^{i(k_z z - \omega_s t)} + \text{c.c.}$$

其中，

$$E = i\omega_s A_s \tag{4.9}$$

比较方程 (4.4) 和方程 (4.5)，利用方程 (4.9) 所表示的电场振幅与矢势振幅的关系，以求解矢势的波动方程来确定电场的演化更为容易。一维矢势的波动方程为

$$\left(\nabla^2 - \frac{1}{c^2}\frac{\partial^2}{\partial t^2}\right)A_x = -\mu_0 j_x \tag{4.10}$$

式中，j_x 是横向电流密度。

由于对横向电流密度 j_x 的处理方法不同而引申出对高增益 FEL 处理的不同理论体系。第一种方法是按照电子束中每个电子的横向运动求出；第二种方法则是利用超相对论电子束横向电流密度 j_x 与纵向电流密度 j_z 之间的近似关系来确定。第 5 章的高增益 FEL 理论使用了第一种方法，第 6 章的高增益 FEL 理论则使用了第二种方法。

第一种方法中，利用由方程 (2.16) 决定的每一个电子在波荡器中的横向速度，可以求出 j_x。因为电子是点状粒子，因此电流密度 j_x 可以用 δ 函数来表示，即

$$j_x = -e \sum_{j=1}^{n_{e0}} v_{j,x} = -ecK \cos(k_u z) \sum_{j=1}^{n_{e0}(z)} \frac{1}{\gamma_j} \delta(x - x_j) \delta(y - y_j) \delta(z - z_j)$$

$$(4.11)$$

对于第二种方法，则利用 $j_x = j_z v_x / v_z$ 的关系和 $v_z \approx c$ 的近似得到

$$j_x(z) \approx j_z \frac{K}{\gamma} \cos(k_u z) \tag{4.12}$$

由于高增益 FEL 情况下的微群聚效应，束电子密度受到沿轴向的周期性调制从而轴向电流密度具有相同的调制。因此，在处理微群聚效应之前先假定初始的均匀电荷分布得到小调制，在束团内坐标 ζ 轴上这一调制有周期性，周期是光波波长 λ_s。随后，根据方程 (3.12)，有质动力相位变量 ψ 也具有周期性，周期为 2π。因此电子电荷密度分布表示为

$$\rho(\psi, z) = \rho_0 + \rho_1(z) e^{i\psi} \tag{4.13}$$

当电子束团通过波荡器运动时，复振幅 $\rho_1 = \rho_1(z)$ 要增长。根据 $j_z = v_z \rho$，电流密度得到类似的调制：

$$j_z(\psi, z) = j_0 + j_1(z) e^{i\psi} = j_0 + j_1(z) e^{i[(k_s + k_u)z - \omega_s t]} \tag{4.14}$$

需要注意,除初始电荷密度和电流密度外,方程 (4.13) 和方程 (4.14) 中的总电荷密度、调制电荷密度、电流密度以及调制电流密度都按复数处理。取其实部则得到它们的实际值。

4.4 电子分布函数和弗拉索夫方程

根据方程 (4.13),如果知道了电子分布的解析式,用电子 (纵向) 分布的非扰动部分来表示该分布的调制部分,即可以用解析方法来近似分析高增益 FEL 的基本物理过程。利用哈密顿力学的刘维尔定理,沿粒子轨道的电子系综所占据的相空间体积不变的原理,可以使用广义连续性方程或弗拉索夫方程来得到这一结果。

粒子系综可以用六维相空间的分布函数 $f(t, \boldsymbol{r}, \boldsymbol{p})$ 描述。它满足无耗散的弗拉索夫方程:

$$\frac{\mathrm{d}f}{\mathrm{d}t} = \frac{\partial f}{\partial t} + \frac{\partial \boldsymbol{r}}{\partial t} \cdot \nabla_{\boldsymbol{r}} f + \frac{\partial \boldsymbol{p}}{\partial t} \cdot \nabla_{\boldsymbol{p}} f = 0 \qquad (4.15)$$

将此方程中的矢量标积 (点乘) 分解为纵向分量和横向分量;考虑到电子速度很高,$p_z = \gamma\beta m_{\mathrm{e}}c \approx \gamma m_{\mathrm{e}}c$,纵向坐标 z 可以转换为电子的有质动力相位 ψ;p_z 的时间微分因而可转化为 γ 的时间微分,进而转化为对相对能散度 η 的时间微分;同理,对纵向坐标 z 的时间微分可转化为对有质动力相位 ψ 的时间微分。有质动力相位 ψ 和相对能散度 η 则由 FEL 摆方程确定。因此描述一维高增益 FEL 中电子系综的弗拉索夫方程中的全微分为

$$\frac{\partial f}{\partial t} + \frac{\partial \psi}{\partial t} \cdot \frac{\partial f}{\partial \psi} + \frac{\partial \eta}{\partial t} \cdot \frac{\partial f}{\partial \eta} + \frac{\partial \boldsymbol{r}_\perp}{\partial t} \cdot \nabla_\perp f + \frac{\partial \boldsymbol{p}_\perp}{\partial t} \cdot \nabla_{\boldsymbol{p}_\perp} f = 0$$

式中,$\nabla_\perp \equiv \partial/\partial \boldsymbol{r}_\perp$ 以及 $\nabla_{\boldsymbol{p}_\perp} \equiv \partial/\partial \boldsymbol{p}_\perp$。

引入无量纲 "时间" 变量 $\tau \equiv k_\mathrm{u}z \approx k_\mathrm{u}ct$，分布函数 f 所遵从的刘维尔定理 (弗拉索夫方程) 改写为

$$\frac{\partial f}{\partial \tau} + \frac{\partial \psi}{\partial \tau} \cdot \frac{\partial f}{\partial \psi} + \frac{\partial \eta}{\partial \tau} \cdot \frac{\partial f}{\partial \eta} + \frac{\partial \boldsymbol{r}_\perp}{\partial \tau} \cdot \frac{\partial f}{\partial \boldsymbol{r}_\perp} + \frac{\partial \boldsymbol{p}_\perp}{\partial \tau} \cdot \frac{\partial f}{\partial \boldsymbol{p}_\perp} = 0$$

引入如下新定义的横向坐标 $\boldsymbol{x}$ 和横向动量 $\boldsymbol{p_x}(\boldsymbol{x} \equiv \sqrt{2k_\mathrm{u}k_\mathrm{s}}\boldsymbol{r}_\perp$ 和 $\boldsymbol{p_x} \equiv \partial \boldsymbol{x}/\partial \tau)$，可以得到高增益 FEL 中所使用的弗拉索夫方程的最后形式：

$$\frac{\partial f}{\partial \tau} + \frac{\partial \phi}{\partial \tau} \cdot \frac{\partial f}{\partial \phi} + \frac{\partial \eta}{\partial \tau} \cdot \frac{\partial f}{\partial \eta} + \boldsymbol{p_x} \cdot \frac{\partial f}{\partial \boldsymbol{x}} + \frac{\partial \boldsymbol{p_x}}{\partial \tau} \cdot \frac{\partial f}{\partial \boldsymbol{p_x}} = 0 \tag{4.16}$$

如果进一步作一维近似，即略去分布函数的横向变化，则弗拉索夫方程演化为如下最简单的形式：

$$\frac{\partial f}{\partial \tau} + \frac{\partial \phi}{\partial \tau}\frac{\partial f}{\partial \phi} + \frac{\partial \gamma}{\partial \tau}\frac{\partial f}{\partial \gamma} = 0 \tag{4.17}$$

其中，有质动力相位 ψ 已用 $\phi = \psi + \pi/2$ 表示。需要注意，在三维情况下必须使用方程 (4.16)；在波荡器中电子执行着短周期的快速摇摆振荡运动和长周期的慢速回旋振荡运动，如果不考虑回旋振荡则可以忽略方程 (4.16) 的最后一项。于是对三维情况需要分两种情况来讨论。

在高增益 FEL 中，电子束初始归一分布为 f_0，经与 FEL 相互作用后归一分布函数 $f(z, \phi, \gamma)$ 是对初始分布 f_0 的调制结果，也就是说，

$$f = F\mathrm{e}^{\mathrm{i}\phi} + \text{c.c.} + f_0 \quad \text{或者} \quad f_\mathrm{true} = \mathrm{Re}\{f\} = f_0 + \mathrm{Re}\{F\mathrm{e}^{\mathrm{i}\phi}\}$$

式中，F 是分布函数调制部分的复振幅，是调制部分的慢变化部分。利用简化的弗拉索夫方程将分布函数整理为慢变化部分和快变化部分 (下划线部分)：

$$\frac{\partial}{\partial \tau}\left(F\mathrm{e}^{\mathrm{i}\phi} + \text{c.c.}\right) + \frac{\partial \phi}{\partial \tau}\frac{\partial}{\partial \phi}\left(F\mathrm{e}^{\mathrm{i}\phi} + \text{c.c.}\right)$$

$$+ \frac{\partial \gamma}{\partial \tau} \frac{\partial}{\partial \gamma} \left(F e^{i\phi} + \text{c.c.} \right) + \frac{\partial f_0}{\partial \tau} + \frac{\partial \phi}{\partial \tau} \frac{\partial f_0}{\partial \phi} + \frac{\partial \gamma}{\partial \tau} \frac{\partial f_0}{\partial \gamma} = 0$$

快变化部分在一个波荡器周期内的平均结果为 0，弗拉索夫方程的最后结果为 [6-9]

$$e^{i\phi} \left(\frac{\partial}{\partial \tau} + i \frac{\partial \phi}{\partial \tau} \right) F + \frac{\partial \gamma}{\partial \tau} \frac{\partial f_0}{\partial \gamma} = 0, \quad \left(\frac{\partial}{\partial \tau} + i \frac{\partial \phi}{\partial \tau} \right) F = -e^{-i\phi} \frac{\partial \gamma}{\partial \tau} \frac{\partial f_0}{\partial \gamma} \tag{4.18}$$

另一方面，调制幅度必须保持为小量以易于用解析方法推导 FEL 理论，这就要求调制幅度必须远小于分布的非扰动部分：$|F(\gamma, z)| \ll |f_0(\gamma)|$。非扰动部分 $f_0(\gamma)$ 是电子能量 γ 的窄函数。自变量 γ 可以转换为相对能量偏差 η，方差 σ_η 很小 ($10^{-4} \sim 10^{-3}$)，因此相对能量偏差限于一窄区 $|\eta| < \delta$，其中 $0 < \delta \ll 1$。这样来选择 δ，使得当 $|\eta| \geqslant \delta$ 时分布函数 $f_0(\eta)$ 恒为 0。于是，

$$\int_{-\delta}^{\delta} f_0(\eta) \mathrm{d}\eta = 1$$

分布函数为归一函数，即

$$\frac{1}{2\pi} \int_0^{2\pi} \int_{-\delta}^{\delta} f(\psi, \eta, z) \mathrm{d}\eta \mathrm{d}\psi = 1$$

将非扰动部分 $f_0(\eta)$ 和调制部分的分布函数代入弗拉索夫方程，立即得到

$$\text{Re} \left\{ \left[\frac{\partial F}{\partial z} + i F \frac{\partial \psi}{\partial z} \right] e^{i\psi} \right\} + \left[\frac{\mathrm{d} f_0}{\mathrm{d} \eta} + \text{Re} \left\{ \frac{\partial F}{\partial \eta} e^{i\psi} \right\} \right] \frac{\mathrm{d}\eta}{\mathrm{d}z} = 0$$

由于 $|F(\eta, z)| \ll |f_0(\eta)|$ 而略去 F 对 η 的偏导数，弗拉索夫方程可简化为

$$\text{Re} \left\{ \left[\frac{\partial F}{\partial z} + i F \frac{\partial \psi}{\partial z} \right] e^{i\psi} \right\} + \frac{\mathrm{d} f_0}{\mathrm{d} \eta} \cdot \frac{\mathrm{d}\eta}{\mathrm{d}z} = 0 \tag{4.19}$$

注意，方程 (4.17) 和方程 (4.19) 是弗拉索夫方程的两种不同形式。

参 考 文 献

[1] Schmüser P, Dohlus M, Rossbach J. Ultraviolet and Soft X-ray Free-Electron Lasers: Introduction to Physical Principles, Experimental Results, Technological Challenges. Berlin, Heidelberg: Springer, 2008.

[2] Huang Z, Kim K J. Review of X-ray free-electron laser theory. Phys. Rev. ST Accel. Beams, 2007, 10: 034801-034803.

[3] Group T. Linear Coherent Light Source(LCLS) Design Study Report. 1998.

[4] Brinkmann R. TESLA XFEL: first stage of the X-ray laser laboratory. Technical Design Report, 2002.

[5] Murphy J B, Pellegrini C. Introduction to the physics of the free electron laser//Laser Handbook. Vol. 6. Amsterdam: North Holland, 1990.

[6] Colson W B. Classical free electron laser theory//Laser Handbook. Vol. 6. Amsterdam: North Holland, 1998.

[7] Brau C A. Free-Electron Lasers. Boston: Academic Press, 1990.

[8] Freund H P, Antonsen T M. Principles of Free-Electron Lasers. London: Chapman & Hall, 1996.

[9] O'Shea P, Freund H P. Free-electron lasers: status and applications. Science, 2001, 292: 1853.

第 5 章　高增益 FEL 理论 (I)

本章的高增益 FEL 理论是电场 (或矢势) 的波动方程的横向电流密度 j_x 利用电子束的每一个电子在波荡器中的横向速度的相关求和来确定。主要的参考资料是美国布鲁克海文国家实验室 (BNL)Doyuran 的讲课手稿《自由电子激光理论和 HGHG 实验》[1]。

不同于低增益 FEL，在高增益情况下，光波电场沿波荡器有显著增长，因此摆方程完全不同于方程 (3.18)。本章致力于从电场 (或矢势) 的麦克斯韦波动方程出发，耦合求解麦克斯韦波动方程与电子束密度分布函数的弗拉索夫方程，以得到高增益 FEL 的相关结果。

5.1　高增益 FEL 摆方程

低增益 FEL 理论在求电子与光波之间的能量交换时，将光波电场视为常数。因而电子的能量变化方程和相位变化构成了其哈密顿量为常数的摆方程，这一对方程描述了电子在纵向相空间的运动情况。

高增益 FEL 情况则不同，由于 FEL 与束电子的相互作用，光波电场有显著增长，不能被视为常数，因此对应的哈密顿量随 z 而变化，难以从解析上说明电子能量和有质动力相位的整体变化情况。但为方便起见，仍然使用 "摆方程" 这一称谓。

对于线性型波荡器 FEL 的线偏振电场有

$$E_x(z,t) = E\cos(k_{\mathrm{s}}z - \omega_{\mathrm{s}}t) = \frac{1}{2}E(z,t)\mathrm{e}^{\mathrm{i}(k_{\mathrm{s}}z - \omega_{\mathrm{s}}t)} + \text{c.c.} \qquad (5.1)$$

式中, $E = E(z, t)$ 是电场的复数振幅; E 在 Ω^{-1} 的时标内缓慢变化, 这里 Ω 是由方程 (3.21) 所定义的同步回旋振荡频率。将电场代入电子的能量变化方程 $\mathrm{d}W/\mathrm{d}t = -ev_x E_x$, 考虑到电子纵向振荡运动 (其效果只不过是用修正的波荡器参量 $\hat{K}$ 代替 K, 见方程 (3.29)) 后, 该方程写为

$$\frac{\mathrm{d}\gamma_j}{\mathrm{d}z} = -\frac{K}{\gamma_j}\frac{E}{2mc^2}\cos(k_\mathrm{u}z)\mathrm{e}^{\mathrm{i}(k_\mathrm{s}z - \omega_\mathrm{s}t)} + \text{c.c.} \tag{5.2}$$

将 $\cos(k_\mathrm{u}z)$ 展开而出现两种相位:

$$\mathrm{e}^{\mathrm{i}(k_\mathrm{u}z + k_\mathrm{s}z - \omega_\mathrm{s}t)} \quad 和 \quad \mathrm{e}^{\mathrm{i}(-k_\mathrm{u}z + k_\mathrm{s}z - \omega_\mathrm{s}t)}$$

定义相位 ψ_j 为 $\psi_j = k_\mathrm{w}z + k_\mathrm{s}z - \omega_\mathrm{s}t$(这里 z 和 t 均已略去属于第 j 个电子的下标 j), 对 z 微分后得到

$$\frac{\mathrm{d}\psi_j}{\mathrm{d}z} = k_\mathrm{u} + k_\mathrm{s} - \frac{\omega_\mathrm{s}}{(\mathrm{d}z/\mathrm{d}t)_j} = k_\mathrm{u} + k_\mathrm{s} - k_\mathrm{s}\frac{1}{\beta_\parallel} \tag{5.3}$$

其中平行速度为

$$\beta_\parallel = \sqrt{\beta^2 - \beta_\perp^2} = \left[1 - \frac{1}{\gamma^2} - \frac{K^2}{\gamma^2}\cos^2(k_\mathrm{u}z)\right]^{1/2}$$

经泰勒级数展开运算后得到

$$\beta_\parallel^{-1} \approx 1 + \frac{1}{2\gamma^2} + \frac{K^2}{2\gamma^2}\cos^2(k_\mathrm{u}z) = 1 + \frac{1 + K^2\cos^2(k_\mathrm{u}z)}{2\gamma^2}$$

取一个波荡器周期上的平均给出

$$\bar{\beta}_\parallel^{-1} \approx 1 + \frac{1 + K^2/2}{2\gamma^2} \tag{5.4}$$

当共振条件满足时, 一个周期后的相位 ψ_j 平均值不变。将平行速度转换为 γ, 给出 $\gamma = \gamma_\mathrm{s}$ 时的共振条件, 即方程 (2.42)。

其次考虑电子能量 γ 为共振附近的能量 ($\gamma \neq \gamma_\mathrm{s}$) 的情况，方程 (5.3) 变为

$$
\begin{aligned}
\frac{\mathrm{d}\psi_j}{\mathrm{d}z} &= k_\mathrm{u} + k_\mathrm{s} - k_\mathrm{s}\frac{1}{\beta_{||}} = k_\mathrm{u} - k_\mathrm{s}\frac{1 + K^2\cos^2(k_\mathrm{u}z)}{2\gamma^2} \\
&= k_\mathrm{u} - k_\mathrm{u}\frac{2\gamma_\mathrm{s}^2}{1 + K^2/2}\frac{1 + K^2\cos^2(k_\mathrm{u}z)}{2\gamma^2} \\
&\approx k_\mathrm{u}\left(1 - \frac{\gamma_\mathrm{s}^2}{\gamma^2}\right) - k_\mathrm{u}\frac{K^2}{2}\frac{\cos(2k_\mathrm{u}z)}{1 + K^2/2}
\end{aligned} \tag{5.5}
$$

将方程 (5.5) 等号后第二项对 z 积分，利用电子的轨道 $x = (K/(\gamma_\mathrm{s}k_\mathrm{u}))\sin(k_\mathrm{u}z)$，就可以得到该电子相对于随束团中心电子而运动的坐标系 (即共振坐标系) 中的运动情况；也就是说，偏离共振的动作有质动力相位 ψ_j 与电子横向坐标 x 的函数关系。图 5.1 为呈现出 "8" 字形相位振荡的电子相位图，在 $x = K/(\sqrt{2}\gamma k_\mathrm{u})$，极值为 $\hat{\psi} = K^2/[2\sqrt{2}(2 + K^2)]$。

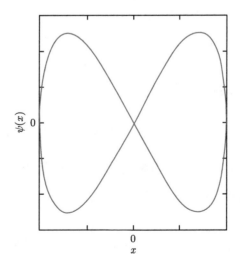

图 5.1　在共振坐标系中电子的 "8" 字形运动

定义相位 ϕ_j：

$$\phi_j \equiv \psi_j + \frac{K^2/4}{1+K^2/2}\sin(2k_\mathrm{u}z) \tag{5.6}$$

如果考虑相位运动中的振荡项，即方程 (5.5) 中的第二项，那么仅有的区别是修正的波荡器参量 $\hat{K}$ 代替 K。于是，使用了变量替换 $\tau = k_\mathrm{u}z$ 后运动方程变为

$$\frac{\mathrm{d}\phi_j}{\mathrm{d}\tau} = \frac{2(\gamma_j - \gamma_\mathrm{s})}{\gamma_\mathrm{s}} \tag{5.7}$$

$$\frac{\mathrm{d}\gamma_j}{\mathrm{d}\tau} = -\frac{D_2}{\gamma_\mathrm{s}}(E\mathrm{e}^{\mathrm{i}\phi_j} + \mathrm{c.c.}) \tag{5.8}$$

其中，

$$D_2 = \frac{e\hat{K}}{4k_\mathrm{u}mc^2} \tag{5.9}$$

这些方程类似于低增益 FEL 中的摆方程。

5.2　耦合麦克斯韦-弗拉索夫方程

线性型波荡器中线偏振场的矢势仅有 x 分量：

$$A_x = A_\mathrm{s}\cos(k_\mathrm{s}z - \omega_\mathrm{s}t) = \frac{A_\mathrm{s}}{2}\mathrm{e}^{\mathrm{i}(k_\mathrm{s}z-\omega_\mathrm{s}t)} + \mathrm{c.c.} \tag{5.10}$$

正如方程 (2.16) 所给，波荡器中电子运动也仅有 x 分量：

$$\frac{v_x}{c} \approx \frac{\mathrm{d}x}{\mathrm{d}z} = \frac{K}{\gamma}\cos(k_\mathrm{u}z) \tag{5.11}$$

矢势满足如方程 (4.10) 所示的波动方程或麦克斯韦方程，将该方程中的拉普拉斯算子分解为横向和纵向部分：

$$\left(\nabla_\perp^2 + \frac{\partial^2}{\partial z^2} - \frac{1}{c^2}\frac{\partial^2}{\partial t^2}\right)A_x = -\mu_0 j_x \tag{5.12}$$

其中，横向电流密度由方程 (4.11) 给出，即

$$j_x(z) = -ecK\cos(k_u z)\sum_{j=1}^{n_{e0}(z)}\frac{1}{\gamma_j}\delta(x-x_j)\delta(y-y_j)\delta(z-z_j) \qquad (5.13)$$

为了简化矢势波动方程, 首先考察方程 (5.12) 等号前的后两项, 令 $\hat{A} = A_s/2$, 于是有

$$\frac{\partial^2}{\partial z^2}\hat{A}e^{i(k_s z - \omega_s t)} = e^{i(k_s z - \omega_s t)}\left(\frac{\partial^2\hat{A}}{\partial z^2} + 2ik_s\frac{\partial\hat{A}}{\partial z} - k_s^2\hat{A}\right)$$

$$\frac{\partial^2}{\partial t^2}\hat{A}e^{i(k_s z - \omega_s t)} = e^{i(k_s z - \omega_s t)}\left(\frac{\partial^2\hat{A}}{\partial t^2} - 2ik_s c\frac{\partial\hat{A}}{\partial t} - k_s^2 c^2\hat{A}\right)$$

因而这两项的结果为

$$\left(\frac{\partial^2}{\partial z^2} - \frac{1}{c^2}\frac{\partial^2}{\partial t^2}\right)\hat{A}e^{i(k_s z - \omega_s t)} = 2ik_s e^{i(k_s z - \omega_s t)}\left(\frac{\partial\hat{A}}{\partial z} + \frac{1}{c}\frac{\partial\hat{A}}{\partial t}\right)$$

考虑到横向拉普拉斯算子对指数因子不起作用, 于是矢势波动方程简化为

$$e^{i(k_s z - \omega_s t)}\left[\nabla_\perp^2 + 2ik_s\left(\frac{\partial}{\partial z} + \frac{1}{c}\frac{\partial}{\partial t}\right)\right]\hat{A} + e^{-i(k_s z - \omega_s t)}$$

$$\times\left[\nabla_\perp^2 - 2ik_s\left(\frac{\partial}{\partial z} + \frac{1}{c}\frac{\partial}{\partial t}\right)\right]\hat{A} = -\mu_0 j_x$$

注意: 假定波动方程 (5.12) 右边的源项中的 j_x 仅正比于 $\exp[i(k_s z - \omega_s t)]$ 的傅里叶分量, 上式第一项对 FEL 场矢势方程有贡献。于是波动方程改写为

$$e^{i(k_s z - \omega_s t)}\left[\nabla_\perp^2 + 2ik_s\left(\frac{\partial}{\partial z} + \frac{1}{c}\frac{\partial}{\partial t}\right)\right]\hat{A} = -\mu_0 j_x$$

或再次改写为 (将 $2ik_s$ 移出方括号; $\hat{A} = A_s/2$ 以及 $\omega_s = k_s c$)

$$e^{i(k_s z - \omega_s t)}\left(\frac{\partial}{\partial z} + \frac{1}{c}\frac{\partial}{\partial t} + \frac{1}{2ik_s}\nabla_\perp^2\right)i\omega_s A_s = -\mu_0 c j_x$$

由于 $E = \mathrm{i}\omega_{\mathrm{s}}A_{\mathrm{s}}$，可以得到电场振幅所满足的麦克斯韦方程:

$$\mathrm{e}^{\mathrm{i}(k_{\mathrm{s}}z-\omega_{\mathrm{s}}t)}\left(\frac{\partial}{\partial z} + \frac{1}{c}\frac{\partial}{\partial t} + \frac{1}{2\mathrm{i}k_{\mathrm{s}}}\nabla_{\perp}^2\right)E = -\mu_0 c j_x$$

注意，微分算子已不作用于指数因子。

于是电场振幅的波动方程改写为

$$\left(\frac{\partial}{\partial z} + \frac{1}{c}\frac{\partial}{\partial t} + \frac{1}{2\mathrm{i}k_{\mathrm{s}}}\nabla_{\perp}^2\right)E = -\mu_0 c j_x \mathrm{e}^{-\mathrm{i}(k_{\mathrm{s}}z-\omega_{\mathrm{s}}t)} \tag{5.14}$$

将电流密度的级数表达式代入，合并横向坐标为横向矢径后得到

$$\left(\frac{\partial}{\partial z} + \frac{1}{c}\frac{\partial}{\partial t} + \frac{1}{2\mathrm{i}k_{\mathrm{s}}}\nabla_{\perp}^2\right)E$$
$$= -\frac{\mu_0 c^2 eK}{\gamma_{\mathrm{s}}}\sum_j \cos(k_{\mathrm{u}}z)\mathrm{e}^{-\mathrm{i}(k_{\mathrm{s}}z-\omega_{\mathrm{s}}t_j)}\delta(\boldsymbol{r}_{\perp} - \boldsymbol{r}_{\perp j})\delta(z - z_j)$$

注意到:

(1) $\cos(k_{\mathrm{u}}z)\mathrm{e}^{-\mathrm{i}(k_{\mathrm{s}}z-\omega_{\mathrm{s}}t_j)} = \frac{1}{2}\mathrm{e}^{-\mathrm{i}\phi_j}[\mathrm{JJ}]+$ 高频项;

(2) $\psi_j = (k_{\mathrm{s}}+k_{\mathrm{u}})z - \omega_{\mathrm{s}}t_j,\quad \phi_j \equiv \psi_j + \frac{K^2}{4+K^2}\sin(2k_{\mathrm{u}}z)$;

(3) 若略去慢变化部分，则有 $\phi = \psi$。

电场波动方程改写为 (在一个光波周期上)

$$\left[\frac{\partial}{\partial z} + \frac{1}{c}\frac{\partial}{\partial t} + \frac{1}{2\mathrm{i}k_{\mathrm{s}}}\nabla_{\perp}^2\right]E = -\frac{\mu_0 c^2 e\hat{K}}{2\gamma_{\mathrm{s}}}\sum_j \mathrm{e}^{-\mathrm{i}\phi_j}\delta(\boldsymbol{r}_{\perp}-\boldsymbol{r}_{\perp j})\delta(z-z_j)$$
$$\approx -\frac{\mu_0 c\hat{K}}{2\gamma_{\mathrm{s}}}\frac{ce}{\lambda}\sum_j^{N_\lambda}\mathrm{e}^{-\mathrm{i}\phi_j}\delta(\boldsymbol{r}_{\perp}-\boldsymbol{r}_{\perp j})$$
$$= -\frac{\mu_0 c\hat{K}}{2\gamma_{\mathrm{s}}}\frac{I_0}{N_\lambda}\sum_j^{N_\lambda}\mathrm{e}^{-\mathrm{i}\phi_j}\delta(\boldsymbol{r}_{\perp}-\boldsymbol{r}_{\perp j})$$

式中，I_0 是束电流；N_λ 是一个光波周期上的电子数目 $(N_\lambda = n_1\lambda)$，这里 n_1 是单位长度束内的电子数。式中第二等号已使用了对慢变化部分 $(\delta(z - z_j))$ 在一个光波周期 (λ) 上取平均，即

$$\frac{1}{\lambda}\int_\lambda \left[\sum_j \mathrm{e}^{-\mathrm{i}\psi_j}\delta(\boldsymbol{r}_\perp - \boldsymbol{r}_{\perp j})\delta(z - z_j)\right]\mathrm{d}z$$

$$=\frac{1}{\lambda}\sum_j \mathrm{e}^{-\mathrm{i}\phi_j}\delta(\boldsymbol{r}_\perp - \boldsymbol{r}_{\perp j})\int_\lambda [\delta(z - z_j)]\mathrm{d}z$$

$$=\frac{1}{\lambda}\sum_{z \leqslant z_j \leqslant z+\lambda} \mathrm{e}^{-\mathrm{i}\theta_j}\delta(\boldsymbol{r}_\perp - \boldsymbol{r}_{\perp j})$$

$$=\frac{1}{\lambda}\sum_{j=1}^{N_\lambda} \mathrm{e}^{-\mathrm{i}\theta_j}\delta(\boldsymbol{r}_\perp - \boldsymbol{r}_{\perp j})$$

电场波动方程中的求和部分可以对小体积取平均：

$$\frac{1}{\Delta V}\int_{\Delta V}\mathrm{d}\boldsymbol{r}\sum_j \mathrm{e}^{-\mathrm{i}\phi_j}\delta(\boldsymbol{r} - \boldsymbol{r}_j) = \frac{1}{\Delta V}\sum_{j=1}^{\Delta N}\mathrm{e}^{-\mathrm{i}\phi_j}$$

$$= \frac{\Delta N}{\Delta V}\left(\frac{1}{\Delta N}\sum_{j=1}^{\Delta N}\mathrm{e}^{-\mathrm{i}\phi_j}\right)$$

$$= n_\mathrm{e}(\boldsymbol{r}, t)\left\langle\mathrm{e}^{-\mathrm{i}\phi_j}\right\rangle \tag{5.15}$$

式中，$n_\mathrm{e}(\boldsymbol{r}, t)$ 是粒子密度。因此

$$\left(\frac{\partial}{\partial z} + \frac{1}{c}\frac{\partial}{\partial t} + \frac{1}{2\mathrm{i}k_\mathrm{s}}\nabla_\perp^2\right)E = \frac{\mu_0 e c^2\hat{K}}{2\gamma_\mathrm{s}}n_\mathrm{e}(\boldsymbol{r}, t)\left\langle\mathrm{e}^{-\mathrm{i}\phi_j}\right\rangle \tag{5.16}$$

令 $n_{\mathrm{e}0}$ 为峰值密度，$n_{\mathrm{e}0}f(z, t, \gamma, \boldsymbol{r}_\perp)$ 是分布函数，则粒子密度为

$$n_\mathrm{e}(\boldsymbol{r}, t) = n_\mathrm{e}(z, t, \boldsymbol{r}_\perp) = \int n_{\mathrm{e}0}f(z, t, \gamma, \boldsymbol{r}_\perp)\mathrm{d}\gamma$$

于是波动方程变为

$$\left(\frac{\partial}{\partial z} + \frac{1}{c}\frac{\partial}{\partial t} + \frac{1}{2\mathrm{i}k_{\mathrm{s}}}\nabla_{\perp}^{2}\right) E = \frac{k_{\mathrm{u}}D_{1}}{\gamma_{\mathrm{s}}}\left\langle \mathrm{e}^{-\mathrm{i}\phi_{j}}\right\rangle \int f\mathrm{d}\gamma \tag{5.17}$$

其中,

$$D_{1} = \frac{\mu_{0}n_{\mathrm{e}0}ec^{2}\hat{K}}{2k_{\mathrm{u}}} \tag{5.18}$$

用独立变量 (z, ϕ) 代替 (z, t) 则更为方便。作变量替换后得到

$$\left(\frac{\partial}{\partial z} + k_{\mathrm{u}}\frac{\partial}{\partial \phi} + \frac{1}{2\mathrm{i}k_{\mathrm{s}}}\nabla_{\perp}^{2}\right) E = \frac{k_{\mathrm{u}}D_{1}}{\gamma_{\mathrm{s}}}\int f\left\langle \mathrm{e}^{-\mathrm{i}\phi_{j}}\right\rangle \mathrm{d}\gamma$$

很清楚, 在 $f(z, \phi, \gamma)$ 中对增长有显著贡献的仅为 $\mathrm{e}^{\mathrm{i}\phi}$ 附近的成分。令 F 是慢变化振幅, 于是,

$$f = F\mathrm{e}^{\mathrm{i}\phi} + \mathrm{c.c.} + f_{0}$$

在这一定义中, f_{0} 是光滑分布函数, 而 F 代表了由微群聚引起的调制分布函数。在电场波动方程中,

$$\int (f\left\langle \mathrm{e}^{-\mathrm{i}\phi_{j}}\right\rangle)\mathrm{d}\gamma = \int F\mathrm{d}\gamma + 振荡项$$

于是波动方程的最后形式为 (注意: $\tau \equiv k_{\mathrm{u}}z$)

$$\left(\frac{\partial}{\partial \tau} + \frac{\partial}{\partial \phi} + \frac{1}{2\mathrm{i}k_{\mathrm{s}}k_{\mathrm{u}}}\nabla_{\perp}^{2}\right) E = \frac{D_{1}}{\gamma_{\mathrm{s}}}\int F\mathrm{d}\gamma \tag{5.19}$$

这就是麦克斯韦包络方程。

至此, 以下三个方程 [即方程 (5.7)、方程 (5.8) 和方程 (5.14)] 构成了高增益 FEL 理论的主要方程:

$$\frac{\mathrm{d}\phi_{j}}{\mathrm{d}\tau} = \frac{2(\gamma_{j} - \gamma_{\mathrm{s}})}{\gamma_{\mathrm{s}}}, \quad \frac{\mathrm{d}\gamma_{j}}{\mathrm{d}\tau} = -\frac{D_{2}}{\gamma_{\mathrm{s}}}(E\mathrm{e}^{\mathrm{i}\phi_{j}} + \mathrm{c.c.})$$

$$\left[\frac{\partial}{\partial z} + \frac{1}{c}\frac{\partial}{\partial t} + \frac{1}{2\mathrm{i}k_{\mathrm{s}}}\nabla_{\perp}^{2}\right] E = -\frac{\mu_{0}c\hat{K}}{2\gamma_{\mathrm{s}}}\frac{I_{0}}{N_{\lambda}}\sum_{j}^{N_{\lambda}}\mathrm{e}^{-\mathrm{i}\phi_{j}}\delta(\boldsymbol{r}_{\perp} - \boldsymbol{r}_{\perp j})$$

回顾方程 (4.18), 将方程 (5.7) 与方程 (5.8) 的结果代入, 注意到相

位因子 $e^{i\phi}$ 与电场相位因子抵消得到

$$\left(\frac{\partial}{\partial\tau} + 2i\frac{\gamma - \gamma_s}{\gamma_s}\right) F = -\frac{D_2}{\gamma_s}\frac{\partial f_0}{\partial\gamma}E \tag{5.20}$$

方程 (5.19) 和 (5.20) 则构成了描述高增益 FEL 电场变化规律的耦合麦克斯韦–弗拉索夫方程。

5.3 高增益 FEL 一维理论

本节假定所有的束电子都具有与 FEL 基波相共振的能量，即 $f_0 = \delta(\gamma - \gamma_s)$ 或 $\gamma_j = \gamma_s(j = 1 \to N_e)$；因为关注的是一维解，于是略去所有的 $\nabla_\perp^2$ 项，则耦合麦克斯韦–弗拉索夫方程变为

$$\left(\frac{\partial}{\partial\tau} + \frac{\partial}{\partial\phi}\right) E = \frac{D_1}{\gamma_s}\int F\mathrm{d}\gamma \tag{5.19'}$$

$$\left(\frac{\partial}{\partial\tau} + 2i\frac{\gamma - \gamma_s}{\gamma_s}\right) F = \frac{D_2}{\gamma_s}\frac{\partial f_0}{\partial\gamma}E \tag{5.20'}$$

对复数电场振幅和调制分布函数振幅作如下的傅里叶–拉普拉斯变换：

$$\tilde{E}(\tau,q) = \int_{-\infty}^{\infty} E(\tau,\phi)e^{-iq\phi}\mathrm{d}\phi \tag{5.21}$$

$$\bar{E}(\Lambda,q) = \int_0^{\infty} \tilde{E}(\tau,q)e^{i\Lambda\tau}\mathrm{d}\tau \tag{5.22}$$

$$\tilde{F}(\tau,q,\gamma) = \int_{-\infty}^{\infty} F(\tau,\phi,\gamma)e^{-iq\phi}\mathrm{d}\phi \tag{5.23}$$

$$\bar{F}(\Lambda,q,\gamma) = \int_0^{\infty} \tilde{F}(\tau,q,\gamma)e^{i\Lambda\tau}\mathrm{d}\tau \tag{5.24}$$

式中，Λ 是归一时间变量 τ 的傅里叶变换共轭变量；q 是相位变量 ϕ 的拉普拉斯变换共轭变量；经傅里叶变换后的函数用原符号上加 "$\sim$" 表示，而经傅里叶–拉普拉斯变换后的函数则用原符号上加横线 "$-$" 表示。

于是，方程 (5.19′) 和方程 (5.20′) 经傅里叶–拉普拉斯变换后变成如下方程:

$$(-\mathrm{i}\Lambda + \mathrm{i}q)\bar{E} = \frac{D_1}{\gamma_\mathrm{s}} \int \bar{F}\mathrm{d}\gamma + \tilde{E}(\tau = 0) \tag{5.25}$$

$$\left(-\mathrm{i}\Lambda + \mathrm{i}2\frac{\gamma - \gamma_\mathrm{s}}{\gamma_\mathrm{s}}\right)\bar{F} = \frac{D_2}{\gamma_\mathrm{s}}\frac{\partial f_0}{\partial \gamma}\bar{E} + \tilde{F}(\tau = 0) \tag{5.26}$$

方程 (5.26) 给出调制分布函数振幅的傅里叶–拉普拉斯变换结果的形式:

$$\bar{F} = \frac{1}{-\mathrm{i}\Lambda + \mathrm{i}2(\gamma - \gamma_\mathrm{s})/\gamma_\mathrm{s}}\left[\frac{D_2}{\gamma_\mathrm{s}}\frac{\partial f_0}{\partial \gamma}\bar{E} + \tilde{F}(\tau = 0)\right] \tag{5.27}$$

将该式代入方程 (5.25) 得到

$$\begin{aligned}(-\mathrm{i}\Lambda + \mathrm{i}q)\bar{E} =& \frac{D_1}{\gamma_\mathrm{s}}\frac{D_2}{\gamma_\mathrm{s}}\bar{E}\int \frac{1}{-\mathrm{i}\Lambda + \mathrm{i}2(\gamma - \gamma_\mathrm{s})/\gamma_\mathrm{s}}\frac{\partial f_0}{\partial \gamma}\mathrm{d}\gamma \\&+ \frac{D_1}{\gamma_\mathrm{s}}\int \frac{\tilde{F}(\tau = 0, q, \gamma)\mathrm{d}\gamma}{-\mathrm{i}\Lambda + \mathrm{i}2(\gamma - \gamma_\mathrm{s})/\gamma_\mathrm{s}} + \tilde{E}(\tau = 0)\end{aligned}$$

令

$$\bar{S} = \mathrm{i}\tilde{E}(\tau = 0) - \frac{D_1}{\gamma_\mathrm{s}}\int \frac{\tilde{F}(\tau = 0, q, \gamma)\mathrm{d}\gamma}{\Lambda - 2(\gamma - \gamma_\mathrm{s})/\gamma_\mathrm{s}} \tag{5.28}$$

这里的 $\bar{S}$ 不过是初始条件。于是得到

$$(\Lambda - q)\bar{E} + \frac{D_1}{\gamma_\mathrm{s}}\frac{D_2}{\gamma_\mathrm{s}}\bar{E}\int \frac{1}{\Lambda - 2(\gamma - \gamma_\mathrm{s})/\gamma_\mathrm{s}}\frac{\partial f_0}{\partial \gamma}\mathrm{d}\gamma = \bar{S}$$

使用部分积分:

$$\int \frac{1}{\Lambda - 2(\gamma - \gamma_\mathrm{s})/\gamma_\mathrm{s}}\frac{\partial f_0}{\partial \gamma}\mathrm{d}\gamma \approx \frac{2\gamma_\mathrm{s}}{(\Lambda\gamma_\mathrm{s})^2}\int_{-\infty}^{\infty} f_0\mathrm{d}\gamma = \frac{2}{\gamma_0\Lambda^2}$$

最后得到

$$\left[\Lambda - q - (2\rho_{\mathrm{FEL}})^3\frac{1}{\Lambda^2}\right]\bar{E} = \bar{S} \tag{5.29}$$

式中，ρ_{FEL} 是 FEL 参量或称为皮尔斯参量，它与其他参量的关系如下：

$$(2\rho_{FEL})^3 = \frac{2D_1 D_2}{\gamma_s^3} = \frac{\mu_0 n_{e0} e^2 \hat{K}^2}{4k_u^2 m_e \gamma_s^3} = \frac{\Gamma^3}{k_u^3} \tag{5.30}$$

而 Γ 是增益参量，已由方程 (3.33) 所定义，它具有长度倒数的量纲。

方程 (5.29) 可以改写为

$$[\Lambda^3 - q\Lambda^2 - (2\rho_{FEL})^3]\bar{E} = \Lambda^2 \bar{S} \tag{5.31}$$

注意 $\bar{S}$ 是初始条件，那么这一方程的傅里叶-拉普拉斯逆变换是电场振幅的三阶偏微分方程。由于 $\partial/\partial\tau \leftrightarrow i\Lambda$ 以及 $\partial/\partial\phi \leftrightarrow -iq$，于是电场振幅的三阶偏微分方程为

$$\left[\frac{\partial^3}{\partial\tau^3} + \frac{\partial^2}{\partial\tau^2}\frac{\partial}{\partial\phi} - (2\rho_{FEL})^3\right] E = 0 \tag{5.32}$$

初始条件由 $\Lambda^2 \bar{S}$ 给出。

由于 $E \sim \exp(-i\Lambda\tau + iq\phi)$，因此电场为

$$E \cdot e^{ik_s z - i\omega_s t} \sim e^{-i\Lambda\tau + iq\phi} e^{ik_s z - i\omega_s t} = e^{i(k_s + q\omega_s + qk_u - \Lambda k_u)z} e^{-i(1+q)\omega_s t} \tag{5.33}$$

根据方程 (5.33) 可知，q 描述了频率的变化 $\Delta\omega = q\omega_s$，因此，

$$q = \Delta\omega/\omega_s \tag{5.34}$$

是一个可调量，其物理意义是 FEL 的基波谱带宽度。

在方程 (5.33) 中，项 $\exp(-i\Lambda k_u z)$ 描述了电场增长率：

$$e^{-i\Lambda k_u z} = e^{-i\text{Re}(\Lambda)k_u z} e^{\text{Im}(\Lambda)k_u z}$$

式中，$\text{Re}(\Lambda)$ 是电场的相移率；$\text{Im}(\Lambda)$ 是电场增长率。

令

$$e^{\text{Im}(\Lambda)k_u z} = e^{z/(2L_G)} \tag{5.35}$$

由于功率正比于电场平方，$P \sim |E|^2 \sim \exp(z/L_G)$，所以可定义 L_G 为

功率增益长度:

$$L_{\mathrm{G}} = \frac{1}{2\mathrm{Im}(\varLambda_1)k_{\mathrm{u}}} \tag{5.36}$$

现在求三阶偏微分方程 (5.32) 的解。对于 q 的某个固定失调值,包络方程之解是以下三个本征解的线性组合:

$$\mathrm{e}^{-\mathrm{i}\varLambda_1\tau}, \quad \mathrm{e}^{-\mathrm{i}\varLambda_2\tau}, \quad \mathrm{e}^{-\mathrm{i}\varLambda_3\tau}$$

$\varLambda_1$、$\varLambda_2$ 和 $\varLambda_3$ 是方程 $\varLambda^3 - q\varLambda^2 - (2\rho_{\mathrm{FEL}})^3 = 0$ 之解。定义

$$\lambda = \varLambda/(2\rho_{\mathrm{FEL}}), \quad \Delta = q/(2\rho_{\mathrm{FEL}})$$

则本征方程简化为 $\lambda^3 - \Delta\lambda^2 - 1 = 0$。当 $q = 0$ 或 $\Delta = 0$(共振) 时,本征方程简化为 $\lambda^3 = 1$,因此三个解分别是 $\lambda = \exp(\pm\mathrm{i}2\pi/3)$ 和 $\lambda = 1$,其虚部分别是 $\mathrm{Im}(\lambda) = \pm\sqrt{3}/2$ 和 0,参见图 5.2。虚部反映出 E 是增长、振荡或衰减的情况。可见仅 $\varLambda_1 = 2\rho_{\mathrm{FEL}}\lambda_1$ 对应电场的指数增长。根据方程 (5.36),当 $q = 0$ 时对应的 FEL 理想功率增益长度为

$$L_{\mathrm{G0}} = \frac{1}{\mathrm{Im}(\varLambda_1)k_{\mathrm{u}}} = \frac{1}{2\rho_{\mathrm{FEL}}\mathrm{Im}(\lambda_1)k_{\mathrm{u}}} = \frac{\lambda_{\mathrm{u}}}{4\sqrt{3}\pi\rho_{\mathrm{FEL}}} \tag{5.37}$$

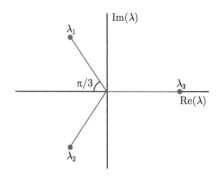

图 5.2   与增长率相关的 λ 三次方程的三个解

用功率增益长度表示的 FEL 参量为

$$\rho_{\text{FEL}} = \frac{1}{4\pi\sqrt{3}} \cdot \frac{\lambda_{\text{u}}}{L_{\text{G0}}} \tag{5.38}$$

为简化书写, 下文中略去 FEL 参量符号的下标, 用 ρ 表示 ρ_{FEL}。

5.4　FEL 一维理论的初值问题

本节考虑在两类不同的初值条件下求解 FEL 电场。

对于电场振幅的傅里叶–拉普拉斯变换结果已经得到 (见方程 (5.31))

$$\bar{E} = \frac{\Lambda^2}{\Lambda^3 - q\Lambda^2 - (2\rho)^3}\bar{S}$$

式中, $\bar{S}(\Lambda, q) = \mathrm{i}\tilde{E}(\tau = 0) - \dfrac{D_1}{\gamma_{\text{s}}} \displaystyle\int \frac{\tilde{F}(\tau = 0, q, \gamma)}{\Lambda - 2(\gamma - \gamma_{\text{s}})/\gamma_{\text{s}}}\mathrm{d}\gamma$。为使物理概念清晰而又易于解析求解, 假定问题限于电子的单能情况 ($\gamma = \gamma_{\text{s}}$), 因此用来描述电场初始 (入口处) 条件的 $\bar{S}(\Lambda, q)$ 表达式简化为

$$\bar{S}(\Lambda, q) = \mathrm{i}\tilde{E}(\tau = 0) - \frac{D_1}{\Lambda\gamma_0}\int \tilde{F}(\tau = 0, q)\mathrm{d}\gamma$$

有两类初始条件。

(1) 第一类是放大器情况: $\tilde{E}(\tau = 0) \neq 0$, $\tilde{F}(\tau = 0) = 0$。使用了种子激光, 因此采用激光电场作为初值; 但是分布函数的调制部分的初值为 0。

(2) 第二类是 SASE 情况: $\tilde{E}(\tau = 0) = 0$, $\tilde{F}(\tau = 0) \neq 0$。这种情况不使用种子激光, 但是因为电子束粒子分布的噪声, 分布函数含有非 0 的调制部分初值。

5.4.1　FEL 放大器情况

放大器情况有初始辐射但束团内电荷分布均匀, 于是 $\bar{S} = \mathrm{i}\tilde{E}(\tau = 0)$, 因此电场振幅的傅里叶–拉普拉斯变换结果变为

$$\bar{E} = \bar{g}\tilde{E}(\tau = 0) \tag{5.39}$$

式中，

$$\bar{\bar{g}} = \frac{\mathrm{i}\Lambda^2}{\Lambda^3 - q\Lambda^2 - (2\rho)^3} = \frac{1}{2\rho}\frac{\mathrm{i}\lambda^2}{\lambda^3 - \Delta\lambda^2 - 1} \tag{5.40}$$

$\bar{E}$ 方程的拉普拉斯逆变换结果为

$$\tilde{E}(\tau, q) = \bar{\bar{g}}\tilde{E}(\tau = 0) \tag{5.41}$$

可以用留数积分求出 $\bar{\bar{g}}$ 的傅里叶逆变换。

当 $\tau > 0$ 时，积分变得等于极点附近的留数总和。按照

$$\lambda^3 - \Delta\lambda^2 - 1 = (\lambda - \lambda_1)(\lambda - \lambda_2)(\lambda - \lambda_3)$$

求得极点。先求出 $\bar{\bar{g}}$ 的傅里叶逆变换结果 $\tilde{\bar{g}}$

$$\tilde{\bar{g}} = \frac{1}{2\pi}\int_0^\infty \bar{\bar{g}}\mathrm{e}^{-\mathrm{i}\Lambda\tau}\mathrm{d}\Lambda = \frac{1}{2\pi}2\rho\int_0^\infty \bar{\bar{g}}\mathrm{e}^{-\mathrm{i}2\rho\lambda\tau}\mathrm{d}\lambda = \frac{1}{2\pi}\int_0^\infty \frac{\mathrm{i}\lambda^2\mathrm{e}^{-\mathrm{i}2\rho\lambda\tau}}{\lambda^3 - \Delta\lambda^2 - 1}\mathrm{d}\lambda$$

$$= 2\pi\mathrm{i}\sum_{i=1}^3 \mathrm{Res}_i\left\{\frac{1}{2\pi}\frac{\mathrm{i}\lambda^2\mathrm{e}^{-\mathrm{i}2\rho\lambda\tau}}{\lambda^3 - \Delta\lambda^2 - 1}\right\} = -\sum_{i=1}^3 \frac{\lambda_i^2\mathrm{e}^{-\mathrm{i}2\rho\lambda_i\tau}}{\prod_{\substack{j=1\\j\neq i}}^3(\lambda_i - \lambda_j)}$$

于是 $\tilde{\bar{g}}(\tau, \Delta)$ 的表达式为

$$\tilde{\bar{g}}(\tau, \Delta) = \frac{\lambda_1^2\mathrm{e}^{-\mathrm{i}2\rho\lambda_1\tau}}{(\lambda_1 - \lambda_2)(\lambda_1 - \lambda_3)} + \frac{\lambda_2^2\mathrm{e}^{-\mathrm{i}2\rho\lambda_2\tau}}{(\lambda_2 - \lambda_1)(\lambda_2 - \lambda_3)} + \frac{\lambda_3^2\mathrm{e}^{-\mathrm{i}2\rho\lambda_3\tau}}{(\lambda_3 - \lambda_1)(\lambda_3 - \lambda_2)}$$

参量 $\tilde{\bar{g}}$ 的物理意义是电场增益。对于 $\Delta = 0$ 分析 $\tau = 0$ 和 $\rho\tau \gg 1$ 的两种极限情况。这时本征方程为 $\lambda^3 = 1$，三个本征值之解分别是 $\lambda = \exp(\pm\mathrm{i}2\pi/3)$ 和 $\lambda = 1$，于是本征函数初始值之和为

$$\tilde{\bar{g}}(\tau, \Delta = 0) = \frac{1}{3}(\mathrm{e}^{-\mathrm{i}2\rho\lambda_1\tau} + \mathrm{e}^{-\mathrm{i}2\rho\lambda_2\tau} + \mathrm{e}^{-\mathrm{i}2\rho\lambda_3\tau})$$

(1) 对于初始时刻，

$$\tilde{\bar{g}}(\tau = 0) = \frac{1}{3}(\mathrm{e}^{-\mathrm{i}2\rho\lambda_1\tau} + \mathrm{e}^{-\mathrm{i}2\rho\lambda_2\tau} + \mathrm{e}^{-\mathrm{i}2\rho\lambda_3\tau}) = 1$$

这正是在摇摆器或波荡器起点处所应该满足的, 这里只有种子激光。

(2) 对于 $\rho\tau \gg 1$, 第一项占优势。三个本征值满足 $|\lambda_i| = 1(i = 1, 2, 3)$, 其虚部分别为 $\mathrm{Im}(\lambda_1) = \sqrt{3}/2$, $\mathrm{Im}(\lambda_2) = -\sqrt{3}/2$, $\mathrm{Im}(\lambda_3) = 0$ (图 5.1)。可见, λ_1 项是指数增长项, λ_2 项是阻尼振荡项, λ_3 项是纯振荡。于是有

$$\tilde{g} \approx \frac{1}{3}\mathrm{e}^{-\mathrm{i}2\rho\left(\mathrm{i}\frac{\sqrt{3}}{2} - \frac{1}{2}\right)\tau}, \quad |\tilde{g}| \approx \frac{1}{3}\mathrm{e}^{\sqrt{3}\rho\tau} \tag{5.42}$$

初始种子激光的电场为 $\tilde{E}(\tau = 0)$ 的逆变换, 即

$$E_{\mathrm{in}} = F^{-1}\{\tilde{E}(\tau = 0)\} = \frac{1}{2\pi}\int_{-\infty}^{\infty}\tilde{E}(\tau = 0)\mathrm{e}^{\mathrm{i}q\phi}\mathrm{d}q$$

FEL 电场为 $\tilde{E}(\tau, q)$ 的逆变换, 即

$$E_{\mathrm{out}}(\tau, \phi) = F^{-1}\{\tilde{g}\tilde{E}(\tau = 0)\} = \frac{1}{2\pi}\int_{-\infty}^{\infty}\tilde{g}\tilde{E}(\tau = 0)\mathrm{e}^{\mathrm{i}q\phi}\mathrm{d}q \approx \frac{1}{3}\mathrm{e}^{\sqrt{3}\rho\tau}E_{\mathrm{in}}$$

因此, 可以求出 FEL 的输出功率:

$$P_{\mathrm{out}}[\sim E_{\mathrm{out}}^2] \approx \frac{1}{9}\mathrm{e}^{4\pi\sqrt{3}\rho N_{\mathrm{u}}}P_{\mathrm{in}} = \frac{1}{9}\mathrm{e}^{L_{\mathrm{u}}/L_{\mathrm{G0}}}P_{\mathrm{in}} \tag{5.43}$$

图 5.3 给出了以 E_{in} 为种子激光的放大器情况下的功率增益曲线。随着电场的增长, 同步回旋频率 (能量调制和相位之间的振荡频率) 也增长。这意味着: 当 FEL 桶高度增加时, 与辐射相互作用的电子束的相对能量偏差也随之增加 (图 5.4), 于是 FEL 桶扩展。但是, 达到饱和时的电场不再增长。图 5.4 表明, 相对能量偏差造成了过群聚, 从而电子不再损失能量。

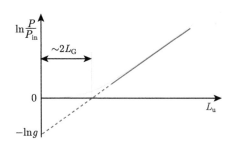

图 5.3   FEL 功率增益 (对数标度) 与波荡器长度关系

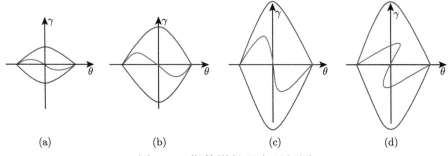

图 5.4   指数增长区电子相图

标明了分界线：图 (a)~(c) 表明电子调制与 FEL 桶尺寸均增长；(d) 饱和后分界线不变 (不增长)，但电子分布开始同步振荡

由以上可知 $\text{Im}(\lambda_1) = \sqrt{3}/2$，于是增长率 $\text{Im}(\Lambda_1) = \sqrt{3}\rho$。当 $\text{Im}(\Lambda_1) = \Omega_\text{s}$ 时，FEL 达到饱和。饱和时由 FEL 摆方程之解得到

$$\Omega_\text{s}^2 = \frac{2D_2 E}{\gamma_\text{s}^2} \tag{5.44}$$

因此

$$3\rho^2 = \frac{2D_2 E}{\gamma_\text{s}^2}$$

从而得到饱和时的 FEL 电场：

$$E = \frac{3\rho^2 \gamma_\text{s}^2}{2D_2} \tag{5.45}$$

对应的功率密度为

$$\frac{|E|^2}{2Z_0} = \frac{9}{4}(\rho\gamma_{\rm s})^4 \frac{1}{2Z_0 D_2^2}$$

利用 ρ 的定义给出功率密度为

$$\frac{|E|^2}{2Z_0} = \frac{9}{64} 2D_1 D_2 \rho\gamma_{\rm s} \frac{1}{Z_0 D_2^2} = \frac{9}{16}\rho n_{\rm e0} m_{\rm e} c^3 \gamma_0$$

饱和功率为

$$P_{\rm s} = \frac{|E|^2}{2Z_0} A = \frac{9}{16}\rho n_{\rm e0} cA m_{\rm e} c^2 \gamma_{\rm s} \tag{5.46}$$

式中，A 是束截面积；$n_{\rm e0}cA$ 是每秒的电子数；$n_{\rm e0}cAm_{\rm e}c^2\gamma_{\rm s}$ 是电子束功率 $P_{\rm e}$。因此饱和功率最简单的表达式为

$$P_{\rm s} \sim \rho P_{\rm e}$$

5.4.2 SASE-FEL 情况

特别要强调的是自放大自发辐射 (SASE) 情况。SASE-FEL 常常视为基于加速器的第四代光源。SASE 情况没有初始辐射，于是过程从噪声开始。初始条件为

$$\tilde{E}(\tau = 0) = 0, \quad \tilde{F}(\tau = 0) \neq 0$$

在这种情况下，注意到无密度调制时的横向电流密度为

$$j_x^{(0)} = en_{\rm e0}v_x = en_{\rm e0}v_z\beta_\perp \approx \frac{en_{\rm e0}c\hat{K}}{\gamma_{\rm s}} = \frac{2k_{\rm u}}{\mu_0 c} \cdot \frac{D_1}{\gamma_{\rm s}}$$

因此，在有密度调制 (由电子分布中的噪声引起) 时的横向电流密度 $J_0(\phi)$ 为

$$J_0(\phi) = \frac{2k_{\rm u}}{\mu_0 c}\frac{D_1}{\gamma_{\rm s}}\int F(\tau = 0, \phi){\rm d}\gamma$$

波荡器入口处横向电流密度 $J_0(\phi)$ 的傅里叶变换为

$$\tilde{J}_0 = \tilde{J}_0(\phi) \equiv \frac{2k_{\mathrm{u}}}{\mu_0 c}\frac{D_1}{\gamma_{\mathrm{s}}}\int \tilde{F}(\tau=0,\phi)\mathrm{d}\gamma$$

于是电场的初始条件为

$$\bar{S}(\varLambda,q) = -\frac{D_1}{\varLambda\gamma_{\mathrm{s}}}\int \tilde{F}(\tau=0,q,\gamma)\mathrm{d}\gamma = -\frac{\mu_0 c}{2k_{\mathrm{u}}\varLambda}\tilde{J}_0$$

分布函数为 $f \approx f_0 + (Fe^{i\phi} + \mathrm{c.c.})$，于是初始调制分布可用电子的初始分布改写为

$$F(\tau=0,\phi) = f(\phi,\gamma,\tau=0)\mathrm{e}^{-i\phi} + 其他频率成分$$

在 FEL 过程期间正比于除了 $e^{i\phi}$ 以外的相位因子分量可以忽略，因为这些分量不发生共振。因此横向电流密度 $J_0(\phi)$ 可以作如下近似：

$$J_0(\phi) = \frac{2k_{\mathrm{u}}D_1}{\mu_0 c\gamma_{\mathrm{s}}}\int F(\tau=0,\phi)\mathrm{d}\gamma \approx \frac{2k_{\mathrm{u}}D_1}{\mu_0 c\gamma_{\mathrm{s}}}\int \mathrm{e}^{-i\phi}f(\phi,\gamma,\tau=0)\mathrm{d}\gamma$$

电场振幅方程可以改写为

$$\bar{E} = \frac{\varLambda^2}{\varLambda^3 - q\varLambda^2 - (2\rho)^3}\bar{S} = -\frac{\mu_0 c}{2k_{\mathrm{u}}}\frac{\varLambda}{\varLambda^3 - q\varLambda^2 - (2\rho)^3}\tilde{J}_0 = \frac{\mu_0 c}{2k_{\mathrm{u}}}\bar{g}\tilde{J}_0$$

式中，

$$\bar{g} = -\frac{\varLambda}{\varLambda^3 - \varLambda^2 q - (2\rho)^3} \tag{5.47}$$

$\bar{g}$ 是 $\tilde{g}$ 的拉普拉斯变换，而 $\tilde{g}$ 是 $\tilde{\tilde{g}}$ 对 τ 的积分。上式证明如下：

$$\tilde{g} = \int \tilde{\tilde{g}}\mathrm{d}\tau = \int\left(\frac{1}{2\pi}\int_{-\infty+is}^{\infty+is}\bar{\bar{g}}\mathrm{e}^{-i\varLambda\tau}\mathrm{d}\varLambda\right)\mathrm{d}\tau = \frac{1}{2\pi}\int_{-\infty+is}^{\infty+is}\bar{\bar{g}}\frac{1}{-i\varLambda}\mathrm{d}\varLambda\int \mathrm{d}\mathrm{e}^{-i\varLambda\tau}$$

$$= \frac{1}{2\pi}\int_{-\infty+is}^{\infty+is}\bar{\bar{g}}\frac{\mathrm{e}^{-i\varLambda\tau}}{-i\varLambda}\mathrm{d}\varLambda = \frac{1}{2\pi}\int_{-\infty+is}^{\infty+is}\frac{i\varLambda^2}{\varLambda^3 - q\varLambda^2 - (2\rho)^3}\frac{\mathrm{e}^{-i\varLambda\tau}}{-i\varLambda}\mathrm{d}\varLambda$$

$$= \frac{1}{2\pi} \int_{-\infty+\mathrm{i}s}^{\infty+\mathrm{i}s} \left[-\frac{\Lambda}{\Lambda^3 - q\Lambda^2 - (2\rho)^3} \right] \mathrm{e}^{-\mathrm{i}\Lambda\tau} \mathrm{d}\Lambda = \frac{1}{2\pi} \int_{-\infty+\mathrm{i}s}^{\infty+\mathrm{i}s} \bar{\bar{g}} \mathrm{e}^{-\mathrm{i}\Lambda\tau} \mathrm{d}\Lambda$$

电场振幅方程的拉普拉斯逆变换为

$$\tilde{E}(\tau, q) = \tilde{g}(\tau, q) \frac{\mu_0 c}{2k_{\mathrm{u}}} \tilde{J}_0(q) = \tilde{g}(\tau, q) \frac{D_1}{\gamma_{\mathrm{s}}} \int \tilde{F}(\tau = 0, q) \mathrm{d}\gamma$$

上式作傅里叶逆变换得到电场表达式, 结果为

$$E(\tau, \phi) = \frac{\mu_0 c}{2k_{\mathrm{u}}} \int J_0(\phi') \dot{g}(\tau, \phi - \phi') \mathrm{d}\phi'$$

需要注意, 因为电子的离散性使入口处归一分布函数 f 含 $\delta(z - z_j)$, 可以对上式积分并在单位长度 (内含 n_l 个电子, $n_l = n_{\mathrm{e}0}A$, 这里 A 是束截面) 取平均, 从而得到

$$E(\tau, \phi) \approx \frac{D_1 k_{\mathrm{s}}}{\gamma_{\mathrm{s}} n_l} \sum_j \mathrm{e}^{-\mathrm{i}\phi_j} \dot{g}(\tau, \phi - \phi_j) \tag{5.48}$$

来自每一个电子的贡献涉及从 δ 函数到格林函数 $\dot{g}$ 的演化。求和遍及含每个电子的相位因子 $\mathrm{e}^{-\mathrm{i}\phi_j}$ 与对应格林函数的乘积。

以下介绍 SASE 功率、功率谱、谱带宽度和饱和。

现在求 SASE-FEL 功率。功率表达式为 $P = |E|^2 A/(2Z_0)$。因为 E 是对所有电子引起的电场的求和, 所以 SASE 功率是对所有电子的系综平均:

$$|E|^2 = \langle E(\tau, \phi) E^*(\tau, \phi) \rangle = \left(\frac{D_1 k_{\mathrm{s}}}{\gamma_{\mathrm{s}} n_l} \right)^2 \left\langle \sum_{j,\, i} \mathrm{e}^{\mathrm{i}\theta_i \theta_j} \dot{g}(\tau, \phi - \phi_j) \dot{g}^*(\tau, \phi - \phi_i) \right\rangle$$

于是功率为 (注意: $n_l = n_{\mathrm{e}0}A$)

$$\langle P \rangle = \frac{A}{2Z_0} \frac{D_1^2 k_{\mathrm{s}}}{\gamma_{\mathrm{s}}^2 n_l} \int |\dot{g}(\tau, \phi - \phi')|^2 \mathrm{d}\phi' = \frac{1}{2Z_0} \frac{D_1^2 k_{\mathrm{s}}}{\gamma_{\mathrm{s}}^2 n_{\mathrm{e}0}} \int |\dot{g}(\tau, \phi - \phi')|^2 \mathrm{d}\phi' \tag{5.49}$$

由于 $\dot{g}$ 是 $\tilde{g}$ 的傅里叶–拉普拉斯逆变换：

$$\dot{g} = \frac{1}{2\pi} \int \tilde{g} \mathrm{e}^{\mathrm{i}q\phi} \mathrm{d}q$$

将该结果代入 $\langle P \rangle$ 方程并取定积分，结果为

$$\langle P \rangle = \frac{D_1^2 k_\mathrm{s}}{4\pi Z_0 \gamma_\mathrm{s}^2 n_{\mathrm{e}0}} \int |\tilde{g}(\tau, q)|^2 \mathrm{d}q \tag{5.50}$$

将方程 (5.50) 对 q 求微分，考虑到以下的变量关系：$\mathrm{d}q = \mathrm{d}\omega/\omega_\mathrm{s}$，$k_\mathrm{s} = \omega_\mathrm{s}/c$ 以及 $(\mathrm{d}P/\mathrm{d}q)/\omega_\mathrm{s} = (\mathrm{d}P/\mathrm{d}q)/(k_\mathrm{s}c)$，则可以排除对 q 的积分并得到功率谱的表达式：

$$\left\langle \frac{\mathrm{d}P}{\mathrm{d}\omega} \right\rangle = \frac{D_1^2}{4\pi Z_0 \gamma_\mathrm{s}^2 n_{\mathrm{e}0} c} |\tilde{g}(\tau, q)|^2 = \frac{m_\mathrm{e} c^2 \gamma_\mathrm{s}}{4\pi} (2\rho)^3 |\tilde{g}(\tau, q)|^2 \tag{5.51}$$

于是为了得到功率谱，就需要求出函数 $\tilde{g}(\tau, q)$。

不难看到 $\bar{\bar{g}} = -\mathrm{i}\Lambda\bar{g}$（其中，$\Lambda = 2\rho\lambda$），可以用拉普拉斯逆变换得到 $\tilde{g}$，

$$\tilde{g}(\tau, q) = \frac{1}{2\pi} \int_{-\infty}^{\infty} \bar{g}(\Lambda, q) \mathrm{e}^{-\mathrm{i}\Lambda\tau} \mathrm{d}\Lambda$$

将 $\bar{g}$ 表达式 (方程 (5.47)) 代入上式，给出

$$\tilde{g}(\tau, q) = \frac{1}{2\pi} \int_{-\infty}^{\infty} \left[-\frac{\Lambda}{\Lambda^3 - q\Lambda^2 - (2\rho)^3} \right] \mathrm{e}^{-\mathrm{i}\Lambda\tau} \mathrm{d}\Lambda \tag{5.52}$$

作相同的变量替换：$\Lambda = 2\rho\lambda$ 和 $\Delta \equiv q/(2\rho) = \Delta\omega/(2\rho\omega_\mathrm{s})$，那么除了分子正比于 λ 外，还给出了相同的回路积分并有相同的极点，于是留数之和为

$$\tilde{g}(\tau, q)$$

$$= \frac{\mathrm{i}}{2\rho} \left[\frac{\lambda_1 \mathrm{e}^{-\mathrm{i}2\rho\lambda_1\tau}}{(\lambda_1 - \lambda_2)(\lambda_1 - \lambda_3)} + \frac{\lambda_2 \mathrm{e}^{-\mathrm{i}2\rho\lambda_2\tau}}{(\lambda_2 - \lambda_1)(\lambda_2 - \lambda_3)} + \frac{\lambda_3 \mathrm{e}^{-\mathrm{i}2\rho\lambda_3\tau}}{(\lambda_3 - \lambda_1)(\lambda_3 - \lambda_2)} \right]$$

$$\tag{5.53}$$

当 $\Delta = 0$ 时，本征方程 $\lambda^3 - 1 = 0$ 的三个本征解分别为

$$\begin{aligned}
\lambda_1 &= +\mathrm{i}\sqrt{3}/2 - 1/2 \\
\lambda_2 &= -\mathrm{i}\sqrt{3}/2 - 1/2 \\
\lambda_3 &= 1
\end{aligned} \tag{5.54}$$

当 $\Delta \neq 0$ 但接近于 0 时，λ 的本征方程 $\lambda^3 - \Delta\lambda^2 - 1 = 0$ 的三个解分别为

$$\begin{aligned}
\lambda_1 &\approx \mathrm{e}^{+\mathrm{i}2\pi/3} + \Delta/3 + \Delta^2 \mathrm{e}^{-\mathrm{i}2\pi/3}/9 \\
\lambda_2 &\approx \mathrm{e}^{-\mathrm{i}2\pi/3} + \Delta/3 + \Delta^2 \mathrm{e}^{+\mathrm{i}2\pi/3}/9 \\
\lambda_3 &= 1 + \mathrm{e}^{-\mathrm{i}2\pi/3} + \Delta/3 + \Delta^2/9
\end{aligned} \tag{5.55}$$

无论 Δ 是否为 0，由三个本征值所描述的物理现象分别描述了 FEL 电场的指数增长项 (λ_1 项)、阻尼振荡项 (λ_2 项) 以及纯振荡 (λ_3 项) 情况。在 SASE-FEL 的初始阶段，这三种效应必须加以考虑，因此构成了 SASE 过程的 "疲软阶段"，FEL 功率增长很小，所引起的 FEL 辐射只不过是同步辐射过程。随着电子束在波荡器中继续传输，SASE 进入高增益过程，这时仅 λ_1 项起主要作用，FEL 电场快速地呈指数增长。最后在经过约 20 个功率增益长度后，FEL 功率达到饱和，SASE 处于饱和阶段。以下分别论述这三阶段的情况。

对于 $\Delta \neq 0$ 的情况，作这样的近似处理：在 $\tilde{g}(\tau, q)$ 的表达式 (5.52) 中仅考虑指数部分的影响而使用由式 (5.55) 给出的 λ 本征值；而其他部分使用 $\Delta = 0$ 时的结果，即使用由式 (5.54) 给出的 λ 本征值。那么 $\tilde{g}(\tau, q)$ 的表达式改写为

$$\tilde{g}(\tau, q) = \frac{\mathrm{i}}{6\rho}\left(\mathrm{e}^{-\mathrm{i}2\rho\lambda_1\tau}/\lambda_1 + \mathrm{e}^{-\mathrm{i}2\rho\lambda_2\tau}/\lambda_2 + \mathrm{e}^{-\mathrm{i}2\rho\lambda_3\tau}/\lambda_3\right) \tag{5.56}$$

如果再舍去 Δ^2 项，那么含与频率有关的因子部分 ($\Delta \equiv q/(2\rho)$) 就

描述了同步辐射功率谱, 即

$$|\tilde{g}(\tau,q)|^2 = \left[\frac{\sin(\tau q/2)}{\tau q/2}\right]^2 \tau^2 \propto \frac{1}{\rho^2}|\mathrm{e}^{-\mathrm{i}\rho\tau\Delta}|^2 \tag{5.57}$$

在总长度为 L_u 的波荡器出口处, $\tau q/2 = k_\mathrm{u}L_\mathrm{u}\Delta\omega/(2\omega_\mathrm{s}) = \pi N_\mathrm{u}(\omega - \omega_\mathrm{s})/\omega_\mathrm{s}$, SASE 的同步辐射功率谱的表达式为

$$\left\langle\frac{\mathrm{d}P}{\mathrm{d}\omega}\right\rangle = \frac{mc^2\gamma_\mathrm{s}}{4\pi}(2\rho)^3\tau^2\left[\frac{\sin[\pi N_\mathrm{u}(\omega/\omega_\mathrm{s}-1)]}{\pi N_\mathrm{u}(\omega/\omega_\mathrm{s}-1)}\right]^2$$

注意, 由于 $(2\rho)^3 \propto I_0/A = en_\mathrm{e0}c$, 所以同步辐射功率谱正比于电荷量 $Q = en_\mathrm{e0}$。SASE-FEL 过程从噪声开始就不存在具体的频率解调, 于是需要对所有的频率解调积分; 由于 $\int\mathrm{sinc}^2 x\mathrm{d}x = \pi$, 所以功率谱中 sinc 函数对频率解调的积分值为 $1/N_\mathrm{u}$, 因此同步辐射总功率为

$$P = \left(\frac{\mathrm{d}P}{\mathrm{d}\omega}\right)_\mathrm{spon}\frac{1}{N_\mathrm{u}}, \quad \left(\frac{\mathrm{d}P}{\mathrm{d}\omega}\right)_\mathrm{spon} = \frac{m_\mathrm{e}c^2\gamma_\mathrm{s}}{4\pi}(2\rho)^3\tau^2 \tag{5.58}$$

同步辐射谱的半高全宽 (FWHM) 为 $1/N_\mathrm{u}$。

由共振关系所得波长与张角 θ 之间的函数关系以及带宽 $1/N_\mathrm{u}$, 可以得到同步辐射的张角。方程 (2.42) 给出了光波波长的共振关系, 即 $\lambda_\mathrm{s}(\theta) = \dfrac{\lambda_\mathrm{u}}{2\gamma^2}\left(1+\dfrac{K^2}{2}+\gamma^2\theta^2\right)$ 以及 $\lambda_\mathrm{s}(0) = \dfrac{\lambda_\mathrm{u}}{2\gamma^2}\left(1+\dfrac{K^2}{2}\right)$, 立即得到

$$\frac{\Delta\lambda}{\lambda_\mathrm{s}(0)} = \frac{\lambda_\mathrm{s}(\theta)-\lambda_\mathrm{s}(0)}{\lambda_\mathrm{s}(0)} = \frac{\gamma^2\theta^2}{1+K^2/2} \approx \frac{\lambda_\mathrm{u}\theta^2}{2\lambda_\mathrm{s}(0)}$$

由于同步辐射谱的半高全宽为 $1/N_\mathrm{u}$, 同步辐射的张角为

$$\theta = \sqrt{\frac{2\lambda_\mathrm{s}(0)}{N_\mathrm{u}\lambda_\mathrm{u}}} = \sqrt{\frac{2\lambda_\mathrm{s}(0)}{L_\mathrm{u}}} = \frac{\sqrt{1+K^2/2}}{\gamma_\mathrm{s}\sqrt{N_\mathrm{u}}} \tag{5.59}$$

这一窄带宽的张角为 $\theta \ll 1/\gamma_\mathrm{s}$。

在高增益极限下，$\tilde{g}(\tau, q)$ 方程中以 $\exp(-\rho\lambda_1\tau)$ 项为主：

$$\tilde{g}(\tau, \rho) \approx \frac{\mathrm{i}}{2\rho} \frac{\lambda_1 \mathrm{e}^{-\mathrm{i}2\rho\Lambda_1\tau}}{(\lambda_1 - \lambda_2)(\lambda_1 - \lambda_3)}$$

于是，功率谱表达式为

$$\left\langle \frac{\mathrm{d}P}{\mathrm{d}\omega} \right\rangle = \frac{m_\mathrm{e}c^2\gamma_\mathrm{s}}{4\pi}(2\rho)^3|\tilde{g}(\tau, q)|^2 = \frac{m_\mathrm{e}c^2\gamma_\mathrm{s}}{4\pi}(2\rho)^3 \left| \frac{\mathrm{i}}{2\rho} \frac{\lambda_1 \mathrm{e}^{-\mathrm{i}2\rho\lambda_1\tau}}{(\lambda_1 - \lambda_2)(\lambda_1 - \lambda_3)} \right|^2$$

求一维 SASE-FEL 总功率时将功率谱对频率从 $-\infty$ 到 ∞ 积分，在 $\tilde{g}(\tau, q)$ 表达式的指数中保留 Δ^2 项、非指数中仅保留 Δ 项，即利用如下关系：

$$2\mathrm{Im}(\lambda_1) \approx \sqrt{3} - \sqrt{3}\Delta^2/9, \quad |\lambda_1|^2 = \lambda_1 \cdot \lambda_1^* \approx 1 - \frac{\Delta}{3}$$

$$|(\lambda_1 - \lambda_2)(\lambda_1 - \lambda_3)|^2 = \left| -\frac{3}{2} - \mathrm{i}\frac{3\sqrt{3}}{2} \right|^2 = 9$$

注意，奇函数积分为 0，而偶函数积分仅为 GS 函数的积分，于是 SASE-FEL 总功率为

$$P^{(\mathrm{1D})} = \int_{-\infty}^{\infty} \left\langle \frac{\mathrm{d}P}{\mathrm{d}\omega} \right\rangle \mathrm{d}\omega = h_0 \int_{-\infty}^{\infty} \left| \frac{\mathrm{i}}{2\rho} \frac{\lambda_1 \mathrm{e}^{-\mathrm{i}2\rho\lambda_1\tau}}{(\lambda_1 - \lambda_2)(\lambda_1 - \lambda_3)} \right|^2 \mathrm{d}\omega$$

$$= \frac{h_0}{4\rho^2} \int_{-\infty}^{\infty} \frac{(1 - \Delta/3)\mathrm{e}^{+4\rho\tau\mathrm{Im}(\lambda_1)}}{9} \mathrm{d}\omega = \frac{h_0\omega_\mathrm{s}}{9\rho}\mathrm{e}^{2\sqrt{3}\rho\tau} \int_0^{\infty} \mathrm{e}^{-\frac{\Delta^2}{2\sigma_\Delta^2}} \mathrm{d}\Delta$$

$$= \frac{h_0\omega_\mathrm{s}}{9\rho}\mathrm{e}^{2\sqrt{3}\rho\tau} \frac{1}{2}\sqrt{2\pi\sigma_\Delta^2} = \frac{2}{9\sqrt{2\pi}}\rho^2 m_\mathrm{e}c^2\gamma_\mathrm{s}\omega_\mathrm{s} \left(\frac{3\sqrt{3}}{4\rho\tau} \right)^{1/2} \mathrm{e}^{2\sqrt{3}\rho\tau}$$

$$= \frac{1}{9}\rho m_\mathrm{e}c^2\gamma_\mathrm{s}\frac{\sigma_\omega}{\sqrt{2\pi}}\mathrm{e}^{2\sqrt{3}\rho\tau} = \frac{1}{9}\rho m_\mathrm{e}c^2\gamma_\mathrm{s}\frac{\sigma_\omega}{\sqrt{2\pi}}\mathrm{e}^{L_\mathrm{u}/L_\mathrm{G}}$$

$$(5.60)$$

其中,

$$h_0 = \frac{m_e c^2 \gamma_s (2\rho)^3}{4\pi}, \quad \Delta = \frac{\omega - \omega_s}{2\rho \omega_s}, \quad \sigma_\Delta^2 = \frac{9}{4\sqrt{3}\rho\tau}$$

以及

$$\sigma_\omega = 2\rho\omega_s \left(\frac{3\sqrt{3}}{4\rho\tau}\right)^{1/2} \tag{5.61}$$

以下可知,量 σ_ω 用来定义 FEL 的全带宽和 "相干长度" l_c。

SASE-FEL 的全带宽定义为

$$\frac{\sqrt{2\pi}\sigma_\omega}{\omega_s} = \sqrt{2\pi}2\rho \left(\frac{3\sqrt{3}}{4\rho\tau}\right)^{1/2} = \left(\frac{6\sqrt{3}\pi\rho}{\tau}\right)^{1/2}$$

$$= \left(\frac{3\sqrt{3}\rho\lambda_u}{L_u}\right)^{1/2} = \left(\frac{3\sqrt{3}\rho}{N_u}\right)^{1/2} \tag{5.62}$$

而同步辐射的全带宽为 $1/N_u$,于是 SASE-FEL 与同步辐射的带宽比为

$$\frac{\Delta\omega_{SASE}}{\Delta\omega_{spon}} = (3\sqrt{3}\rho N_u)^{1/2} = \left(\frac{4\pi\sqrt{3}\rho}{\lambda_u}\frac{3N_u\lambda_u}{4\pi}\right)^{1/2}$$

$$= \left(\frac{3}{4\pi}\frac{L_u}{L_{G0}}\right)^{1/2} \approx \left(\frac{L_u}{4L_{G0}}\right)^{1/2} \tag{5.63}$$

因此,当 $L_u > 4L_{G0}$ 时,SASE 带宽大于同步辐射带宽;当 $L_u < 4L_{G0}$ 时,指数增长项还不占统治地位。

作为物理概念分析,SASE 辐射总功率可以表示为

$$P = \frac{1}{9}e^{L_u/L_{G0}}\sqrt{2\pi}\sigma_\omega \left(\frac{dP}{d\omega}\right)_{noise} \tag{5.64}$$

这就是一维 SASE 辐射功率与噪声功率的关系。其中,噪声功率为

$$\left(\frac{dP}{d\omega}\right)_{noise} = \frac{\rho}{2\pi}m_e c^2 \gamma_s \tag{5.65}$$

饱和功率定义为 $P_{\text{sat}} \equiv \rho P_{\text{e}}$,其中,$P_{\text{e}} = n_{\text{e}0} c A \gamma_{\text{s}} m_{\text{e}} c^2 = \gamma_{\text{s}} m_{\text{e}} c^2 n_{\text{l}} c$ 是电子束功率。将 SASE 辐射总功率改写为

$$P^{(1\text{D})} = \frac{1}{9} \rho m_{\text{e}} c^2 \gamma_{\text{s}} \frac{\sigma_{\omega}}{\sqrt{2\pi}} e^{L_{\text{u}}/L_{\text{G}}} = \frac{1}{9} e^{L_{\text{u}}/L_{\text{G}0}} \rho P_{\text{e}} \frac{1}{n_{\text{l}} l_{\text{c}}} = \frac{1}{9} e^{L_{\text{u}}/L_{\text{G}0}} \rho P_{\text{e}} \frac{1}{N_{\text{c}}}$$

$$(5.66)$$

其中,“相干长度” l_{c} 定义为

$$l_{\text{c}} \equiv \frac{\sqrt{2\pi}}{\sigma_{\omega}} c = N_{\text{u}} \lambda_{\text{s}} \left(\frac{4\pi}{3} \frac{L_{\text{G}0}}{L_{\text{u}}} \right)^{1/2}$$

$$(5.67)$$

而 $N_{\text{c}} = n_{\text{l}} l_{\text{c}}$ 是一个相干长度上的电子数。

$$N_{\text{c}} = \frac{I_0}{ec} l_{\text{c}} = \frac{I_0}{ec} \lambda_{\text{s}} \frac{L_{\text{G}}}{\lambda_{\text{u}}} \left(\frac{4\pi}{3} \frac{L_{\text{u}}}{L_{\text{G}0}} \right)^{1/2}$$

饱和时 $P^{(1\text{D})} = P_{\text{sat}} = \rho P_{\text{e}}$,则要求

$$\frac{1}{9N_{\text{c}}} e^{L_{\text{u}}/L_{\text{G}0}} = 1$$

$$(5.68)$$

令 $x = L_{\text{u}}/L_{\text{G}0}$ 并利用上式,立即得到

$$\frac{e^x}{\sqrt{x}} = 9 \frac{I_0}{ec} \lambda_{\text{s}} \frac{L_{\text{G}}}{\lambda_{\text{u}}} \left(\frac{4\pi}{3} \right)^{1/2}$$

例如,对于 BNL 在 ATF 的 SASE,$L_{\text{G}} = 37$ cm、$\lambda_{\text{u}} = 3.3$ cm、$I_0 = 110$ A 和 $\lambda_{\text{s}} = 5.3$ μm,

$$\frac{e^x}{\sqrt{x}} = 2.5 \times 10^9, \quad \text{其近似解为} x \approx 23$$

一般地说,饱和长度约为 $20 \, L_{\text{G}}$,也就是说,当波荡器长度约为 20 个功率增益长度时 SASE-FEL 已达到饱和。

5.5　高增益 FEL 三维理论

为了得到一维 FEL 之解，作了这样的近似：舍弃了耦合麦克斯韦–弗拉索夫方程的 $\nabla_\perp^2$ 项。对于三维 FEL 的解，则必须包含 $\nabla_\perp^2$ 项。为简单起见，定义一个横向平面的二维矢量 $\boldsymbol{x}$ 和算符 $\nabla_\perp^{*2}$：

$$\boldsymbol{x} \equiv \sqrt{2k_\mathrm{u}k_\mathrm{s}}\boldsymbol{r}_\perp, \quad \nabla_\perp^{*2} \equiv \frac{\partial^2}{\partial x_1^2} + \frac{\partial^2}{\partial x_2^2} \tag{5.69}$$

因此，类似于方程 (5.29)，麦克斯韦–弗拉索夫方程的傅里叶–拉普拉斯变换就变为

$$[\varLambda - q + \nabla_\perp^{*2} + U(\boldsymbol{x}; \varLambda, q)]\bar{E}(\boldsymbol{x}; \varLambda, q) = \bar{S}(\boldsymbol{x}; \varLambda, q) \tag{5.70}$$

其中，

$$U(\boldsymbol{x}; \varLambda, q) = \frac{D_1 D_2}{\gamma_\mathrm{s}^2} \int \frac{(\partial f_0/\partial\gamma)\mathrm{d}\gamma}{\varLambda - 2(\gamma - \gamma_\mathrm{s})/\gamma_\mathrm{s}} \tag{5.71}$$

方程 (5.70) 的推导见本节附录。

类似于一维情况的做法，假定初始分布函数 f_0 为能量的 δ 函数并以 $\boldsymbol{x}$ 为变量，即 $f_0 = u(\boldsymbol{x})\delta(\gamma - \gamma_\mathrm{s})$ 是束团的横向归一分布函数。于是可以求出

$$U(\boldsymbol{x}; \varLambda, q) = -\frac{(2\rho)^3}{\varLambda^2}u(\boldsymbol{x}) \tag{5.72}$$

从而麦克斯韦–弗拉索夫方程变为

$$\left[\varLambda - q + \nabla_\perp^{*2} - \frac{(2\rho)^3}{\varLambda^2}u(\boldsymbol{x})\right]\bar{E}(\boldsymbol{x}; \varLambda, q) = \bar{S}(\boldsymbol{x}; \varLambda, q) \tag{5.73}$$

使用格林函数法求解。求解思路：设算符 $\coprod$ 作用于待求函数 $\bar{E}(\boldsymbol{x}; \varLambda, q)$ 得到 $\bar{S}(\boldsymbol{x}; \varLambda, q)$，那么如果能够找到格林函数 G，使之满足 $\coprod G(\boldsymbol{x}, \boldsymbol{x}';$

$\Lambda, q) = \delta(\boldsymbol{x} - \boldsymbol{x}')$，那么函数 $\bar{E}(\boldsymbol{x}; \Lambda, q)$ 即可求得。为了求解麦克斯韦–弗拉索夫方程，需要寻找出遵从下述方程的一个格林函数：

$$\left[\Lambda - q + \nabla_{\perp}^{*2} - \frac{(2\rho)^3}{\Lambda^2}u(\boldsymbol{x})\right]G(\boldsymbol{x}, \boldsymbol{x}'; \Lambda, q) = \delta(\boldsymbol{x} - \boldsymbol{x}')$$

于是电场 $\bar{E}$ 为

$$\bar{E}(\boldsymbol{x}; \Lambda, q) = \int G(\boldsymbol{x}, \boldsymbol{x}'; \Lambda, q)\bar{S}(\boldsymbol{x}'; \Lambda, q)\mathrm{d}\boldsymbol{x}' \qquad (5.74)$$

格林函数方程类似于具有下述势 (函数)$U(\boldsymbol{x})$ 和能量 Θ 的薛定谔方程：

$$U(\boldsymbol{x}) = -\frac{(2\rho)^3}{\Lambda^2}u(\boldsymbol{x}), \quad \Theta = \Lambda - q$$

常规薛定谔方程为 $\nabla^2\psi + (2m/\hbar^2)(E - V(\boldsymbol{r}))\psi = 0; \hat{H}\psi = E\psi$，这里 $\hat{H}$ 是哈密顿量。与常规薛定谔方程的差别在于：① 这里的 $U(\boldsymbol{x})$ 和能量 Θ 均为复数；② $U(\boldsymbol{x})$ 和 Θ 中含 Λ。于是可以将格林函数解释为本征函数。现在假定 Θ_n 是 Θ 的本征值，可写出本征函数方程为

$$\left[\Theta_n + \nabla_{\perp}^{*2} + U(\boldsymbol{x}; \Lambda, q)\right]\phi_n(\boldsymbol{x}) = 0$$

使用一个形式很烦琐的格林函数为

$$G(\boldsymbol{x}, \boldsymbol{x}'; \Lambda, q) = \sum_n \frac{\phi_n(\boldsymbol{x}; \Lambda, q)\phi_n(\boldsymbol{x}'; \Lambda, q)}{\Lambda - q - \Theta_n(\Lambda, q)} \qquad (5.75)$$

将它代入格林函数方程，可以看到此函数满足该方程。于是求得

$$\tilde{E}(\boldsymbol{x}; \tau, q) = \frac{1}{2\pi}\int \bar{E}(\boldsymbol{x}; \Lambda, q)\mathrm{e}^{-\mathrm{i}\Lambda\tau}\mathrm{d}\Lambda$$

$$= \frac{1}{2\pi}\int \mathrm{e}^{-\mathrm{i}\Lambda\tau}\mathrm{d}\Lambda\int G(\boldsymbol{x}, \boldsymbol{x}'; \Lambda, q)\bar{S}(\boldsymbol{x}'; \Lambda, q)\mathrm{d}\boldsymbol{x}'$$

$$= \frac{1}{2\pi}\int \mathrm{e}^{-\mathrm{i}\Lambda\tau}\mathrm{d}\Lambda\sum_n \frac{\phi_n(\boldsymbol{x}; \Lambda, q)}{\Theta - \Theta_n(\Lambda, q)}\int \phi_n(\boldsymbol{x}'; \Lambda, q)\bar{S}(\boldsymbol{x}'; \Lambda, q)\mathrm{d}\boldsymbol{x}'$$

$$= \sum_n \int \frac{\phi_n(\boldsymbol{x}; \Lambda, q)}{\Theta - \Theta_n(\Lambda, q)} \left[\int \phi_n(\boldsymbol{x}'; \Lambda, q) \bar{S}(\boldsymbol{x}'; \Lambda, q) \mathrm{d}\boldsymbol{x}' \right] \mathrm{e}^{-\mathrm{i}\Lambda\tau} \mathrm{d}\Lambda$$

利用留数定理, 得到电场振幅的傅里叶变换结果 $\tilde{E}(\boldsymbol{x}; \tau, q)$ 为

$$\tilde{E}(\boldsymbol{x}; \tau, q) = \sum_n 2\pi\mathrm{i} \cdot \mathrm{Res}\left\{ \frac{1}{2\pi} \frac{\mathrm{e}^{-\mathrm{i}\Lambda\tau}}{\Theta - \Theta_n(\Lambda, q)} \phi_n(\boldsymbol{x}; \Lambda, q) \right.$$

$$\left. \times \left[\int \phi_n(\boldsymbol{x}'; \Lambda, q) \bar{S}(\boldsymbol{x}'; \Lambda, q) \mathrm{d}\boldsymbol{x}' \right] \right\}_{\Lambda = \Lambda_n(q)}$$

$$= -\mathrm{i} \sum_n \frac{\mathrm{e}^{-\mathrm{i}\Lambda_n(q)\tau}}{1 - (\partial\Theta_n/\partial\Lambda)_{\Lambda = \Lambda_n(q)}} \psi_n(\boldsymbol{x}, q)$$

$$\times \int \psi_n(\boldsymbol{x}', q) S(\boldsymbol{x}; \Lambda_n(q), q) \mathrm{d}\boldsymbol{x}' \qquad (5.76)$$

式中, $\psi_n(\boldsymbol{x}, q) = \phi_n(\boldsymbol{x}; \Lambda_n(q), q)$, 而 $\Lambda_n(q)$ 是 Λ 平面上的极点。

这一结果的物理意义如下: 对于某个频率 (满足 $q = \Delta\omega/\omega_\mathrm{s}$), 电场 $\tilde{E}(\boldsymbol{x}; \tau, q)$ 为对各模式 $\psi_n(\boldsymbol{x}, q)$ 的求和, 每个模式呈指数增长, 增长率为 $\mathrm{Im}(\Lambda_n(q))$。SASE-FEL 的各模式从噪声开始呈指数增长。由于包含了 $\nabla_\perp^2$ 项, 所以会因光学引导而使有效的瑞利长度变得很长。

求解本征方程:

$$\left[\Theta_n + \nabla_\perp^{*2} - \frac{(2\rho)^3}{\Lambda^2} u(x) \right] \psi(\boldsymbol{x}; \Lambda, q) = 0 \quad \text{和} \quad \Lambda - q - \Theta_n = 0$$

即可得到 $\psi_n(\boldsymbol{x})$。

现在假定电子束横向分布为均匀分布, 于是 $u(x)$ 为如下定义的阶梯函数 (图 5.5), 并记 $V \equiv -(2\rho)^3/\Lambda^2$:

$$u(x) = \begin{cases} 1, & |x| < a \\ 0, & |x| > a \end{cases}$$

因此将方程改写为

$$[\Theta + \nabla_\perp^{*2} + U(x)]\psi(\boldsymbol{x}) = 0$$
$$\Lambda - q - \Theta = 0 \tag{5.77}$$

式中，$\Theta = \Lambda - q$ 而 $U(x) = V \cdot u(x)$。

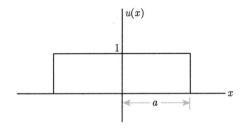

图 5.5　阶梯函数

假定 $\psi_n(\boldsymbol{x})$ 形式为 $\psi_n(\boldsymbol{x}) = \mathrm{e}^{in\phi}R(\boldsymbol{x})$，代入方程后得到所谓的径向方程:

$$R''' + \frac{1}{x}R' + \left[\Theta + V \cdot u(x) - \frac{m^2}{x^2}\right]R = 0 \tag{5.78}$$

其解为 m 阶贝塞尔函数 $\mathrm{J}_m(t)$ 或 m 阶第一类汉克尔函数 $\mathrm{H}_m^{(1)}(t)$:

$$R(x) = \begin{cases} C\mathrm{J}_m\left(\chi\dfrac{x}{a}\right), & x < a \\[2mm] D\mathrm{H}_m^{(1)}\left(\varphi\dfrac{x}{a}\right), & x \geqslant a \end{cases}$$

其中，

$$\chi = a\sqrt{\Theta + V}, \quad \mathrm{Re}(\chi) > 0$$
$$\varphi = a\sqrt{\Theta}, \qquad \mathrm{Im}(\varphi) > 0$$

边界条件为 $\mathrm{Im}(\varphi) > g$，于是当 $x \to \infty$ 时，$\varphi \to 0$。

由于 J_m 的对称性，$\mathrm{Re}(x)$ 可正可负。这里人为地选取 $\mathrm{Re}(x)>0$。$R'(x)/R(x)$ 在 $x=a$ 的连续性要求

$$\chi\frac{\mathrm{J}'_m(\chi)}{\mathrm{J}_m(\chi)} = \varphi\frac{\mathrm{H}'^{(1)}_m(\varphi)}{\mathrm{H}^{(1)}_m(\varphi)}$$

根据 φ 和 χ 的定义，得到下述方程：

$$\Theta = \frac{\varphi^2}{a^2} = \Lambda - q, \quad \Theta + V = \frac{\chi^2}{a^2}$$

因此，

$$V = \frac{\chi^2}{a^2} - \frac{\varphi^2}{a^2} \tag{5.79}$$

另一方面，

$$V = -\frac{(2\rho)^3}{\Lambda^2} = -\frac{(2\rho)^3}{(\Theta+q)^2} = -\frac{(2\rho)^3}{(\varphi^2/a^2+q)^2}$$

于是可以给出

$$\frac{\varphi^2}{a^2} - \frac{\chi^2}{a^2} = \frac{(2\rho)^3}{(\varphi^2/a^2+q)^2}$$

利用调谐量 Δ (注：$\Delta \equiv q/(2\rho) = \Delta\omega/(2\rho\omega_{\mathrm{s}})$) 并引入如下定义的束定标尺寸 $\tilde{a}$：$\tilde{a}^2 \equiv 2\rho a^2$，上式简化为

$$\frac{\varphi^2}{\tilde{a}^2} - \frac{\chi^2}{a^2} = \frac{1}{\left(\frac{\varphi^2}{\tilde{a}^2}+\Delta\right)^2} \quad \text{或} \quad \left(\frac{\varphi^2}{\tilde{a}^2} - \frac{\chi^2}{\tilde{a}^2}\right)\left(\frac{\varphi^2}{\tilde{a}^2}+\Delta\right)^2 - 1 = 0 \tag{5.80}$$

这一方程连同上述在 $x=a$ 处的连续性条件可以数值求解以给出 $\tilde{a}$ 和 Δ 之值。

电场增长情况由 Λ 确定，它表示为

$$\Lambda = \frac{\varphi^2}{a^2} - q = 2\rho\left(\frac{\varphi^2}{\tilde{a}^2}+\Delta\right)$$

类似于一维情况而引入

$$\lambda \equiv \frac{\Lambda}{2\rho} = \frac{\varphi^2}{\tilde{a}^2} + \Delta$$

将它代入方程 (5.80)，给出了 λ 所满足的方程：

$$\lambda^3 - \left(\Delta + \frac{\chi^2}{\tilde{a}^2}\right)\lambda^2 - 1 = 0$$

对于 $\Delta = 0$、$\tilde{a} \to \infty$ 情况 (对应于电子束横向尺寸为无穷大，即作一维处理)，得到了与一维情况相同的结果：$\lambda = 1, \mathrm{e}^{\pm \mathrm{i}2\pi/3}$。因为当 $\varphi \to \infty$ 时，汉克尔函数 $\mathrm{H}_m^{(1)}(\varphi)$ 趋于 0，但贝塞尔函数为有界函数，于是要求 $\mathrm{J}_m(\chi) \to 0$ 以满足边界条件。即参量 χ 应该取贝塞尔函数的零点之值 $(\mathrm{J}_m(\mu_{mn}) = 0)$，即 $\chi = \mu_{mn}$，μ_{mn} 是第 m 阶贝塞尔函数的第 n 个零点。对于 $\lambda = \mathrm{e}^{\mathrm{i}2\pi/3} = (1 - \mathrm{i}\sqrt{3})/2$，有

$$\varphi^2 = \tilde{a}^2 \mathrm{e}^{\mathrm{i}2\pi/3}$$

根据 $\tilde{a}^2$ 的定义，可以写出

$$\tilde{a}^2 = 2\rho a^2 = 4\rho k_s k_u r_0^2 = 4\frac{4\pi\rho}{\lambda_u}\frac{\pi r_0^2}{\lambda_s} = \frac{4}{\sqrt{3}}\frac{Z_R}{L_{G0}} \tag{5.81}$$

式中，a 是电子束归一半径 (归一因子为 $\sqrt{2k_u k_s}$)；而 r_0 是实际半径，也是衍射光的束腰半径；$Z_R = \pi r_0^2/\lambda_s$ 是瑞利长度。于是可以得出结论：$\tilde{a}^2$ 近似为瑞利长度与 FEL 功率增益长度的比值。

如果 $\tilde{a} \gg 1$，则 $L_G \gg Z_R$，表示增益补偿了衍射损失，系统以增益为主并且具有一维极限——衍射可以忽略。即使发生模式退化，但是仍然有许多模式。如果 $\tilde{a} \ll 1$，则 $L_G \ll Z_R$，表示衍射有显著的三维效应，因而三维增益小于一维增益。然而，模式阶次越高，增长越慢；以单次模为主，尺寸为常数。

如果 $6 < \tilde{a} < 2$，那么增长率类似于一维情况，属于单模情况。

本节附录

三维方程 (5.70)，即

$$[\varLambda - q + \nabla_\perp^{*2} + U(\boldsymbol{x}; \varLambda, q)]\bar{E}(\boldsymbol{x}; \varLambda, q) = \bar{S}(\boldsymbol{x}; \varLambda, q)$$

的推导如下。

利用 $\boldsymbol{x}$ 和 $\nabla_\perp^{*2}$ 的定义 (本附录略去算符 $\nabla_\perp^{*2}$ 的星号，用 $\nabla_\perp^2$ 表示 $\nabla_\perp^{*2}$)，则麦克斯韦包络方程 (5.19) 简化为

$$\left(\frac{\partial}{\partial\tau} + \frac{\partial}{\partial\phi} - \mathrm{i}\nabla_\perp^2\right)E = \frac{D_1}{\gamma_\mathrm{s}}\int F\mathrm{d}\gamma$$

而电子密度归一分布函数的调制部分与一维理论所用的分布相同，即方程 (5.20)。麦克斯韦包络方程和调制分布函数方程的傅里叶–拉普拉斯变换结果为

$$(-\mathrm{i}\varLambda + \mathrm{i}q - \mathrm{i}\nabla_\perp^2)\bar{E} = \frac{D_1}{\gamma_\mathrm{s}}\int \bar{F}\mathrm{d}\gamma + \tilde{E}(\tau = 0)$$

$$(-\mathrm{i}\varLambda + \mathrm{i}2\frac{\gamma - \gamma_\mathrm{s}}{\gamma_\mathrm{s}})\bar{F} = \frac{D_2}{\gamma_\mathrm{s}}\frac{\partial f_\mathrm{s}}{\partial\gamma}\bar{E} + \tilde{F}(\tau = 0)$$

根据第二个方程得到 $\bar{F}$ 的表达式:

$$\bar{F} = \frac{1}{-\mathrm{i}\varLambda + \mathrm{i}2(\gamma - \gamma_\mathrm{s})/\gamma_\mathrm{s}}\left[\frac{D_2}{\gamma_\mathrm{s}}\frac{\partial f_0}{\partial\gamma}\bar{E} + \tilde{F}(\tau = 0)\right]$$

将它代入第一个方程就可以得到 $\bar{E}$ 所满足的方程式。推导过程如下:

$$(-\mathrm{i}\varLambda + \mathrm{i}q - \mathrm{i}\nabla_\perp^2)\bar{E} = \tilde{E}(\tau = 0) + \left[\frac{D_1}{\gamma_\mathrm{s}}\frac{D_2}{\gamma_\mathrm{s}}\bar{E}\int\frac{1}{-\mathrm{i}\varLambda + \mathrm{i}2(\gamma - \gamma_\mathrm{s})/\gamma_\mathrm{s}}\frac{\partial f_0}{\partial\gamma}\mathrm{d}\gamma\right.$$

$$\left. + \frac{D_1}{\gamma_\mathrm{s}}\int\frac{\tilde{F}(\tau = 0)\mathrm{d}\gamma}{-\mathrm{i}\varLambda + \mathrm{i}2(\gamma - \gamma_\mathrm{s})/\gamma_\mathrm{s}}\right]$$

利用以下定义的参量和函数：

$$(2\rho)^3 = 2D_1D_2/\gamma_{\rm s}^3, \quad \bar{S} = {\rm i}\tilde{E}(\tau=0) - \frac{D_1}{\gamma_{\rm s}} \int \frac{\tilde{F}(\tau=0){\rm d}\gamma}{\int \Lambda - 2(\gamma-\gamma_{\rm s})/\gamma_{\rm s}}$$

$$U(\boldsymbol{x};\Lambda,q) \equiv \frac{D_1}{\gamma_{\rm s}}\frac{D_2}{\gamma_{\rm s}} \int \frac{1}{\Lambda - 2(\gamma-\gamma_{\rm s})/\gamma_{\rm s}} \frac{\partial f_0}{\partial \gamma}{\rm d}\gamma$$

则可以得到

$$[\Lambda - q + \nabla_\perp^2 + U(\boldsymbol{x};\Lambda,q)]\bar{E} = \bar{S}(\boldsymbol{x};\Lambda,q)$$

由于假定了电子束为横向均匀分布的单能束 $f_0 = u(\boldsymbol{x})\delta(\gamma-\gamma_{\rm s})$，则可以得到

$$U(\boldsymbol{x};\Lambda,q) = (2\rho)^3 \frac{\gamma_{\rm s}}{2} \int \frac{1}{\Lambda - \dfrac{2}{\gamma_{\rm s}}(\gamma-\gamma_{\rm s})} \frac{\partial u(\boldsymbol{x})\delta(\gamma-\gamma_{\rm s})}{\partial \gamma}{\rm d}\gamma = -\frac{(2\rho)^3}{\Lambda^2}u(\boldsymbol{x})$$

用 $\nabla_\perp^{*2}$ 代替 $\nabla_\perp^2$ 后，证明了方程 (5.70)。

5.6 回旋振荡对高增益 FEL 的影响

本节考虑波荡器中回旋振荡的影响。如果考察离轴电子束的行为，可以发现在波荡器中某些解会给出最佳匹配。

根据麦克斯韦方程，磁场分量之间有如下关系：

$$\frac{\partial B_y}{\partial z} = \frac{\partial B_z}{\partial y} \tag{5.82}$$

于是，

$$\Delta B_z = \frac{\partial B_y}{\partial z}\Delta y \tag{5.83}$$

　　波荡器中的电子运动情况见图 5.4, 如果电子的横向 (y 向) 位置离轴, 因磁场 ΔB_z 的存在, 电子受到洛伦兹力的自然聚焦作用。原理说明如下 (图 5.6)。

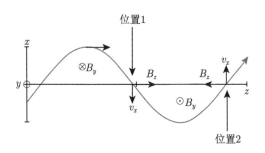

图 5.6　波荡器中离轴电子的轨道, 表明了场和受力情况: 电子位置有 y 向偏离

　　先考察图 5.6 中电子所在的横向 (竖直) 位置 $\Delta y > 0$ 时的情况。如果电子位于 "位置 1", 则因为 $\partial B_z/\partial z$ 项为正值而使 $\Delta B_z > 0$, 因而 $F_y < 0$, 表示垂直方向的电磁力指向轴; 如果电子位于 "位置 2", 则因为 $\partial B_z/\partial z$ 项为负值而使 $\Delta B_z < 0$, 洛伦兹力仍然为负而指向轴。另一方面, 对于电子所在的横向 (竖直) 位置为 $\Delta y < 0$ 的情况, 洛伦兹力为正, 仍然指向轴。于是洛伦兹力总是指向 y 轴而在波荡器中提供垂直向的聚焦。这就表明了自聚焦作用。

　　假定图 5.7 中 z 轴指向纸面外、电子轨道位于 $x > 0$ 的半周期, 如果波荡器有着抛物形极面, 那么在 y 向就有可变磁场。电子离轴越远, 它们所感受到的磁场强度越大, 因此受到的向心的电磁力越大。这就形成了水平方向的聚焦。

　　在波荡器中电子除了执行快速的波荡器振荡运动外, 还因实际波荡器磁铁存在横向磁场 (x 向磁场和 y 向磁场) 而同时执行回旋振荡运动; 前者是短周期的摇摆运动而后者是长周期的回旋振荡。由于横向没有相对论效应, 因此两种运动的周期比近似为 $1/(2\gamma)$。图 5.8 表示耦合了这两种运动后的电子轨道，为了作定性说明，图中已将回旋振荡的幅度放大。图中给出了多于一个回旋振荡周期的电子轨道情况。因为波荡器磁铁有着抛物形极面，电子位于 "位置 1" 时将经受到比在 "位置 2" 更强的磁场，因此 "位置 1" 处的曲率更大。

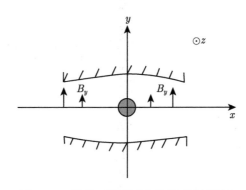

图 5.7　抛物形极面波荡器磁铁设计

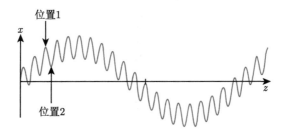

图 5.8　(长周期的) 回旋振荡和 (短周期的) 摇摆运动

波荡器中的矢势与磁场如下描述：

$$\boldsymbol{A}_{\mathrm{u}} \approx A_{\mathrm{u}} \hat{\boldsymbol{x}} \cos k_{\mathrm{u}} z$$

$$\boldsymbol{B}_{\mathrm{u}} = \nabla \times \boldsymbol{A}_{\mathrm{u}} \approx -k_{\mathrm{u}} A_{\mathrm{u}} \hat{\boldsymbol{y}} \sin k_{\mathrm{u}} z$$

这仅仅是对轴附近情况的一种近似描述，而并非麦克斯韦方程之解。根据对回旋加速运动更严格的定量描述 [2]，麦克斯韦方程之解见方

程 (2.31)。对于水平方向和垂直方向等聚焦的情况，两个横向的回旋振荡波数应该相等。

$$k_x = k_y = k_\perp = \frac{1}{\sqrt{2}}k_u \tag{5.84}$$

于是磁场的近轴 y 分量可以表达为

$$B_y = -B_{u0}\left(1 + \frac{1}{2}k_x^2 x^2 + \frac{1}{2}k_y^2 y^2\right)\sin k_u z \tag{5.85}$$

分析结果如下。

图 5.9 表明了电子的回旋振荡运动和摇摆运动。定义对波荡器之轴的位移 x 是回旋加速引起的位移 x_β 与摇摆位移 x_u 之和，注意 y 向仅有回旋加速引起的位移 y_β：

$$x = x_\beta + x_u$$

$$y = y_\beta$$

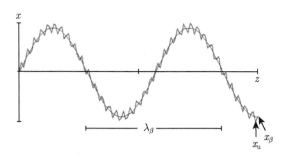

图 5.9   电子轨道可以分解为两部分：摇摆运动和回旋振荡运动

回旋振荡的运动方程为

$$x_\beta'' = -k_{\beta x}^2 x_\beta, \quad y_\beta'' = -k_{\beta y}^2 y_\beta$$

式中，$k_{\beta x}$ 和 $k_{\beta y}$ 分别是两个横向上的回旋振荡频率，与实现横向等聚焦时的波荡器频率 k_{u} 的关系为

$$k_{\beta x} = k_{\beta y} \equiv k_{\beta\mathrm{n}} = \frac{K}{\sqrt{2}\gamma} k_{\perp} = \frac{K}{2\gamma} k_{\mathrm{u}}$$

式中，$k_{\beta\mathrm{n}}$ 称为自然聚焦回旋振荡波数。

回旋加速振荡的运动方程之解为

$$x_{\beta} = x_{\beta 0} \cos(k_{\beta\mathrm{n}} z + \phi_x)$$

$$y_{\beta} = y_{\beta 0} \cos(k_{\beta\mathrm{n}} z + \phi_y)$$

式中，$x_{\beta 0}$ 和 $y_{\beta 0}$ 分别是两个横向上回旋振荡运动的振幅；ϕ_x 和 ϕ_y 分别是对应的相位。于是

$$x_{\beta}' = -k_{\beta\mathrm{n}} x_{\beta 0} \sin(k_{\beta\mathrm{n}} z + \phi_x), \quad y_{\beta}' = -k_{\beta\mathrm{n}} y_{\beta 0} \sin(k_{\beta\mathrm{n}} z + \phi_y) \quad (5.86)$$

而 x_{u}' 已由傍轴结果 $x' = -(K/\gamma) \cos(k_{\mathrm{u}} z)$ 变成

$$x_{\mathrm{u}}' \approx -\frac{K}{\gamma} \left[1 + \frac{1}{2} k_{\perp}^2 (x_{\beta}^2 + y_{\beta}^2) \right] \cos(k_{\mathrm{u}} z) \quad (5.87)$$

因此，纵向速度的求解需要考虑回旋振荡速度和摇摆运动的速度，即

$$\beta_{\parallel} = \sqrt{\beta^2 - \beta_{\perp}^2} = \sqrt{1 - 1/\gamma^2 - \beta_{\perp}^2}$$

$$\beta_{\perp}^2 = x'^2 + y'^2 \qquad (5.88)$$

如果在一个摇摆周期上取平均，则给出

$$\beta_{\perp}^2 = x_{\beta}'^2 + y_{\beta}'^2 + \bar{x}_{\mathrm{u}}'^2 = \frac{1}{2}\frac{K^2}{\gamma^2} + k_{\beta\mathrm{n}}^2 (x_{\beta 0}^2 + y_{\beta 0}^2) \qquad (5.89)$$

从而可以得到电子的纵向速度为

$$\beta_{\|} \approx 1 - \frac{1}{2\gamma^2} - \frac{K^2/2}{2\gamma^2} - \frac{1}{2}k_{\beta n}^2(x_{\beta 0}^2 + y_{\beta 0}^2) = 1 - \frac{1 + K^2/2}{2\gamma^2} - \underline{\frac{1}{2}k_{\beta n}^2(x_{\beta 0}^2 + y_{\beta 0}^2)}$$

$$(5.90)$$

式中，下划线项表示纵向速度减小或速度的横向扩展。在回旋振荡期间，$\beta_{\|}$ 为常数。

对于圆形电子束，当参量匹配时，束包络半径不变，这样的电子束称为匹配束；否则，包络半径会发生周期性的变化 (其周期为回旋振荡周期)，这样的电子束则称为非匹配束。

假定 $x = x_\beta \cos(k_\beta z + \phi_x)$，于是 $x' = -k_\beta x_\beta \sin(k_\beta z + \phi_x)$。因此，

$$x'^2 + k_\beta^2 x^2 = x_\beta^2 = \mathrm{const} \tag{5.91}$$

可见，在 $k_\beta x$-x' 相空间内圆形 (匹配) 束的粒子占据了一个圆的面积，如图 5.10 (a) 所示。匹配束的束包络见图 5.10(b)。注意，这里的电子束包络振荡波数 k_β 与电子横向回旋振荡波数 $k_{\beta n}$ 是两个不同的物理量。

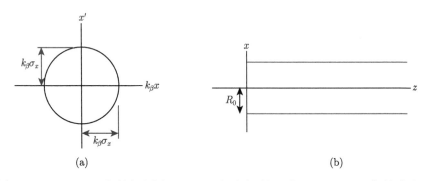

图 5.10　(a) 匹配束的相图为 $k_\beta x$-x' 相空间的一个圆;(b) 匹配束的束包络

如果匹配得不理想，则在 $k_\beta x$-x' 相空间内粒子占据的是一个斜椭圆而不是一个立圆 (图 5.11(a))，其束包络见图 5.11(b)。如果 $\sigma_x^2 =$

$\langle x^2 \rangle - \langle x \rangle^2$ 是匹配束中 x 的均方根值，则发射度为

$$\varepsilon = k_\beta \sigma_x \sigma_x = k_\beta \sigma_x^2 \qquad (5.92)$$

均方根横向动量为

$$\sigma_{\mathrm{p}} = mc\gamma \sigma_x' = mc\gamma k_\beta \sigma_x \qquad (5.93)$$

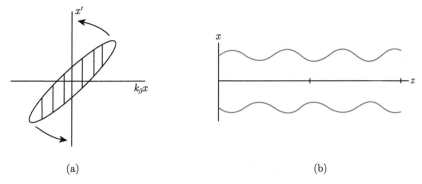

图 5.11 非匹配束的相图 (a) 和束包络 (b)，箭头方向为束椭圆旋转方向

相空间守恒要求 $\sigma_{\mathrm{p}} \sigma_x = mc\gamma k_\beta \sigma_x^2 = $ 不变量，于是作为守恒量的归一发射度为

$$\varepsilon_{\mathrm{n}} = \gamma k_\beta \sigma_x^2 \qquad (5.94)$$

一般情况下要求在波荡器内做好严格聚焦以得到较好的束匹配。在这种情况下，FEL 相关方程作如下修正。

首先观察相位变化方程。FEL 光波的相位 $\psi = k_{\mathrm{u}} z + k_{\mathrm{s}} z - \omega_{\mathrm{s}} t$ 的变化方程为

$$\frac{\mathrm{d}\psi}{\mathrm{d}z} = k_{\mathrm{u}} + k_{\mathrm{s}} - k_{\mathrm{s}} \beta_\parallel^{-1}$$

式中，

$$\beta_\parallel^{-1} = \left(1 - \frac{1}{\gamma^2} - \beta_\perp^2\right)^{1/2} \approx 1 + \frac{1}{2\gamma^2} + \frac{1}{2}\beta_\perp^2$$

于是相位方程为

$$\frac{\mathrm{d}\psi}{\mathrm{d}z} = k_{\mathrm{u}} - k_{\mathrm{s}}\frac{1 + K^2/2}{2\gamma^2} - \frac{k_{\mathrm{s}}}{2}(x_\beta'^2 + y_\beta'^2) + \frac{k_{\mathrm{s}}}{2}k_{\beta\mathrm{n}}^2(x^2 + y^2)$$

利用 FEL 共振条件后近似得到受回旋振荡影响的相位方程 ($\boldsymbol{r}_\perp$ 代表横向矢量):

$$\frac{\mathrm{d}\psi}{\mathrm{d}z} \approx 2k_{\mathrm{u}}\frac{\gamma - \gamma_0}{\gamma_0} - \frac{k_{\mathrm{s}}}{2}\left[\left(\frac{\mathrm{d}\boldsymbol{r}_\perp}{\mathrm{d}z}\right)^2 + k_{\beta\mathrm{n}}^2\boldsymbol{r}_\perp^2\right] \tag{5.95}$$

当 $k_\beta = k_{\beta\mathrm{n}}$ 时 (自然聚焦), 因为如上所述 $\beta_\|$ 为常数, 在回旋振荡中没有纵向速度调制。但是当 $k_\beta > k_{\beta\mathrm{n}}$ 时,

$$\left(\frac{\mathrm{d}\boldsymbol{r}_\perp}{\mathrm{d}z}\right)^2 + k_{\beta\mathrm{n}}^2\boldsymbol{r}_\perp^2 \neq \mathrm{const}$$

于是形成了对纵向速度的调制。图 5.12 表明了纵向速度振荡情况。

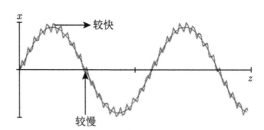

图 5.12　一个处在摇摆运动和回旋振荡运动电子的轨道, 必然引起纵向速度的调制

对于三维理论使用 $\boldsymbol{r}_\perp$ 来定标: 即 $\boldsymbol{x} \equiv \sqrt{2k_{\mathrm{s}}k_{\mathrm{u}}}\boldsymbol{r}_\perp$ 和 $\boldsymbol{p} \equiv \mathrm{d}\boldsymbol{x}/\mathrm{d}\tau$。定义 $k_{\mathrm{n}} = k_{\beta\mathrm{n}}/k_{\mathrm{u}}$, 可以得到考虑了电子回旋振荡后的相位方程:

$$\frac{\mathrm{d}\phi}{\mathrm{d}\tau} = 2\frac{\gamma - \gamma_{\mathrm{s}}}{\gamma_{\mathrm{s}}} - \frac{1}{4}(\boldsymbol{p} \cdot \boldsymbol{p} + k_{\mathrm{n}}^2\boldsymbol{x} \cdot \boldsymbol{x}) \tag{5.96}$$

实际上, 相对能量偏差因回旋振荡运动而降低的部分 $(\boldsymbol{p}^2 + k_{\mathrm{n}}^2\boldsymbol{x}^2)/8$ 等效于使增益降低 (ϕ 定义为 ψ 的慢变化部分)。

其次研究回旋振荡对电子能量方程的影响。电子能量变化为

$$\frac{\mathrm{d}\gamma}{\mathrm{d}z} \sim \frac{\mathrm{d}x}{\mathrm{d}z} E_x$$

式中，$E_x \sim \mathrm{e}^{\mathrm{i}(k_\mathrm{s}z - \omega_\mathrm{s}t)}$，而电子的轨道斜率为

$$\frac{\mathrm{d}x}{\mathrm{d}z} = x' = x'_\beta + x'_\mathrm{u}$$

考察由共振部分 (快变化部分) 的斜率 x'_u 与非共振部分 (慢变化部分) 的斜率 x'_β 的大小：由于 $(x'_\beta)_{\max} = k_\beta x_{\beta 0} \approx k_\beta \sigma_x (\sigma_x$ 是束尺寸)，而 $(x'_\mathrm{u})_{\min} = K/\gamma$，在自然聚焦的情况下，

$$k_{\beta\mathrm{n}} = \frac{K}{2\gamma} k_\mathrm{u}, \qquad \frac{(x'_\beta)_{\max}}{(x'_\mathrm{u})_{\min}} = \frac{1}{2} k_\mathrm{u} \sigma_x = \pi \frac{\sigma_x}{\lambda_\mathrm{u}}$$

由于束尺寸 σ_x 的大小为 0.3 mm 或更小，而 λ_u 为 10 mm 或更大。通常，$|x'_\beta| \ll |x'_\mathrm{u}|$ 成立，也就是说，回旋振荡运动远小于波荡器中摇摆运动的散角 (图 5.13)。因此，回旋振荡对电子能量方程的影响可以忽略不计，从而能量交换方程仍然为

$$\frac{\mathrm{d}\gamma_j}{\mathrm{d}\tau} = -\frac{D_2}{\gamma_\mathrm{s}} (E\mathrm{e}^{\mathrm{i}\phi} + \mathrm{c.c.}) \tag{5.97}$$

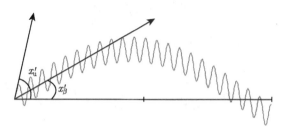

图 5.13 摇摆运动散角和回旋振荡运动散角的比较

现在来研究回旋振荡运动对麦克斯韦-弗拉索夫方程的影响。首先推导电场振幅方程，即麦克斯韦包络方程。这里使用 $|x'_\beta| \ll |x'_\mathrm{u}|$ 的条

件来计算 $\cos(k_\mathrm{u}z)\exp[\mathrm{i}(k_\mathrm{s}z - \omega_\mathrm{s}t)]$。因此结果就是方程 (5.19)，即

$$\left(\frac{\partial}{\partial\tau} + \frac{\partial}{\partial\phi} + \frac{1}{2\mathrm{i}k_\mathrm{s}k_\mathrm{u}}\nabla_\perp^2\right)E = \frac{D_1}{\gamma_\mathrm{s}}\int F\mathrm{d}\gamma$$

在弗拉索夫方程中，必须考虑电子的回旋振荡运动。该横向运动方程为

$$\frac{\mathrm{d}^2 x}{\mathrm{d}z^2} + k_\beta^2 x = 0, \quad \frac{\mathrm{d}^2 y}{\mathrm{d}z^2} + k_\beta^2 y = 0$$

或改写为 $(\tau \equiv zk_\mathrm{u})$

$$\frac{\mathrm{d}^2 x}{\mathrm{d}\tau^2} + k^2 x = 0, \quad \frac{\mathrm{d}^2 y}{\mathrm{d}\tau^2} + k^2 y = 0$$

式中，$k = k_\beta/k_\mathrm{u}$。

在考虑了电子回旋振荡运动后，电子束的粒子分布还受到电子横向速度的影响，因此电子分布的调制部分 (F) 不仅与电子的相位因子有关，而且还是电子横向动量的函数。因此，对应的麦克斯韦–弗拉索夫方程更为复杂。在这种情况下，很难得到解析结果；但是可以借助于数值模拟得到影响 FEL 增益长度的有关信息。利用完整的弗拉索夫方程 (4.15)：

$$\frac{\mathrm{d}f}{\mathrm{d}t} = \frac{\partial f}{\partial t} + \frac{\partial \boldsymbol{r}}{\partial t}\cdot\nabla_r f + \frac{\partial \boldsymbol{p}}{\partial t}\cdot\nabla_p f = 0$$

考虑了电子回旋振荡后可以改写为

$$\left(\frac{\partial}{\partial\tau} + 2\frac{\gamma_j - \gamma_\mathrm{s}}{\gamma_\mathrm{s}}\mathrm{i} + \boldsymbol{p}_\perp\cdot\frac{\partial}{\partial\boldsymbol{x}} - k^2\boldsymbol{x}\cdot\frac{\partial}{\partial\boldsymbol{p}_\perp}\right)F + \frac{D_2}{\gamma_\mathrm{s}}E\frac{\partial f_0}{\partial\gamma} = 0 \quad (5.98)$$

利用变换公式 (5.21)～ 公式 (5.24) 将方程 (5.98) 作傅里叶–拉普拉斯变换，结果为

$$(-\mathrm{i}\Lambda + \mathrm{i}\dot{\phi})\bar{F} + \boldsymbol{p}_\perp\cdot\frac{\partial\bar{F}}{\partial\boldsymbol{x}} - k^2\boldsymbol{x}\cdot\frac{\partial\bar{F}}{\partial\boldsymbol{p}_\perp} = \frac{D_2}{\gamma_\mathrm{s}}\frac{\partial f_0}{\partial\gamma}\bar{E} + \tilde{F}(\tau = 0) \quad (5.99)$$

式中，$\dot{\phi} = d\phi/d\tau$。在电场振幅方程中，需要考虑电子分布的调制部分 F 是电子横向动量的函数，因此，

$$\left(\frac{\partial}{\partial\tau} + \frac{\partial}{\partial\phi} - i\nabla_\perp^2\right)E = \frac{D_1}{\gamma_s}\int d\gamma\int F d^2\boldsymbol{p}_\perp$$

作傅里叶–拉普拉斯变换，结果为

$$(-i\Lambda + iq - i\nabla_\perp^2)\bar{E} = \frac{D_1}{\gamma_s}\int d\gamma\int d^2\boldsymbol{p}_\perp\bar{F} + \tilde{E}(\tau = 0) \qquad (5.100)$$

于是，方程 (5.99) 与方程 (5.100) 构成三维情况下的耦合麦克斯韦–弗拉索夫方程。经某些运算后可以得到电场的色散方程：

$$(\nabla_\perp^2 + \mu)E(\boldsymbol{x}) = (2\rho)^3\int d\gamma h(\gamma)\int d^2\boldsymbol{p}_\perp u(\boldsymbol{p}_\perp^2 + k^2\boldsymbol{x}^2)$$

$$\times \int_{-\infty}^0 f(s, \boldsymbol{x}, \boldsymbol{p}_\perp, \gamma)s\,ds \qquad (5.101)$$

其中相关的函数和参量如下：

$$f(s, \boldsymbol{x}, \boldsymbol{p}_\perp, \gamma) \equiv e^{-i\alpha s}E\left(\boldsymbol{x}\cos ks + \frac{\boldsymbol{p}_\perp}{k}\sin ks\right)$$

$$\times \exp\left\{i\frac{k}{16}\left(1 - \frac{k_n^2}{k^2}\right)\left[\left(\boldsymbol{x}^2 - \frac{\boldsymbol{p}_\perp^2}{k^2}\right)\sin(2ks)\right.\right.$$

$$\left.\left.+ \frac{2\boldsymbol{x}\cdot\boldsymbol{p}_\perp}{k}(1 - \cos(2ks))\right]\right\}$$

$$k = \frac{k_\beta}{k_u}, \quad k_n = \frac{k_{\beta n}}{k_u}, \quad \boldsymbol{x} = \sqrt{2k_s k_u}\,\boldsymbol{r}$$

$$\mu = \Lambda - q = \Lambda - \frac{\omega - \omega_s}{\omega_s}$$

$$\alpha = \mu + \frac{\omega - \omega_s}{\omega_s} - 2\frac{\gamma - \gamma_s}{\gamma_s} + \frac{1}{8}\left(1 + \frac{k_n^2}{k^2}\right)(\boldsymbol{p}_\perp^2 + k^2\boldsymbol{x}^2)$$

$$h(\gamma) = \frac{1}{\sqrt{2\pi}\sigma_\gamma}\exp\left[-\frac{(\gamma - \gamma_s)^2}{2\sigma_\gamma^2}\right]$$

$$u(\boldsymbol{p}_\perp^2 + k^2\boldsymbol{x}^2) = \frac{1}{\pi k^2 a^2} S(k^2 a^2 - k^2\boldsymbol{x}^2 - \boldsymbol{p}_\perp^2) \tag{5.102}$$

函数 $u(\boldsymbol{p}_\perp^2 + k^2\boldsymbol{x}^2)$ 是均匀分布的 ($S(x)$ 为阶梯函数)，$a = \sqrt{2k_s k_u} r_0$ 是束横向尺寸无量纲因子，而 r_0 是束横向尺寸。可以证明，束尺寸的均方根值为 $\sigma_x = r_0/\sqrt{6}$。对于匹配束，$\sigma_x' = k_\beta \sigma_x$，于是发射度为

$$\varepsilon_x = k_\beta \sigma_x^2 = \frac{1}{6} k_\beta r_0^2 \tag{5.103}$$

利用试验函数:

$$E(\boldsymbol{x}) = \begin{cases} \exp(-\chi r^2/a^2), & r < a \\ C\mathrm{H}_0^{(1)}(r\sqrt{\mu}), & r \geqslant a, \quad \mathrm{Im}(\mu) > 0 \end{cases} \tag{5.104}$$

可以求解色散方程; $\mathrm{H}_m^{(1)}(t)$ 是 0 阶第一类汉克尔函数。由 $r = a$ 处纵向导数的连续性得到

$$a\sqrt{\mu}\frac{\mathrm{H}_0^{\prime(1)}(a\sqrt{\mu})}{\mathrm{H}_0^{(1)}(a\sqrt{\mu})} = -\chi \tag{5.105}$$

将上述试验函数代入而给出

$$\mu a^2(1 - \mathrm{e}^{-\chi}) - [1 - (1-\chi)\mathrm{e}^{-\chi}]$$
$$= (2\rho)^3 a^2 \int_{-\infty}^{0} \left[\frac{s}{\cos ks} \mathrm{e}^{-\mathrm{i}s\left[\mu + \frac{\omega - \omega_s}{\omega_s}\right]} - 2\left(\frac{\sigma\gamma}{\gamma_0}\right)^2 s^2 \left(\frac{1 - \mathrm{e}^{-\eta_+}}{\eta_+} - \frac{1 - \mathrm{e}^{-\eta_-}}{\eta_-} \right) \right] \mathrm{d}s \tag{5.106}$$

其中，

$$\eta_\pm = \frac{\chi}{2}(1 \mp \cos ks) + \frac{\mathrm{i}}{4} k^2 a^2 s$$

于是用方程 (5.105) 和方程 (5.106) 在数值上模拟可以求解两个未知量 (μ 和 χ)。

利用下式求出增益长度:

$$\mathrm{Im}(\mu) = \frac{1}{2k_u L_{G0}} \tag{5.107}$$

为了加快模拟速度,采用如下变量替换的定标方法: 定义 $\tilde{a} = \sqrt{2\rho}a = \sqrt{2\rho}\sqrt{2k_s k_u}R_0$ 并改变积分变量 $2\rho s \Rightarrow s$。于是方程 (5.105) 变为

$$\tilde{a}\sqrt{\frac{\mu}{2\rho}}\frac{\mathrm{H}_0'^{(1)}\left(\tilde{a}\sqrt{\frac{\mu}{2\rho}}\right)}{\mathrm{H}_0^{(1)}\left(\tilde{a}\sqrt{\frac{\mu}{2\rho}}\right)} = -\chi$$

而方程 (5.106) 则变为

$$\frac{\mu}{2\rho}\tilde{a}^2(1-\mathrm{e}^{-\chi}) - [1-(1-\chi)\mathrm{e}^{-\chi}]$$

$$=\tilde{a}^2 \int_{-\infty}^0 \left[\frac{s}{\cos(ks/2\rho)}\mathrm{e}^{-is\left[\frac{\mu}{2\rho}+\frac{\omega-\omega_s}{2\rho\omega_s}\right]-2\left(\frac{\sigma_\gamma}{2\rho\gamma_0}\right)^2 s^2}\left(\frac{1-\mathrm{e}^{-\eta_+}}{\eta_+}-\frac{1-\mathrm{e}^{-\eta_-}}{\eta_-}\right)\right]\mathrm{d}s$$

式中,

$$\eta_z = \frac{\chi}{2}\left(1\mp\cos\frac{k}{2\rho}s\right) + \frac{i}{4}\left(\frac{k}{2\rho}\right)^2\tilde{a}^2 s$$

于是

$$\frac{\mathrm{Im}(\mu)}{\rho} = \frac{1}{2k_u L_G \rho} = F\left(\tilde{a}, \frac{\sigma_\gamma}{\gamma_s\rho}, \frac{k_\beta}{k_u\rho}, \frac{\omega-\omega_s}{\omega_s\rho}\right) \tag{5.108}$$

$\mathrm{Im}(\mu)/\rho$ 是 4 个定标参量的函数,表明增益长度与以下四个因素有关: ① 电子束的横向尺寸; ② 电子束的固有能散度; ③ 束电子回旋振荡运动; ④ 相对能量偏差或解调频率。

参量 $\tilde{a}^2$ 的物理意义为

$$\tilde{a}^2 = 2\rho a^2 = 4\rho k_s k_u r_0^2 = 2\sqrt{3}\frac{Z_R}{L_{G0}} \tag{5.109}$$

式中,

$$Z_R = \frac{4\pi\sigma_x^2}{\lambda_s} \tag{5.110}$$

是腰尺寸等于电子束尺寸时的瑞利长度。

5.7   高增益 FEL 相干性

由于高增益 FEL 光波具有横向相干性和纵向相干性，其亮度远高于其他 X 射线源。FEL 亮度定义为单位时间、单位 4 维横向相空间内在 0.1% 谱线宽度内的光子数目：

$$B = \frac{\Phi}{4\pi^2 \Sigma_x \Sigma_x' \Sigma_y \Sigma_y'}$$

式中，Φ 是单位时间在 0.1% 谱线宽度内的光子数目；而 $\Sigma_{x/y}$ 和 $\Sigma_{x/y}'$ 则按照下式由光子束和电子束的横向尺寸和横向散角所确定：

$$\Sigma_{x/y} = (\sigma_{x/y,\text{FEL}}^2 + \sigma_{x/y,\text{e-beam}}^2)^{1/2}, \quad \Sigma_{x/y}' = (\sigma_{x'/y',\text{FEL}}^2 + \sigma_{x'/y',\text{e-beam}}^2)^{1/2}$$

在圆形电子束情况下 $\Sigma_x = \Sigma_y$，$\Sigma_x' = \Sigma_y'$，亮度改写为

$$B = \frac{\Phi}{(2\pi \Sigma_x \Sigma_x')^2} \tag{5.111}$$

类似于电子束，辐射束也有其尺寸和散角。令 σ_x 和 σ_r 分别是电子束和辐射束的尺寸，而 σ_x' 和 σ_r' 分别是电子束和辐射束在腰处的散角。电子束发射度可以写为

$$\varepsilon = \sigma_x \sigma_x'$$

而辐射对应的方程为

$$\sigma_r \sigma_r' = \frac{\lambda}{4\pi} \tag{5.112}$$

于是因为

$$\Sigma_x = \sqrt{\sigma_x^2 + \sigma_r^2}$$

$$\Sigma_x' = \sqrt{\sigma_x'^2 + \sigma_r'^2}$$

辐射束可以描述为相干辐射和电子概率分布的卷积。

如果与辐射的发射度相比可以忽略电子束发射度，$\sigma_x \sigma_x' \ll \sigma_r \sigma_r'$，因而可以直接得到

$$\Sigma_x \Sigma_x' \sim \sigma_r \sigma_r' = \frac{\lambda}{4\pi} \tag{5.113}$$

在这种情况下辐射束横向相干，辐射会显示杨氏干涉条纹。如果 $\Sigma_x \Sigma_x' \gg \lambda/(4\pi)$，则辐射束横向不相干而不会产生杨氏干涉条纹。

纵向的相干波可以描述为

$$E_s(t) \sim \exp\left(-\frac{t^2}{4\sigma_\tau^2} - \mathrm{i}\omega_s t\right)$$

这里假定了高斯分布，其中 σ_τ 是时间上的相干长度，而 $c\sigma_\tau$ 是距离上的相干长度。时域的傅里叶变换将给出频域的情况。相干长度和频率分布的均方根值之间的关系可以按下式推导出：

$$\sigma_{\Delta\omega} = \frac{1}{2\sigma_\tau}$$

这一表达式的另一种形式为

$$c\sigma_\tau \sigma_{\Delta\omega/\omega_s} = \frac{\lambda}{4\pi} \tag{5.114}$$

其中，

$$\sigma_{\Delta\omega/\omega_s} \equiv \frac{\sigma_{\Delta\omega}}{\omega_s} \tag{5.115}$$

也可以用波长写出 (这意味着用谱仪测量)，即

$$c\sigma_\tau \sigma_{\Delta\lambda/\lambda} = \frac{\lambda}{4\pi}$$

这一表达式表示为时间分布和频率分布的均方根功率宽度。实验上通常更习惯于用 FWHM 值而不使用均方根值，于是该表达式变为

$$c\sigma_\tau \sigma_{\Delta\lambda/\lambda} = \frac{2\ln 2}{\pi}\lambda \tag{5.116}$$

高增益 FEL 光波具有横向相干性和纵向相干性，所以其亮度非常高。

5.8 小　　结

本章的三维 FEL 高增益理论考虑了电子束电子密度的横向分布，比较全面地分析了 FEL 从波荡器辐射、低增益 FEL 过程直到高增益 FEL 的指数增长过程以及达到 FEL 饱和的全过程的物理过程。其一维近似结果与第 6 章的结果完全一致。这一高增益 FEL 理论系统地得到了在不同初始条件下的放大器情况和 SASE 情况下的许多重要的结果，对 FEL 设备的设计和调试具有指导作用。包括理想的功率增益长度 L_{G0}、实际的功率增益长度 L_G、功率 P、饱和功率密度 P_s、功率谱 $\langle dP/d\omega \rangle$、带宽 $\sqrt{2\pi}\sigma_\omega/\omega_s$、饱和长度 $L_u \approx 20L_{G0}$ 等重要参量都得到解析表达式。更为重要的是，作为三维 FEL 高增益理论的结果，分析了束电子在波荡器中回旋振荡的影响是纵向速度的降低或速度的横向扩展，但纵向速度仍保持不变；指出了当理想功率增益长度 L_{G0} 远大于瑞利长度时，光波衍射可以忽略而使用一维结果，反之则因衍射而显著降低了增益。

为便于查阅，以下汇总了高增益 FEL 的许多重要参量。

(1) 共振关系。

频率关系 (2.40)

$$\omega_s = \frac{2\gamma^2 \omega_u}{1 + K^2/2 + \gamma^2\theta^2}$$

波矢关系 (2.41)

$$k_u = \frac{2\gamma^2 k_s}{1 + K^2/2 + \gamma^2\theta^2}$$

波长关系 (2.42)

$$\lambda_s = \frac{\lambda_u}{2\gamma^2}\left(1 + \frac{K^2}{2} + \gamma^2\theta^2\right)$$

(2) 增益参量 (3.33)

$$\Gamma \equiv \left(\frac{\mu_0 n_{e0} e^2 k_u \hat{K}^2}{4 m_e \gamma_s^3} \right)^{\frac{1}{3}}$$

(3) FEL 参量 (3.34)

$$\rho_{\mathrm{FEL}} = \left[\frac{\mu_0 n_{e0} e^2 \hat{K}^2}{32 m_e k_u^2 \gamma_s^3} \right]^{\frac{1}{3}}$$

$$\rho_{\mathrm{FEL}} = \Gamma / (2 k_u)$$

$$\rho_{\mathrm{FEL}} = \frac{1}{4\pi\sqrt{3}} \cdot \frac{\lambda_u}{L_G^{(1\mathrm{D})}}$$

(4) 功率增益长度 (5.37)

$$L_{G0} = \frac{\lambda_u}{4\sqrt{3}\pi \rho_{\mathrm{FEL}}} = \frac{1}{\sqrt{3}\Gamma}$$

(5) 种子型 FEL 的输出功率

$$P_{\mathrm{out}} \approx \frac{1}{9} e^{L_u / L_{G0}} P_{\mathrm{in}}$$

SASE 输出功率

$$P_{\mathrm{SASE}}^{(1\mathrm{D})} = \frac{1}{9} e^{L_u / L_G} \rho_{\mathrm{FEL}} P_e \frac{1}{N_c}$$

$$N_c = \frac{I_0}{ec} \lambda_s \frac{L_{G0}}{\lambda_u} \left(\frac{4\pi}{3} \frac{L_u}{L_G} \right)^{1/2}$$

(6) 饱和功率

$$P_s \sim \rho_{\mathrm{FEL}} P_{\mathrm{beam}}$$

$$P_{\mathrm{sat}} \approx 1.6 \rho_{\mathrm{FEL}} P_{\mathrm{beam}} \left(L_{G0} / L_G \right)^2$$

参 考 文 献

[1]　Kim K J, 黄志戎, Lindberg R. 同步辐射与自由电子激光——相干 X 射线产
　　　生原理. 黄森林, 刘克斯, 译. 北京: 北京大学出版社, 2018.

[2]　Scharlemann E T. Wiggler plane focusing in linear wigglers. J. Appl. Phys.,
　　　1985, 58(6): 2154.

第 6 章　高增益 FEL 理论 (II)

　　本章中采用 STMP-229 卷上的《紫外和软 X 射线自由电子激光》的描述 [1]，除了电场波动方程中的电子束横向电流密度 j_x 利用与超相对论电子束纵向电流密度 j_z 之间的近似关系外，还采用一维近似来确定高增益 FEL 理论。在一维近似下，利用 $j_x = j_z v_x / v_z$ 的关系和电场波动方程确定光波横向电场的纵向 (z 向) 导数；利用麦克斯韦方程求出由调制电荷密度所产生的纵向电荷场，从而得到波荡器中光波电场 (x 向) 与纵向电场之间的关系。在求电子相对能量偏差时，同时考虑这两种电场分量的影响后，对于电子束均匀分布情况可以得到周期模型的完整一阶耦合方程组；对于电子束非均匀分布情况，得到类似的一阶耦合方程组。

　　在电荷密度分布的调制幅度很小的条件下利用弗拉索夫方程 (广义连续性方程) 将二维的耦合方程组约化为仅含有位置变量 (z) 的一维高增益 FEL 电场振幅的积分–微分方程；并在单能束近似下得到高增益 FEL 电场的三阶微分方程。这些方程用来研究高增益 FEL 的基本性质和特性，包括 FEL 的疲软区、指数增长区和饱和区的 FEL 物理和微群聚的形成和发展细节。

6.1　FEL 中电场波动方程的简化形式

　　在 FEL 的低增益区，利用光波电场振幅的寝渐 (慢) 变化近似分析了小信号增益。在高增益区，由于场振幅呈指数增长，不能再将场振幅视为常数, 而必须利用场 (或势) 的达朗贝尔方程求解。

在线性型波荡器中, 电子在 x-z 平面执行正弦振荡运动, 所产生光波的电场是线偏振场, 仅有场的 x 分量。并且, 在 4.3 节已经证明了根据电场波动方程得到的电荷密度项可以舍弃, 因此简化了线性型波荡器中高增益 FEL 的电场方程, 即

$$\nabla^2 E_x - \frac{1}{c^2}\frac{\partial^2 E_x}{\partial t^2} = -\mu_0 \frac{\partial j_x}{\partial t}$$

电子束与光波的相互作用扰动 (调制) 了束团密度 $[\rho = \rho_0 + \mathrm{Re}\{\rho_1(z)\mathrm{e}^{\mathrm{i}\psi}\}]$, 为初始均匀分布加上了一个小调制。在束团坐标 ζ 轴上这一调制具有周期性, 周期是光波波长 λ_{s}。当该束团通过波荡器运动时, 复振幅 $\rho_1 = \rho_1(z)$ 要增长。同样, 束电流密度得到类似调制:

$$j_z(\psi, z) = j_0 + j_1(z)\mathrm{e}^{\mathrm{i}\psi} \tag{6.1}$$

在一维近似下, 考虑到电子束半径足够大而分布均匀, 同时因电子束足够长而略去束团的头尾效应, 也不考虑电子回旋振荡和光波衍射效应。在这些近似下, 光波电场的三维达朗贝尔方程退化为一维波动方程:

$$\left[\frac{\partial^2}{\partial z^2} - \frac{1}{c^2}\frac{\partial^2}{\partial t^2}\right] E_x(z, t) = \mu_0 \frac{\partial j_x}{\partial t} \tag{6.2}$$

注意, 由于如电场或电流密度等物理量使用了相位的概念, 所以在数学推导中这些量均应理解为是复数, 而实际量取其实部即可。在低增益 FEL 中, 波动方程的近似解为 $E_x(z, t) = E_0 \cos(k_{\mathrm{s}}z - \omega_{\mathrm{s}}t)$(已取初相位 $\psi_0 = 0$, 对应于共振相位)。E_0 为光波的常数振幅, 通过短波荡器一次, 该振幅有少量增长。对于高增益 FEL 则必须承认光波振幅沿波荡器会有显著增长。因此假定形式解为

$$E_x(z, t) = E_x \mathrm{e}^{\mathrm{i}(k_{\mathrm{s}}z - \omega_{\mathrm{s}}t)} \tag{6.3}$$

复振幅 $E_x(z)$ 的相位可以随 z 变化, 表示 FEL 光波的相速度不同于平面电磁波的相速度 c。代入一维波动方程后得到

$$[E_x''(z) + 2\mathrm{i}k_\mathrm{s}E_x'(z)]\mathrm{e}^{\mathrm{i}(k_\mathrm{s}z - \omega_\mathrm{s}t)} = \mu_0 \frac{\partial j_x}{\partial t} \tag{6.4}$$

注意到, 在低增益 FEL 中光波电场振幅为常数, 而在高增益 FEL 中, 虽然光波电场振幅是 z 的函数并且随着沿波荡器的传播不断增长, 然而在一个波荡器周期 λ_u 内光波电场振幅的变化很小, 于是在一个光波周期 λ_s 内的变化更小。在这种情况下, 可以使用振幅慢变化近似, 即

$$|E_x'(z)| \ll k_\mathrm{s}|E_x(z)|, \quad |E_x''(z)| \ll k_\mathrm{s}|E_x'(z)|$$

于是, 方程 (6.4) 中可舍去 $E_x''(z)$ 项, 光波场振幅的波动方程简化形式为

$$E_x'(z) = -\frac{\mathrm{i}\mu_0}{2k_\mathrm{s}} \frac{\partial j_x}{\partial t} \mathrm{e}^{-\mathrm{i}(k_\mathrm{s}z - \omega_\mathrm{s}t)}$$

实际上, 这一方程表明光波横向电场对 z 的导数。

由于电子的摇摆运动, 电流密度还有 x 向分量 j_x, 按照定义,

$$j_x = j_z v_x/v_z \approx j_z \frac{K}{\gamma_\mathrm{s}} \cos(k_\mathrm{u}z) \tag{6.5}$$

注意到纵向电流密度 (方程 (6.1)) 已含有被调制部分 $j_1(z)$, 而有质动力相位为 $\psi = k_\mathrm{u}z + k_\mathrm{s}z - \omega_\mathrm{s}t$。于是可以得到电场波动方程简化形式中 z 向电流密度的时间偏导数表达式:

$$\frac{\partial j_z}{\partial t} = -\mathrm{i}\omega_\mathrm{s}j_1(z)\mathrm{e}^{\mathrm{i}k_\mathrm{u}z + \mathrm{i}(k_\mathrm{s}z - \omega_\mathrm{s}t)}$$

将这一结果代入光波横向电场 z 导数的方程, 考虑到指数中 $\mathrm{i}(k_\mathrm{s}z - \omega_\mathrm{s}t)$ 因子相消以及余弦函数用指数函数表示后, 横向电场的 z 导数变为

$$\frac{\mathrm{d}E_x(z)}{\mathrm{d}z} = -\frac{\mu_0 cK}{4\gamma_\mathrm{s}} j_1(z)(1 + \mathrm{e}^{\mathrm{i}2k_\mathrm{u}z})$$

　　这一方程中等号后第二项的相位因子因在每个波荡器周期上完成两次振荡，其平均值为 0。另外，由于电子通过波荡器时纵向振荡对电子到光波能量转换的修正，即用 $\hat{K}$ 代替 K，光波横向电场 z 导数的最后形式为

$$\frac{\mathrm{d}E_x(z)}{\mathrm{d}z} = -\frac{\mu_0 c \hat{K}}{4\gamma_\mathrm{s}} j_1(z) \tag{6.6}$$

6.2　FEL 中纵向电场及其与横向电场的关系

　　现在分析由电荷密度分布引起的空间电荷场。

　　可以证明，如果束团长度远比束半径大，则高相对论情况下的束团内纵向库仑力可以忽略。在电子静止坐标系 (即运动坐标系) 中，束团长度因拉伸而需要乘以洛伦兹因子 $\bar{\gamma} \gg 1$，于是束团长度远大于束半径，$L_\mathrm{b}^* = \bar{\gamma} L_\mathrm{b} \gg r_\mathrm{b}^* = r_\mathrm{b}$。其结果是，通过闭合束团柱表面的电场通量主要是径向分量，而通过柱的端表面的通量几乎可以忽略。因此在电子静止坐标系中束团内电场为径向电场，在逆洛伦兹变换而回到实验室坐标系后保持了这一特性。但是只要在远小于光波波长尺度上一有周期性的电荷密度调制，就会有周期性纵向库仑场出现。

　　利用麦克斯韦方程 $\nabla \cdot \boldsymbol{E} = \rho/\varepsilon_0$ 可以求出由调制电荷密度所产生的纵向电荷场。如上所述，电荷密度的齐次部分 ρ_0 可以不考虑。电荷密度的周期变化部分按照下述方程产生了周期性的纵向电场：

$$\frac{\partial E_z(z,t)}{\partial z} = \frac{\rho_1(z)}{\varepsilon_0} \mathrm{e}^{\mathrm{i}[(k_\mathrm{u}+k_\mathrm{s})z - \omega_\mathrm{s}t]}$$

另一方面，纵向电场可以表示为

$$E_z(z,t) = E_z(z) \mathrm{e}^{\mathrm{i}[(k_\mathrm{u}+k_\mathrm{s})z - \omega_\mathrm{s}t]}$$

从而得到

$$\frac{\partial E_z(z,t)}{\partial z} = \mathrm{i}(k_\mathrm{u} + k_\mathrm{s})E_z(z)\mathrm{e}^{\mathrm{i}[(k_\mathrm{u}+k_\mathrm{s})z-\omega_\mathrm{s}t]} \approx \mathrm{i}k_\mathrm{s}E_z(z)\mathrm{e}^{\mathrm{i}[(k_\mathrm{u}+k_\mathrm{s})z-\omega_\mathrm{s}t]}$$

对比纵向电场导数的以上两个表达式, 立即得到纵向电场的复数振幅:

$$E_z(z) = -\frac{\mathrm{i}}{\varepsilon_0 k_\mathrm{s}}\rho_1(z) = -\frac{\mathrm{i}\mu_0 c^3}{\omega_\mathrm{s}}\rho_1(z) \approx -\frac{\mathrm{i}\mu_0 c^2}{\omega_\mathrm{s}}j_1(z) \tag{6.7}$$

其中已利用了 $\varepsilon_0\mu_0 = 1/c^2$ 和 $\omega_\mathrm{s} = k_\mathrm{s}c$。与 6.1 节结果对比, 最后得到纵向电场与横向电场导数之间的关系:

$$E_z(z) = \mathrm{i}\frac{4\gamma_\mathrm{s}c}{\omega_\mathrm{s}\hat{K}}\frac{\mathrm{d}E_x}{\mathrm{d}z} \tag{6.8}$$

6.3　高增益 FEL 的摆方程 (一阶耦合方程)

低增益 FEL 的摆方程为

$$\frac{\mathrm{d}\psi}{\mathrm{d}t} = 2\eta k_\mathrm{u}c, \qquad \frac{\mathrm{d}\eta}{\mathrm{d}t} = -\frac{eKE_0}{2m_\mathrm{e}c\gamma_\mathrm{s}^2}\cos\psi$$

第一方程给出了电子有质动力相位 ψ 的时间导数, 第二方程描述了相对能量偏差 η 的变化。

在高增益 FEL 中, 光波横向电场振幅不是常数 E_0, 而是随 z 变化的复数振幅 $E_x(z)$, 因此摆方程中的相对能量偏差变化方程要作相应修改。利用 $z = \bar{\beta}ct \approx ct$ 改变自变量, 考虑到电子纵向振荡的影响以及横向电场振幅随 z 变化后, FEL 的摆方程为

$$\frac{\mathrm{d}\psi}{\mathrm{d}z} = 2\eta k_\mathrm{u} \tag{6.9}$$

$$\frac{\mathrm{d}\eta}{\mathrm{d}t}\bigg|_{\text{light}} = -\frac{e\hat{K}}{2m_\mathrm{e}c\gamma_\mathrm{s}^2}\mathrm{Re}\{E_x\mathrm{e}^{\mathrm{i}\psi}\} \tag{6.10}$$

用下标 "light" 表示因与光波耦合所引起的电子能量的变化。

但是对于相对能量偏差变化, 还必须考虑到电子与空间电荷 (SC) 场相互作用引起的能量变化。由纵向力引起的电子能量变化率为

$$\frac{\mathrm{d}W}{\mathrm{d}t} = \bar{v}_z F_z = -e\bar{v}_z \mathrm{Re}\{E_z \mathrm{e}^{\mathrm{i}\psi}\}$$

利用 $z = \bar{v}_z t$ 后有

$$\left.\frac{\mathrm{d}\eta}{\mathrm{d}z}\right|_{\mathrm{SC}} = -\frac{e}{m_\mathrm{e}c^2\gamma_\mathrm{s}}\mathrm{Re}\{E_z \mathrm{e}^{\mathrm{i}\psi}\} \tag{6.11}$$

联合电子与光波的相互作用以及与空间电荷场的相互作用后, 第二摆方程变为

$$\frac{\mathrm{d}\eta}{\mathrm{d}z} = -\frac{e}{m_\mathrm{e}c^2\gamma_\mathrm{s}}\mathrm{Re}\left\{\left(\frac{\hat{K}E_x}{2\gamma_\mathrm{s}} + E_z\right)\mathrm{e}^{\mathrm{i}\psi}\right\}$$

由于 $E_x(z)$ 和 $E_z(z)$ 都与电流密度的调制部分 $j_1(z)$ 相关, 而 $j_1(z)$ 又与电子束分布相关, 因此可以分别针对电子束纵向均匀分布和非均匀分布 (如高斯分布) 这两种情况讨论高增益 FEL 摆方程。

对于电子束均匀分布情况, 可以用周期性模型; 电子初始状态或者使用在束团内的理想均匀分布, 或者关于 ψ 的周期性密度分布 (周期为 2π)。将电子束团细分为许多纵向薄片, 每片长度为 λ_s。因为束团长度远大于光波波长, 所以有大量的这些薄片, 并且因为忽略了束团头尾效应, 在一维 FEL 理论中会有无限多个薄片。薄片面积为 $A = \pi r_0^2$, 这里 r_0 是束团半径。以有质动力相位表示的薄片长度为 2π。在 $0 \leqslant \psi < 2\pi$ 的薄片内有 N 个电子, 它们的相位为 $\psi_n (n = 1, \cdots, N)$。将电子看成点粒子, 其纵向分布形式为

$$S(\psi) = \sum_{n=1}^{N} \delta(\psi - \psi_n), \quad \psi, \psi_n \in [0, 2\pi] \tag{6.12}$$

由于具有均匀性, $S(\psi)$ 可以展开为傅里叶级数:

$$S(\psi) = \frac{c_0}{2} + \mathrm{Re}\left\{\sum_{k=1}^{\infty} c_k \mathrm{e}^{\mathrm{i}k\psi}\right\}, \quad c_k = \frac{1}{\pi}\int_0^{2\pi}\sum_{n=1}^{N}\delta(\psi - \psi_n)\mathrm{e}^{-\mathrm{i}k\psi}\mathrm{d}\psi$$

前两个傅里叶系数 c_0 与 c_1 分别为

$$c_0 = \frac{1}{\pi}\int_0^{2\pi} S(\psi)\mathrm{d}\psi = \frac{1}{\pi}\int_0^{2\pi}\sum_{n=1}^{N}\delta(\psi - \psi_n)\mathrm{d}\psi = \frac{N}{\pi}$$

$$c_1 = \frac{1}{\pi}\int_0^{2\pi} S(\psi)\mathrm{e}^{-\mathrm{i}\psi}\mathrm{d}\psi = \frac{1}{\pi}\int_0^{2\pi}\sum_{n=1}^{N}\delta(\psi - \psi_n)\mathrm{e}^{-\mathrm{i}\psi}\mathrm{d}\psi = \frac{1}{\pi}\sum_{n=1}^{N}\mathrm{e}^{-\mathrm{i}\psi_n}$$

显然, c_0 与 c_1 分别对应于电流密度中的直流分量和调制分量:

$$j_0 = -n_{\mathrm{e}0}ec = -\frac{Nec}{A_{\mathrm{b}}\lambda_{\mathrm{s}}} = -ec\frac{2\pi}{A_{\mathrm{b}}\lambda_{\mathrm{s}}}\frac{N}{2\pi} = -ec\frac{2\pi}{A_{\mathrm{b}}\lambda_{\mathrm{s}}}\frac{c_0}{2}$$

$$j_1 = -ec\frac{2\pi}{A_{\mathrm{b}}\lambda_{\mathrm{s}}}c_1 = -\frac{2\pi ec}{A_{\mathrm{b}}\lambda_{\mathrm{s}}}\frac{1}{\pi}\sum_{n=1}^{N}\mathrm{e}^{-\mathrm{i}\psi_n} = j_0\frac{2}{N}\sum_{n=1}^{N}\mathrm{e}^{-\mathrm{i}\psi_n}$$

可以看出, 电流密度的调制分量与直流分量之比是束片内所有电子负相位指数因子平均值的 2 倍。将周期模型完整的一阶耦合方程组汇总如下:

$$\frac{\mathrm{d}\psi_n}{\mathrm{d}z} = 2\eta_n k_{\mathrm{u}}, \quad n = 1, \cdots, N \tag{6.13}$$

$$\frac{\mathrm{d}\eta_n}{\mathrm{d}z} = -\frac{e}{m_{\mathrm{e}}c^2\gamma_{\mathrm{s}}}\mathrm{Re}\left\{\left(\frac{\hat{K}E_x}{2\gamma_{\mathrm{s}}} - \frac{\mathrm{i}\mu_0 c^2}{\omega_{\mathrm{s}}}j_1\right)\mathrm{e}^{\mathrm{i}\psi_n}\right\} \tag{6.14}$$

$$j_1 = j_0\frac{2}{N}\sum_{n=1}^{N}\mathrm{e}^{-\mathrm{i}\psi_n} \tag{6.15}$$

$$\frac{\mathrm{d}E_x(z)}{\mathrm{d}z} = -\frac{\mu_0 c\hat{K}}{4\gamma_{\mathrm{s}}}j_1(z) \tag{6.16}$$

这套方程既描述了长度为 λ_{s} 的束片的第 n 个电子 $(n = 1, \cdots, N)$ 的有质动力相位 ψ_n 和相对能量偏差 $\eta_n = (\gamma_n - \gamma_{\mathrm{s}})/\gamma_{\mathrm{s}}$ 随时间的变化情况，也描述了调制电流密度 j_1 和光波电场振幅 E_x 随时间的变化情况。因为 N 很大，是一个纯多体问题，不存在解析解。$2N + 2$ 个耦合的差分方程和代数方程可以作数值积分求解。

对于电子束非均匀分布情况，则使用非周期性模型来推广上述一阶方程。例如，对于 FEL 的 SASE 机制，因为束团电荷密度分布不均匀以及初始粒子分布具有随机性，从而必须具体给出全束团的初始相空间分布而不是一个周期长度 (λ_{s}) 上的分布；另外，束团电流密度既是 z 的函数也与 t 有关，使用束团内坐标 $\zeta = z - \bar{\beta}ct = z - \bar{v}_z t$ 后，电流密度改写为

$$j_z(z, t) = j_0(\zeta) + j_1(z, \zeta)\mathrm{e}^{\mathrm{i}\psi} \tag{6.17}$$

FEL 脉冲内的电场还依赖于脉冲内对应的内坐标：

$$u = z - ct = \left(1 - \frac{c}{\bar{v}_z}\right) z + \frac{c}{\bar{v}_z}\zeta \tag{6.18}$$

而表示为

$$E_x(z, t) = \hat{E}(z, u)\mathrm{e}^{\mathrm{i}(k_{\mathrm{s}}z - \omega_{\mathrm{s}}t)}$$

以上 $j_1(z, \zeta)$ 和 $\hat{E}(z, u)$ 分别是电流密度调制分量的复振幅和横向电场的复振幅，对应于周期模型中的 $j_1(z)$ 和 $E_x(z)$。

将 $j_1(z, \zeta)$ 和 $\hat{E}(z, u)$ 的表达式代入横向电场波动方程：

$$\left[\frac{\partial^2}{\partial z^2} - \frac{1}{c^2}\frac{\partial^2}{\partial t^2}\right] E_x(z, t) = \mu_0 \frac{\partial j_x}{\partial t}$$

对 $\hat{E}(z, u)$ 使用缓慢变化近似后，方程左边为

$$\left[\frac{\partial^2}{\partial z^2} - \frac{1}{c^2}\frac{\partial^2}{\partial t^2}\right] E_x(z, t) = 2\mathrm{i}k_{\mathrm{s}}\frac{\partial}{\partial z}\hat{E}(z, u)\mathrm{e}^{\mathrm{i}(k_{\mathrm{s}}z - \omega_{\mathrm{s}}t)}$$

方程右边的电流密度调制分量为

$$j_x \approx \frac{v_x}{c} j_z = j_z \frac{K}{\gamma_s} \cos(k_u z) = [j_0(\zeta) + j_1(z, \zeta) e^{i\psi}] \frac{K}{\gamma_s} \cos(k_u z)$$

对 $j_1(z, \zeta)$ 也使用缓慢变化近似:

$$\frac{\partial j_x}{\partial t} = - \left[\bar{v}_z \frac{\partial j_1}{\partial \zeta} + i\omega_s j_1(z, \zeta) \right] e^{i\psi} \frac{K}{\gamma_s} \cos(k_u z) \approx -i \frac{K\omega_s}{\gamma_s} j_1(z, \zeta) e^{i\psi} \cos(k_u z)$$

于是横向电场的达朗贝尔方程 (即横向电场复振幅对 z 的导数) 简化为

$$\frac{\partial \hat{E}(z)}{\partial z} = -\frac{\mu_0 c K}{4\gamma} j_1(z, \zeta)(1 + e^{i2k_u z})$$

横向电场在每个波荡器周期上完成两次振荡，$e^{i2k_u z}$ 的平均值为 0。考虑到电子纵向振荡，不过是用 $\hat{K}$ 代替 K，因此

$$\frac{\partial \hat{E}(z)}{\partial z} = -\frac{\mu_0 c \hat{K}}{4\gamma_s} j_1(z, \zeta) \tag{6.19}$$

纵向电流密度的微观表达式是

$$j_z = \frac{Q_b \bar{v}_z}{N_t A_b} \sum_{n=1}^{N_t} \delta(\zeta - \zeta(z)) \tag{6.20}$$

式中，$Q_b = -N_t e$ 是束团电荷；A_b 为截面；N_t 是该束团内总电子数目。因为编码所使用的试验粒子数目远少于实际电子数，j_z 必须用 $j_0(\zeta)$ 和 $j_1(z, \zeta)$ 这两个光滑函数来近似。$j_0(\zeta)$ 在 λ_u 尺度上近似与 z 无关，而 $j_1(z, \zeta)$ 在 λ_s 的尺度上近似与 ζ 无关。

　　数值计算中可以假定定域的周期条件。将束团分为一片片的小片，每片长度为 λ_s，这些束片类似于 FEL 桶。每片内假定周期条件。基波的定域幅度写成

$$j_1(z, c_m) \approx j_0(c_m) \frac{2}{N_m} \sum_{n \in I_m} e^{-ik_s \zeta_n} \tag{6.21}$$

式中，$c_m = m\lambda_s$ 是第 m 片的中心位置；N_m 是该片内的粒子数目；而 I_m 是索引范围。在 FEL 增益过程中并非所有粒子都位于它们的 FEL 桶内，有不少粒子会运动到邻近的 FEL 桶内。在模拟过程中要说明这一点，即用从另一边进入该片的对应粒子来取代从该片一边离开的粒子。

非周期性的一阶耦合方程汇总如下：

$$\frac{\mathrm{d}\psi_n}{\mathrm{d}z} = 2\eta_n k_u, \quad n = 1, \cdots, N \tag{6.22}$$

$$\frac{\mathrm{d}\eta_n}{\mathrm{d}z} = -\frac{e}{m_e c^2 \gamma_s}\mathrm{Re}\left\{\left(\frac{\hat{K}\hat{E}(z,u_n)}{2\gamma_s} - \frac{\mathrm{i}\mu_0 c^2}{\omega_s}j_1(z,\zeta_n)\right)\mathrm{e}^{\mathrm{i}\psi_n}\right\} \tag{6.23}$$

$$j_1(z,c_m) = j_0(c_m)\frac{2}{N_m}\sum_{n\in I_m}\mathrm{e}^{-\mathrm{i}k_s\zeta_n}, \quad c_m = m\lambda_s \tag{6.24}$$

$$\frac{\partial\hat{E}(z,u)}{\partial z} = -\frac{\mu_0 c\hat{K}}{4\gamma_s}j_1(z,\zeta) \tag{6.25}$$

式中，N 是试验粒子总数；N_m 是第 m 片中的试验粒子数；而 ζ_n 和 u_n 分别表达为

$$\zeta_n = (\psi_n + \pi/2)\lambda_s/(2\pi), \quad u_n = \zeta_n - (1-\bar{\beta})z \tag{6.26}$$

6.4　电子分布函数和弗拉索夫方程

无论是电子束均匀分布的周期模型还是高斯分布电子束的非周期模型，因为电流密度的调制分量为束片内所有粒子相位的指数因子的平均，而难以有解析表达式，因此不能对一阶耦合方程进行解析分析。然而，如果知道了电子分布的解析式，用电子 (纵向) 分布的非扰动部分来表示该分布的调制部分，即可以用解析方法来近似分析高增益 FEL 的基本物理过程。也就是说，如果附加假定周期性密度调制保持为小值，

则有可能去掉用于表示束团粒子动力学特性的量 ψ_n 和 η_n，而得到仅含光波电场振幅 $E_x(z)$ 的微分方程，从而可以解析求解。利用哈密顿力学的刘维尔定理：可以使用广义连续性方程或弗拉索夫方程来得到沿粒子轨道的电子系综所占据的相空间体积不变的原理这一结果。

粒子系综用分布函数 $f(t, \boldsymbol{r}, \boldsymbol{p})$ 描述，它满足无耗散的弗拉索夫方程 (4.15)。考虑到电子运动的高相对论，$p_z = \gamma\beta m_e c \approx \gamma m_e c$，纵向坐标 z 可以转换为电子的有质动力相位 ψ，而 γ 又可以用相对能散度 η 表示。注意到 $z = v_z t \approx ct$，粒子沿参考轨道 (象征性轨道) 的路程长度 z 代替独立时间变量 t。因此描述一维高增益 FEL 中电子系综的弗拉索夫方程为

$$\frac{\mathrm{d}f}{\mathrm{d}z} = \frac{\partial f}{\partial z} + \frac{\partial f}{\partial \psi}\frac{\partial \psi}{\partial z} + \frac{\partial f}{\partial \eta}\frac{\partial \eta}{\partial z} = 0$$

根据周期性调制电荷分布的假定，分布函数也应该有周期项。用复数形式写出该分布函数:

$$f(\psi, \eta, z) = \mathrm{Re}\{f(\psi, \eta, z)\} = f_0(\eta) + \mathrm{Re}\{f_1(\eta, z)\mathrm{e}^{\mathrm{i}\psi}\}$$

调制幅度必须保持为小量以满足三阶方程推导中的近似，即 $|f_1(\eta, z)| \ll |f_0(\eta)|$。其中非扰动部分 $f_0(\eta)$ 是相对能量偏差 η 的窄函数，方差 σ_η 很小 ($10^{-4} \sim 10^{-3}$)，因此相对能量偏差限于一窄区 $|\eta| < \delta$，其中 $0 < \delta \ll 1$，当 $|\eta| \geqslant \delta$ 时分布函数 $f_0(\eta)$ 恒为 0。于是，

$$\int_{-\delta}^{\delta} f_0(\eta)\mathrm{d}\eta = 1 \tag{6.27}$$

因此相空间体积元 $(\mathrm{d}\psi\mathrm{d}\eta)$ 内的电子数目为

$$\mathrm{d}n_e = n_{e0}f(\psi, \eta, z)\mathrm{d}\psi\mathrm{d}\eta$$

式中, n_{e0} 是束团的电子密度, 即单位体积内的电子数目。分布函数为归一函数, 即

$$\frac{1}{2\pi}\int_0^{2\pi}\int_{-\delta}^{\delta} f(\psi,\eta,z)\mathrm{d}\eta\mathrm{d}\psi = 1$$

很显然, 用非扰动部分 $f_0(\eta)$ 和调制部分所表示的分布函数代入弗拉索夫方程, 立即得到

$$\mathrm{Re}\left\{\left[\frac{\partial f_1}{\partial z}+\mathrm{i}f_1\frac{\partial\psi}{\partial z}\right]\mathrm{e}^{\mathrm{i}\psi}\right\}+\left[\frac{\mathrm{d}f_0}{\mathrm{d}\eta}+\mathrm{Re}\left\{\frac{\partial f_1}{\partial\eta}\mathrm{e}^{\mathrm{i}\psi}\right\}\right]\frac{\mathrm{d}\eta}{\mathrm{d}z}=0$$

由于 $|f_1(\eta,z)|\ll|f_0(\eta)|$, 略去 f_1 对 η 的偏导数, 并将一维高增益 FEL 摆方程代入后的结果为

$$\mathrm{Re}\left\{\left[\frac{\partial f_1}{\partial z}+\mathrm{i}2k_\mathrm{u}\eta f_1-\frac{e}{m_\mathrm{e}c^2\gamma_\mathrm{s}}\frac{\mathrm{d}f_0}{\mathrm{d}\eta}\left(\frac{\hat{K}}{2\gamma_\mathrm{s}}E_x+E_z\right)\right]\mathrm{e}^{\mathrm{i}\psi}\right\}=0$$

从而得到

$$\frac{\partial f_1}{\partial z}+\mathrm{i}2k_\mathrm{u}\eta f_1=\frac{e}{m_\mathrm{e}c^2\gamma_\mathrm{s}}\frac{\mathrm{d}f_0}{\mathrm{d}\eta}\left(\frac{\hat{K}}{2\gamma_\mathrm{s}}E_x+E_z\right) \tag{6.28}$$

类型为 $y'+\mathrm{i}\alpha y(z)=f(z)$ 的微分方程的通解是

$$y(z)=\int_0^z f(s)\mathrm{e}^{-\mathrm{i}\alpha(z-s)}\mathrm{d}s+c_1\mathrm{e}^{-\mathrm{i}\alpha z}$$

式中,c_1 是待定系数。因为在波荡器入口处电子束未被调制,所以 $f_1(0)=0$, 于是有 $c_1=0$, 这样就可以得到

$$f_1(\eta,z)=\frac{e}{m_\mathrm{e}c^2\gamma_\mathrm{s}}\int_0^z\left[\frac{\hat{K}E_x}{2\gamma_\mathrm{s}}+\mathrm{i}\frac{4\gamma_\mathrm{s}c}{\omega_\mathrm{s}\hat{K}}\frac{\mathrm{d}E_x}{\mathrm{d}z}\right]\mathrm{e}^{-\mathrm{i}2k_\mathrm{u}\eta(z-s)}\mathrm{d}s \tag{6.29}$$

这里已用横向电场的导数 $\mathrm{d}E_x/\mathrm{d}z$ 代替纵向空间电荷场 E_z。

6.5 高增益 FEL 电场的积分微分方程和三阶方程

根据周期模型中完整一阶方程组的光波横向电场的调制关系:

$$\frac{\mathrm{d}E_x(z)}{\mathrm{d}z} = -\frac{\mu_0 c \hat{K}}{4\gamma} j_1(z)$$

即方程 (6.16) 或方程 (6.25),由于

$$j_1(z) = j_0 \int_{-\delta}^{\delta} f_1(\eta, z) \mathrm{d}\eta \tag{6.30}$$

以及 $j_0 = -ecn_{e0}$,令 $\gamma = \gamma_s$ 并将 $f_1(\eta, z)$ 的表达式代入,立即得到

$$\frac{\mathrm{d}E_x(z)}{\mathrm{d}z} = \frac{\mu_0 \hat{K} n_{e0} e^2}{4m_e \gamma_s^2} \int_0^z \left(\frac{\hat{K} E_x}{2\gamma_s} + \mathrm{i}\frac{4\gamma_s c}{\omega_s \hat{K}} \frac{\mathrm{d}E_x}{\mathrm{d}z} \right) \left[\int_{-\delta}^{\delta} f_1(\eta, z) \mathrm{e}^{-\mathrm{i}2k_u\eta(z-s)} \mathrm{d}\eta \right] \mathrm{d}s$$

利用 $f_0(\pm\delta) = 0$ 将上式对 η 作部分积分,最后得到

$$\frac{\mathrm{d}E_x(z)}{\mathrm{d}z} = \mathrm{i}k_u \frac{\mu_0 \hat{K} n_{e0} e^2}{2m_e \gamma_s^2} \int_0^z \left(\frac{\hat{K} E_x}{2\gamma_s} + \mathrm{i}\frac{4\gamma_s c}{\omega_s \hat{K}} \frac{\mathrm{d}E_x}{\mathrm{d}z} \right) h(z-s) \mathrm{d}s \tag{6.31}$$

式中,

$$h(z-s) = \int_{-\delta}^{\delta} (z-s) f_0(\eta) \mathrm{e}^{-\mathrm{i}2k_u\eta(z-s)} \mathrm{d}\eta \tag{6.32}$$

这就是一维高增益 FEL 电场振幅的积分–微分方程,该方程已将关于变量 (η, z) 的二维问题简化为仅含变量 z 的一维问题。

假定电子束为单能束,不过电子能量 γ_0 不同于但接近于共振能量 γ_s,也就是说 $\gamma_0 \neq \gamma_s$ 但 $\gamma_0 \sim \gamma_s$。在这种情况下,$h(z-s) = (z-s) \mathrm{e}^{-\mathrm{i}2k_u\eta_0(z-s)}$,于是 FEL 电场振幅的积分–微分方程简化为

$$\frac{\mathrm{d}E_x(z)}{\mathrm{d}z} = \mathrm{i}k_u \frac{\mu_0 \hat{K} n_{e0} e^2}{2m_e \gamma_s^2} \int_0^z \left(\frac{\hat{K} E_x}{2\gamma_s} + \mathrm{i}\frac{4\gamma_r c}{\omega_s \hat{K}} \frac{\mathrm{d}E_x}{\mathrm{d}z} \right) (z-s) \mathrm{e}^{-\mathrm{i}2k_u\eta_0(z-s)} \mathrm{d}\eta$$

$$\tag{6.33}$$

根据微分方程理论，函数

$$y(z) = \int_0^z f(s)(z-s)\mathrm{e}^{-\mathrm{i}\alpha(z-s)}\mathrm{d}s$$

满足方程 $y'' + 2\mathrm{i}\alpha y' - \alpha^2 y = f$。可见电场振幅的积分–微分方程中令 $E_x' = y(z)$、$2k_\mathrm{u}\eta = \alpha$ 以及令

$$\mathrm{i}k_\mathrm{u}\frac{\mu_0 \hat{K} n_\mathrm{e}e^2}{2m_\mathrm{e}\gamma_\mathrm{s}^2}\left(\frac{\hat{K}E_x}{2\gamma_\mathrm{s}} + \mathrm{i}\frac{4\gamma_\mathrm{s}c}{\omega_\mathrm{s}\hat{K}}\frac{\mathrm{d}E_x}{\mathrm{d}z}\right) = f(z)$$

并将这些表达式代入微分方程，经整理后立即得到高增益 FEL 的三阶方程：

$$E_x''' + 4\mathrm{i}k_\mathrm{u}\eta_0 E_x'' + (k_\mathrm{p}^2 - 4k_\mathrm{u}^2\eta_0^2)E_x' - \mathrm{i}\Gamma^3 E_x = 0 \qquad (6.34)$$

该方程出现两个新系数，第一个系数是由方程 (3.33) 定义的增益参量 Γ，第二个是如下定义的空间电荷参量 k_p：

$$k_\mathrm{p} = \left(\frac{2k_\mathrm{u}\mu_0 n_\mathrm{e0}e^2 c}{\gamma_\mathrm{s}m_\mathrm{e}\omega_\mathrm{s}}\right)^{1/2} \qquad (6.35)$$

这两个系数都依赖于电子束特性和波荡器布局，具有长度倒数的量纲。后面将表明，如果 k_p 小于增益参量 Γ，那么这一空间电荷力可以忽略。

使用方程 (5.37) 定义的功率增益长度 L_G0 和方程 (3.34) 定义的 FEL 参量 ρ_FEL(或皮尔斯参量)

$$L_\mathrm{G0} = \frac{1}{\sqrt{3}\Gamma} = \frac{1}{\sqrt{3}}\left(\frac{4m_\mathrm{e}\gamma_\mathrm{s}^2}{\mu_0\hat{K}^2 e^2 k_\mathrm{u}n_\mathrm{e0}}\right)^{1/3}$$

$$\rho_\mathrm{FEL} = \frac{\Gamma}{2k_\mathrm{u}} = \frac{1}{4\sqrt{3}\pi}\frac{\lambda_\mathrm{u}}{L_\mathrm{G0}} = \left(\frac{\mu_0 n_\mathrm{e0}e^2\hat{K}^2}{32m_\mathrm{e}k_\mathrm{u}^2\gamma_\mathrm{s}^3}\right)^{1/3}$$

于是，可将高增益 FEL 三阶方程改写为

$$\frac{E_x'''}{\Gamma^3} + 2\mathrm{i}k_{\mathrm{u}}\frac{\eta_0}{\rho_{\mathrm{FEL}}}\frac{E_x''}{\Gamma^2} + \left[\frac{k_{\mathrm{p}}^2}{\Gamma^2} - \left(\frac{\eta_0}{\rho_{\mathrm{FEL}}}\right)^2\right]\frac{E_x'}{\Gamma} - \mathrm{i}E_x = 0 \qquad (6.36)$$

6.6 高增益 FEL 电场三阶方程之解

6.6.1 单能共振、无空间电荷效应的理想情况

高增益 FEL 的线性三阶方程在解析上可以方便地用试验函数 $\tilde{E}_x(z) = Ae^{\alpha z}$ 求解，并且可见仅当复数 α 有正实部时，FEL 横向电场才会发生指数增长。在 $\eta = 0$ 和 $k_{\mathrm{p}} = 0$ 的特殊情况下，该方程简化为 $\alpha^3 = \mathrm{i}\Gamma^3$，并有三个解：

$$\alpha_1 = (\mathrm{i} + \sqrt{3})\Gamma/2, \quad \alpha_2 = (\mathrm{i} - \sqrt{3})\Gamma/2, \quad \alpha_3 = -\mathrm{i}\Gamma \qquad (6.37)$$

第一个解 (α_1) 有正实部，因而造成电场 $E_x(z)$ 的指数增长，另外两个解则对应于指数型阻尼振荡 (α_2) 或振荡本征函数 (α_3)。由于光波功率正比于光波电场的平方值，当 z 很大时，光波功率按下式增长：

$$P(z) \propto \exp(2\mathrm{Re}\{\alpha_1\}z) = \exp(\sqrt{3}\Gamma z) = \exp(z/L_{\mathrm{G0}})$$

式中，

$$L_{\mathrm{G0}} \equiv 1/(\sqrt{3}\Gamma) \qquad (6.38)$$

L_{G0} 是在单能束假定、忽略空间电荷效应的情况下一维高增益 FEL 理论的理想增益长度。因为电子束能散度、空间电荷、电子回旋振荡和光的衍射趋向于降低指数增长，实际 FEL 的功率增益长度 L_{G} 会更大。如果想维持 FEL 增益并达到激光饱和就必须增加波荡器长度。功率增益长度的一般定义为

$$L_{\mathrm{G}} \equiv P(\mathrm{d}P/\mathrm{d}z)^{-1} \qquad (6.39)$$

6.6.2 单能非共振、不考虑空间电荷效应情况

在 $\eta \neq 0$ 和 $k_{\mathrm{p}} \neq 0$ 的一般情况下，三阶微分方程还是在形如 $\exp(\alpha z)$ 的依赖关系下求解的。所得到幂 α 的三次方程有三个解 α_1、α_2 和 α_3。将试验函数 $E_x(z) = A\mathrm{e}^{\alpha z}$ 代入三阶方程后得到

$$\alpha^3 + 4\mathrm{i}k_{\mathrm{u}}\eta_0\alpha^2 + (k_{\mathrm{p}}^2 - 4k_{\mathrm{u}}^2\eta_0^2)\alpha - \mathrm{i}\Gamma^3 = 0 \qquad (6.40)$$

虽然可以解析求解，但过程烦琐而往往使用数值计算求解。

在不考虑空间电荷效应 (即 $k_{\mathrm{p}} = 0$) 的情况下可以直接得到解析解，求法如下：令 $a \equiv \alpha/\Gamma$，$b = \eta/\rho_{\mathrm{FEL}} = 2k_{\mathrm{u}}\eta/\Gamma$，则方程简化为 $a(a + \mathrm{i}b)^2 - \mathrm{i} = 0$。此方程有三个解 (对应于三个本征值)：

$$a_1 = \frac{1}{6}\left(u - \frac{4b^2}{u} - \mathrm{i}4b\right) \qquad (6.41a)$$

$$a_2 = \frac{1}{6}\left(-\frac{1 - \mathrm{i}\sqrt{3}}{2}u + \frac{2}{1 - \mathrm{i}\sqrt{3}}\frac{4b^2}{u} - \mathrm{i}4b\right) \qquad (6.41b)$$

$$a_3 = \frac{1}{6}\left(-\frac{1 + \mathrm{i}\sqrt{3}}{2}u + \frac{2}{1 + \mathrm{i}\sqrt{3}}\frac{4b^2}{u} - \mathrm{i}4b\right) \qquad (6.41c)$$

式中，u 是如下定义的复函数：

$$u = u(b) = \sqrt[3]{108\mathrm{i} - 8\mathrm{i}b^3 + 12\sqrt{12b^3 - 81}} \qquad (6.42)$$

本征值通过函数 $u(b) = u(\eta/\rho_{\mathrm{FEL}})$ 而依赖于相当能量偏差 $\eta = (W - W_{\mathrm{s}})/W_{\mathrm{s}}$。

在单能束 ($\sigma_\eta = 0$ 但 $\eta \neq 0$) 和忽略空间电荷效应 ($k_{\mathrm{p}} = 0$) 的特殊情况下，已解析求得了本征函数 $\exp(\alpha_1 z)$。本征值实部 $\mathrm{Re}\{\alpha_1(\eta)\}$ 确定了电场 E_x 的增长率。在 $\eta = 0$ 附近的点上，$\alpha_1(\eta)$ 的实部 (也就是 α_1

的实部) 可以对 $u(b)$ 作泰勒级数展开确定。注意到在 $\eta = 0$ 附近 $b \approx 0$，不难求出

$$u \approx (216\mathrm{i})^{1/3} = 3\sqrt{3} + 3\mathrm{i}, \quad 1/u = 1/(3\sqrt{3} + 3\mathrm{i}) = (\sqrt{3} - \mathrm{i})/12$$

对于 FEL 功率增长最关心的是 $\mathrm{Re}\{\alpha_1\} \equiv \Gamma \mathrm{Re}\{a_1\}$，将 u 和 $1/u$ 的上述结果代入方程 (6.41a)，立即得到 $\mathrm{Re}\{a_1\}$：

$$a_1 = \frac{1}{6}\left(3\sqrt{3} - \sqrt{3}b^2/3 + \mathrm{i}(3 + b^2/3 - 4b)\right)$$

$$\mathrm{Re}\{a_1\} = \frac{1}{6}\left(3\sqrt{3} - \frac{\sqrt{3}}{3}b^2\right) = \frac{\sqrt{3}}{2}\left[1 - \frac{1}{9}\left(\frac{\eta}{\rho_{\mathrm{FEL}}}\right)^2\right]$$

指数区内的功率增益长度为 $L_{\mathrm{G}} = 1/(2\mathrm{Re}\{\alpha_1\})$。一般情况下 L_{G} 要大于理想功率增益长度 L_{G0}，即 $L_{\mathrm{G}} > L_{\mathrm{G0}} = 1/(\sqrt{3}\Gamma)$。引入归一增长率函数 $f_{\mathrm{gr}} \equiv L_{\mathrm{G0}}/L_{\mathrm{G}}$，对于 $\eta \neq 0$ 的非理想情况，该函数仅与相对能量偏差有关，可以得到

$$f_{\mathrm{gr}} = \frac{L_{\mathrm{G0}}}{L_{\mathrm{G}}} = \frac{2\mathrm{Re}\{\alpha_1\}}{\sqrt{3}\Gamma} = \frac{2\mathrm{Re}\{a_1\}}{\sqrt{3}} = 1 - \frac{1}{9}\left(\frac{\eta}{\rho_{\mathrm{FEL}}}\right)^2 \qquad (6.43)$$

这一结果正是在 $\eta = 0$ 处的最大值附近归一增长率函数的抛物线方程。

对于实际电子束，由于具有能散度，因而 $\sigma_\eta \neq 0$，对应的高增益 FEL 的增长情况则要作修正。按照定义，增益函数为

$$G(\eta, z) \approx \mathrm{e}^{2\mathrm{Re}\{\alpha_1(\eta)\}z} = \mathrm{e}^{z/L_{\mathrm{G0}}}\exp\left(-\frac{\eta^2 z}{9\rho_{\mathrm{FEL}}^2 L_{\mathrm{G0}}}\right) = \mathrm{e}^{z/L_{\mathrm{G0}}}\exp\left(-\frac{\eta^2}{2\sigma_\eta^2}\right)$$

$$(6.44)$$

其中，相对能量偏差的方差 σ_η^2 与 z 有关：

$$\sigma_\eta^2 = \frac{9\rho_{\mathrm{FEL}}^2 L_{\mathrm{G0}}}{2z} \qquad (6.45)$$

另一方面，α 的三个本征值 α_j 对应于电场解的三个本征函数 $V_j = \exp(\alpha_j z)$，实际电场是三个本征函数的线性组合，系数为 c_j(以上 $j = 1, 2, 3$)。于是，实际电场及其对 z 的一阶和二阶导数分别为

$$E_x(z) = \sum_{j=1}^{3} c_j V_j(z)$$
$$E_x'(z) = \sum_{j=1}^{3} c_j \alpha_j V_j(z) \quad \rightarrow \quad \begin{pmatrix} E_x \\ E_x' \\ E_x'' \end{pmatrix} = \boldsymbol{A} \cdot \begin{pmatrix} V_1(x) \\ V_2(x) \\ V_3(x) \end{pmatrix}$$
$$E_x''(z) = \sum_{j=1}^{3} c_j \alpha_j^2 V_j(z)$$

$$\boldsymbol{A} \equiv \begin{pmatrix} 1 & 1 & 1 \\ \alpha_1 & \alpha_2 & \alpha_3 \\ \alpha_1^2 & \alpha_2^2 & \alpha_3^2 \end{pmatrix}$$

因为 $V_j(z = 0) = 1$，系数 c_j 由波荡器入口处 $(z = 0)$ 的初始条件决定：

$$\begin{pmatrix} c_1 \\ c_2 \\ c_3 \end{pmatrix} = \boldsymbol{A}^{-1} \cdot \begin{pmatrix} E_x(0) \\ E_x'(0) \\ E_x''(0) \end{pmatrix}$$

对于 $\eta = 0$ 和 $k_{\mathrm{p}} = 0$ 的简单情况，矩阵 $\boldsymbol{A}$ 及其逆矩阵 $\boldsymbol{A}^{-1}$ 分别为

$$\boldsymbol{A} = \begin{pmatrix} 1 & 1 & 1 \\ (\mathrm{i} + \sqrt{3})\varGamma/2 & (\mathrm{i} - \sqrt{3})\varGamma/2 & -\mathrm{i}\varGamma \\ (\mathrm{i} + \sqrt{3})^2\varGamma^2/4 & (\mathrm{i} - \sqrt{3})^2\varGamma^2/4 & -\varGamma^2 \end{pmatrix}$$

$$\boldsymbol{A}^{-1} = \begin{pmatrix} 1 & (\sqrt{3} - \mathrm{i})/(2\varGamma) & (-\mathrm{i}\sqrt{3} + 1)/(2\varGamma^2) \\ 1 & (-\sqrt{3} - \mathrm{i})/(2\varGamma) & (\mathrm{i}\sqrt{3} + 1)/(2\varGamma^2) \\ 1 & \mathrm{i}/\varGamma & -1/\varGamma^2 \end{pmatrix}$$

对于从波长为 λ_s、振幅为 E_{in} 的平面光波入射 (种子激光) 开始的 FEL 过程，根据逆矩阵 $\boldsymbol{A}^{-1}$ 可知所有三个系数有相同数值，$c_j = E_{in}/3$。于是沿波荡器传播的 FEL 波电场为

$$E_x(z) = \frac{1}{3}E_{in}[\mathrm{e}^{(\mathrm{i}+\sqrt{3})\Gamma z/2} + \mathrm{e}^{(\mathrm{i}-\sqrt{3})\Gamma z/2} + \mathrm{e}^{-\mathrm{i}\Gamma z}]$$

显然，方括号内第一项显示出指数增长，第二项为阻尼振荡，而第三项则是纯振荡。于是经一段距离后第一项占统治地位，而 FEL 光的电场按照下式增长：

$$|E_x(z)| \approx \frac{1}{3}E_{in}\mathrm{e}^{\sqrt{3}\Gamma z/2} = \frac{1}{3}E_{in}\mathrm{e}^{z/(2L_{G0})} \tag{6.46}$$

这里，功率增益长度 L_{G0} 由方程 (6.38) 定义。

FEL 功率对 z 的函数关系见图 6.1。由于还存在阻尼振荡项和纯振荡项的影响，在 $0 \leqslant z \leqslant 2L_{G0}$ 的范围内功率几乎为常数，这一范围被称为 "疲软区"。尔后 $(z \geqslant 2L_{G0})$ 阻尼振荡项和纯振荡项的影响可以忽略，FEL 功率渐近地按下式增长：

$$P(z) \approx \frac{P_{in}\mathrm{e}^{z/L_{G0}}}{9} \tag{6.47}$$

式中，P_{in} 为在 $z = 0$ 处的入射种子光功率。指数函数的初始值为入射功率的 1/9。对于种子型高增益 FEL，这一行为非常典型。

对于用电子束周期性密度调制的 FEL 过程，三阶方程的初始条件可以根据按有质动力相位变量 ψ 作周期性调制的束电流密度来确定。注意，在这种情况下光波的初始横向电场为 0，$E_0 = 0$，但电子束的电流密度调制会造成非 0 导数的横向电场。由于

$$j_z(z) = j_0 + j_1(z) \tag{6.48}$$

根据耦合一解方程组的横向场方程，可以求得波荡器入口处横向电场的一阶导数和二阶导数分别为

$$E_0' \equiv \frac{\mathrm{d}E_x(0)}{\mathrm{d}z} = -\frac{\mu_0 c\hat{K}}{4\gamma_\mathrm{r}} j_1(0), \quad E_0'' = -\frac{\mu_0 c\hat{K}}{4\gamma_\mathrm{s}} j_1'(0)$$

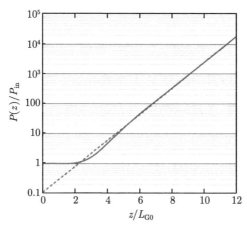

图 6.1   单能、共振高增益 FEL 的功率计算结果 [1]

入射种子辐射功率为 P_in；实线为归一功率 $P(z)/P_\mathrm{in}$ 与 z/L_G0 的函数关系；虚线为指数函数

$$f(z) = (P_\mathrm{in}/9) \exp(z/L_\mathrm{G0})$$

同样，根据耦合—解方程组的束电流密度调制分量方程以及各电子的第一摆方程，假设初始时所有电子的能量都相同，可以确定电流密度的一阶导数。按照假定，

$$\eta_n(0) \equiv \eta, \quad n = 1, 2, \cdots, N$$

而束电流密度调制分量方程以及各电子的第一摆方程分别为

$$j_1(z) = j_0 \frac{2}{N} \sum_{n=1}^{N} \mathrm{e}^{-\mathrm{i}\psi_n(z)}, \quad \frac{\mathrm{d}\psi_n}{\mathrm{d}z} = 2k_\mathrm{u}\eta_n$$

从而得到电流密度的一阶导数和横向场二阶导数的初始值

$$j_1'(0) = \left(\sum_{n=1}^{N} \frac{\mathrm{d}j_1}{\mathrm{d}\psi_n} \frac{\mathrm{d}\psi_n}{\mathrm{d}z}\right)_{z=0} = -\mathrm{i}2k_\mathrm{u}\eta j_1(0), \quad E_0'' = \mathrm{i}2k_\mathrm{u}\eta \frac{\mu_0 c\hat{K}}{4\gamma_\mathrm{s}} j_1(0)$$

于是三阶方程的初始条件是

$$
\begin{pmatrix} E_x(0) \\ E_x'(0) \\ E_x''(0) \end{pmatrix} = \begin{pmatrix} E_0 \\ E_0' \\ E_0'' \end{pmatrix} = \begin{pmatrix} 0 \\ -1 \\ i2k_u\eta \end{pmatrix} \frac{\mu_0 c \hat{K}}{4\gamma_s} j_1(0) \tag{6.49}
$$

使用同样的步骤，根据这一初始条件和由三个本征值 α_j 所构成的 $\boldsymbol{A}$ 矩阵可以求出三个本征函数的线性组合的系数 c_j。于是，实际电场的本征函数展开式为

$$
E_x(z) = \sum_{j=1}^{3} c_j e^{\alpha_j z}
$$

图 6.2 表明了所得到的 FEL 功率与波荡器长度之间的函数关系。在波荡器入口 ($z=0$)，辐射功率当然为 0，但是随着波荡器长度的增加，该功率急速增长，并在约两个增益长度后逼近指数函数 $\exp(z/L_{G0})$。

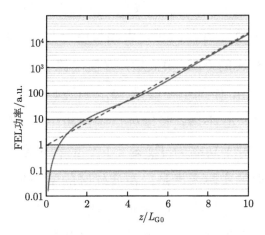

图 6.2　单能、共振电子束高增益 FEL 的功率上升曲线 (电子电荷密度调制周期为 λ_s)[1]，虚线是指数函数 $f(z) = \exp(z/L_{G0})$ 的曲线

对比图 6.1 和图 6.2 两幅图可以看出用 E_{in} 的线偏振种子激光开始的 FEL 过程与用电子束周期性密度调制的 FEL 过程的异同点。相同之处是指数增长区都随 z/L_{G0} 指数增长。不同点是前者的增长函数为

$f(z) = (P_{in}/9) \exp(z/L_{G0})$，后者的增长函数为 $f(z) = \exp(z/L_{G0})$；在
"疲软区"，前者的功率等于初始激光功率，而后者则是从 0 功率开始的
快速增长。

6.7   高增益 FEL 的饱和

由于辐射引起电子能量的降低，调制电流密度 j_1 最后在数量上变
得与初始电流密度 j_0 相当，指数增长不能无限地连续。此外，电子开
始运动到从光波获得能量的相空间区域内，光波能量不再增长，于是达
到激光饱和。

为了研究 FEL 的饱和区，要使用耦合微分方程式 (6.13)～ 式 (6.16)
的数值解。

计算中使用了 FLASH 电子激光器的典型参量：洛伦兹因子 $\gamma =$
1000，微聚束电子数目 $N_e = 10^9$，束团长度 0.1 ps，束团的均方根半径
$\sigma_x = 0.07$ mm。对应的 FEL 相关量：峰值电流 $I_{peak} = 1600$ A，一维增
益长度 $L_{G0} = 0.5$ m，空间电荷参量，$k_p = 0.24$ m^{-1}，FEL 参量 $\rho_{FEL} =$
0.003。为了在约为 20 个增益长度处达到饱和，选择种子光波的电场为
$E_{in} = 5$ MV/m，对于功率为 $P_{in} \approx 1$ kW 的种子激光，脉冲长度约为
1 ps。一个很重要的实际考虑是，在疲软区的整个延伸范围内 (2～3 个
增益长度)，种子激光束必须很好地聚焦以确保开始 FEL 的增益过程。
仅在这一疲软区范围使用种子激光才能开始指数放大过程，以后不再需
要种子激光束。

图 6.3 表明了计算功率的上升。对于 $0 \leqslant z \leqslant 16L_{G0}$，计算结果与
三阶方程的本征方法结果理想地一致。在饱和区，该图显示出 FEL 功
率的振荡行为，这意味着能量在电子束与光波之间来回泵浦。一个有意
义的结果是不同功率的种子波电场得到的饱和功率水平相同。图 6.4 证

明了这一点。

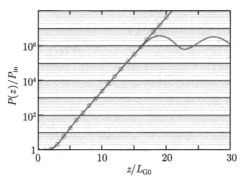

图 6.3 用文中所给 FLASH 参量在种子型 FEL 情况下，归一功率 $P(z)/P_{in}$ 与 z/L_{G0} 函数关系的计算结果 [1]

实线是耦合一阶方程的数值积分结果，空心圆是三阶方程的结果。指数上升区超过 16 个增益长度，但必须记住：在饱和区三阶方程不再适用，饱和区内调制电流密度 j_1 变得可与常电流密度 j_0 数值相当

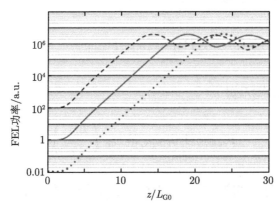

图 6.4 在三种不同功率的入射种子波情况下，方程 (4.30) 的数值积分得到的高增益 FEL 功率曲线的计算结果 [1]

实线 $P_{in} \equiv P_0 \approx 1\ \text{kW}$，虚线 $P_{in} = 100P_0$，点线 $P_{in} = 0.01P_0$。在线性区 (包括疲软区和指数增益区) 功率相差因子为 100 意味着 FEL 输出功率与输入功率呈线性关系；但三种情况的饱和区却都相同，于是饱和区肯定为非线性区

　　饱和辐射功率作如下粗略估算。假定了全调制，即 $|j_1| \approx |j_0|$。饱和区强度的主要部分为最后一段的指数增长值。饱和电场幅度近似由场

增益曲线的斜率乘以场增益长度 (即 2 倍于功率增益长度) 给出:

$$|E_x|_{\text{sat}} \approx \left| \frac{\mathrm{d}E_x}{\mathrm{d}z} \right| \cdot 2L_{\text{G0}} = \frac{\mu_0 c \hat{K}}{4\gamma_{\text{s}}} |j_0| \cdot 2L_{\text{G0}}$$

饱和功率为

$$P_{\text{sat}} = \frac{\varepsilon_0 c}{2} |E_x|_{\text{sat}}^2 A_{\text{b}} \approx \frac{\varepsilon_0 c}{2} \left(\frac{\mu_0 c \hat{K}}{4\gamma_{\text{s}}} \right)^2 \frac{I_0^2}{A_{\text{b}}} 4L_{\text{G0}}^2$$

式中, A_{b} 是束截面, 而 $I_0 = |j_0| A_{\text{b}}$ 是束直流电流的幅度。引入 FEL 参量和电子束功率:

$$P_{\text{beam}} = \gamma_{\text{s}} m_{\text{e}} c^2 I_0 / e \tag{6.50}$$

可以得到求 FEL 饱和功率的近似表达式

$$P_{\text{sat}} \approx \rho_{\text{FEL}} P_{\text{beam}} \tag{6.51}$$

饱和功率更好的求法如下:

$$P_{\text{sat}} \approx 1.6 \rho_{\text{FEL}} P_{\text{beam}} \left(\frac{L_{\text{G0}}}{L_{\text{G}}} \right)^2 \tag{6.52}$$

于是 FEL 饱和功率约为电子束功率 0.1% 的量级。对于 FLASH 的典型束参量, 饱和功率为几个吉瓦。

6.8　高增益 FEL 的线性区和非线性区

FEL 系统是固有的非线性系统。根据 FEL 的基本方程 (摆方程)

$$\frac{\mathrm{d}\eta}{\mathrm{d}t} = -\frac{e\hat{K}E_0}{2m_{\text{e}}c\gamma_{\text{s}}^2} \cos\psi$$

FEL 的非线性性质显而易见。高增益 FEL 中，光波电场 E_x 满足三阶微分方程。该线性微分方程的解与初始条件呈线性关系。高增益 FEL 放大器的线性区用以下特性表示它的特征：

(1) 共振输出电场正比于激发输入电场；

(2) 应用叠加原理：对不同激发电场叠加的响应等于对单个激发电场响应的叠加。

图 6.4 已经介绍了单色种子波的输入电场 E_{in} 和 FEL 输出电场 E_x 之间的线性关系，在很宽的 z 值范围观察到这一线性性质。在饱和区，则完全没有线性关系。现在给出叠加原理的一个实例，通过研究 FEL 对包含两个不同频率的种子辐射的响应来说明高增益 FEL 的非线性性质。将电子能量定义为参考能量：

$$W = W_s = \gamma_s m_e c^2, \quad \omega_s = \frac{2\gamma_s^2 c k_u}{1 + K^2/2}$$

设对称地选择两种种子波的失调，即

$$\omega_a = \omega_s(1 - \rho_{FEL}), \quad \omega_b = \omega_s(1 + \rho_{FEL})$$

两种种子波电场的初始幅度相同，$E_{a,in} = E_{b,in} = 5$ MV/m。利用在非周期模型中的耦合一阶方程式 (6.22) ~ 式 (6.25) 求出各自的共振函数。引入复数电场振幅：

$$\begin{aligned}
\hat{E}^a(z,\zeta) &= E_x^a(z) \exp\{i\Delta\omega_a[z/c + (\zeta - z)/(\bar{\beta}c)]\} \\
\hat{E}^b(z,\zeta) &= E_x^b(z) \exp\{i\Delta\omega_b[z/c + (\zeta - z)/(\bar{\beta}c)]\}
\end{aligned} \tag{6.53}$$

这些电场振幅是 z(沿波荡器内的位置变量) 和 ζ(束团内部变量) 的函数。同样，求出对应于两者频率同时激发电场以及初始总电场 $E_{s,in} = E_{a,in} + E_{b,in}$ 的响应函数 $\hat{E}^s(z,\zeta)$。计算中使用的束团具有均匀电流分布，而长度为 1000 个光波周期，但为了清晰起见，忽略束团的头尾效应。

图 6.5 描述了在线性区内 $z = 15L_{G0}$ 处所得到的结果。可以看出，对于
实部和虚部均满足方程:

$$\hat{E}^{\text{s}}(z,\zeta) = \hat{E}^{\text{a}}(z,\zeta) + \hat{E}^{\text{b}}(z,\zeta) \tag{6.54}$$

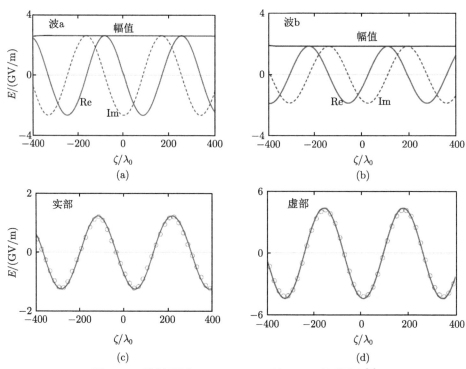

图 6.5　线性区在 $z = 15L_{G0}$ 处 FEL 的共振 [1]

(a) 频率为 ω_{a} 的电场 $\hat{E}^{\text{a}}(z,\zeta)$ 的实部、虚部和振幅与 ζ/λ_0 的关系图 (λ_0 表示 FEL 波长，对
应于共振能量); (b) 频率为 ω_{b} 的电场 $\hat{E}^{\text{b}}(z,\zeta)$ 的实部、虚部和振幅与 ζ/λ_0 的关系图;
(c) 单个响应的实部之和 $\text{Re}\{\hat{E}^{\text{a}}(z,\zeta) + \hat{E}^{\text{b}}(z,\zeta)\}$ 用实线表示，而方程 (6.54) 的实部求和响
应 $\text{Re}\{\hat{E}^{\text{s}}(z,\zeta)\}$ 用空心圆表示; (d) 单个响应的虚部之和 $\text{Im}\{\hat{E}^{\text{a}}(z,\zeta) + \hat{E}^{\text{b}}(z,\zeta)\}$ 用实线表
示，而方程 (6.54) 的虚部求和响应 $\text{Im}\{\hat{E}^{\text{s}}(z,\zeta)\}$ 用空心圆表示

非线性区则有着完全不同的行为，见图 6.6。在此例中仅个别激发
仍然接近正弦响应，但合成的总响应却被强烈地扭曲，违反了叠加原理。

图 6.5 和图 6.6 揭示了除具有对称性的失调外，场振幅 E_{a} 大于 E_{b}。
这一不对称性由曲线 $\text{Re}\{\alpha_1(\eta)\}$ 的不对称性引起。总而言之，三阶方程

适用于描述高增益 FEL 的线性区，包括疲软区和指数增长区，但是不能适用于激光功率饱和的非线性区。耦合一阶方程则适用于整个区域，包括线性区和非线性区。

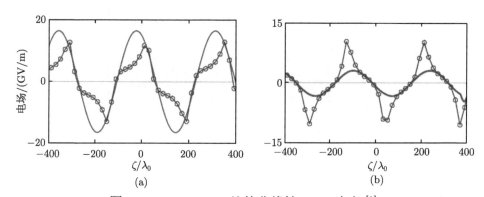

图 6.6　$z = 20L_{\mathrm{G0}}$ 处的非线性 FEL 响应 [1]

(a) 实部；(b) 虚部。实线表示单个响应，空心圆是总响应

6.9　微群聚的模拟结果

6.9.1　空间电荷结构的变化情况

下一个例子将证明耦合一阶方程的周期形式可以用来研究微群聚效应。仍然使用超紫外 FEL FLASH 的参量。数值模拟的初始条件将电子束平均能量 W_0 取为等于共振能量 W_{s}，因此 $\eta_0 = 0$。总粒子数 $N = 50000$，均匀分布在间隔为 $\Delta\psi_0 = 2\pi$ 的初始相位内。如同周期模型所假定，分布延续到相位全范围，$-\infty < \psi_0 < \infty$。电子能散度按高斯分布处理，并取该分布的标准差为 $\sigma_\eta = 0.1\rho_{\mathrm{FEL}}$。FEL 过程起振的种子激光电场为 $E_{\mathrm{in}} = 5\ \mathrm{MV/m}$。

图 6.7 表明了在离波荡器入口 $z = 0.2L_{\mathrm{G0}}$ 处的粒子在相空间 (ψ, η) 的分布 (投影到 ψ 轴)。电子束团的能量调制很小，低于能散度 σ_η，归一电荷密度 $\rho_{\mathrm{n}}(\psi, z) = |\rho(\psi, z)/\rho_0|$ 几乎为 1。FEL 桶都定心于与波荡

器入口 $z = 0$ 处相同的相位值 (比较方程 (3.25)):

$$\psi_{\mathrm{b}}(z = 0.2 L_{\mathrm{G0}}) \approx \psi_{\mathrm{b}}(0) = -\pi/2 \pm n 2\pi$$

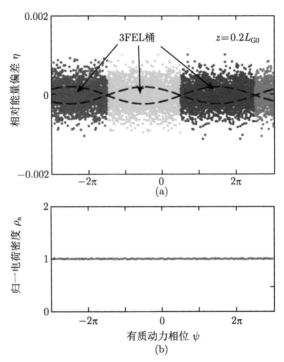

图 6.7　(a) $z = 0.2 L_{\mathrm{G0}}$ 处粒子在 (ψ, η) 相空间的分布 [1]，用虚线表示分界线，图中显示了几个 FEL 桶；(b) 归一电荷密度 $\rho_{\mathrm{n}}(\psi) = | \sim \rho(\psi)|/\rho_0$ 与相位 ψ 的函数关系，注意相位 ψ 对应于束团内坐标 $\zeta = \lambda_{\mathrm{s}}(\psi + \pi/2)/(2\pi)$

分界线方程与低增益情况相同 (方程 (3.24))，即

$$\eta = \pm \left[\frac{e \hat{K} |E_x(z)|}{m_{\mathrm{e}} k_{\mathrm{u}} c^2 \gamma_{\mathrm{s}}^2} \right]^{1/2} \cos \left(\frac{\psi - \psi_{\mathrm{b}}(z)}{2} \right) \qquad (6.55)$$

注意，由于初始相对能量偏差，许多粒子会位于 FEL 桶外，即在分界线包围的范围外。按照方程 (6.55)，随着 z 增加，分界线高度随 FEL 电场的方根增长，绝大多数粒子基本上都被俘获到 FEL 桶内，由图 6.8 可以看到这一点。

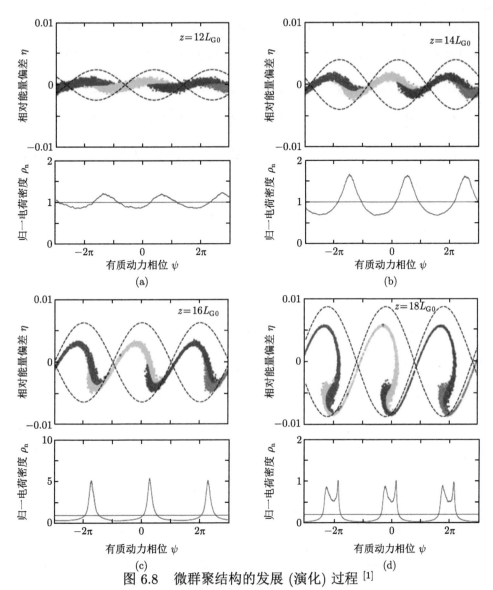

图 6.8 微群聚结构的发展 (演化) 过程 [1]

(a) $z = 12L_{\mathrm{G0}}$；(b) $z = 14L_{\mathrm{G0}}$；(c) $z = 16L_{\mathrm{G0}}$；(d) $z = 18L_{\mathrm{G0}}$。上图是相空间 (ψ, η) 内的
粒子分布，用虚线表示分界线；下图是归一电荷密度与 ψ 的函数关系

最为重要的是桶中心随着 z 的增加而向较小的相位移动。后面将
确定 FEL 桶的中心相位 $\psi_{\mathrm{b}}(z)$ 对 z 的依赖关系。在 10 个功率增益
长度以后，相空间结构的变化以及电荷密度分布的变化变得明显。在

$z \geqslant 12L_{G0}$ 处可以很好地看到微群聚结构的演化，见图 6.8。在 16 个功率增益长度以后，已完全发展成以光波波长 λ_s 为周期的微群聚。

已观察到若干重要的结果：

(1) 随着 z 增加，FEL 桶移向小相位，分界线幅度 (高度) 增长；

(2) 在 12～14 功率增益长度之前能量调制几乎为谐波，但 $z \geqslant 14L_{G0}$ 时，则有非谐畸变；

(3) 由于 FEL 桶的运动，许多粒子并非留在它们初始所在的桶内，而是移到下一个 FEL 桶内；

(4) 归一电荷密度渐渐发展成在各自 FEL 桶的右半边处有尖峰，该位置对应于发生从电子向 FEL 传递能量的相位值。

在饱和区，相空间分布发生了很大的畸变，见图 6.9。许多粒子运动到 FEL 桶左半边，结果是光波失去一些能量。相空间粒子分布发生对应的畸变，而 FEL 增益呈振荡行为。这恰恰是在 26 个功率增益长度

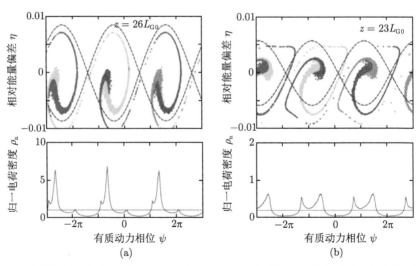

图 6.9   在增益长度分别为 (a) 26 和 (b) 23 的深饱和区的相空间分布的畸变以
及微群聚子结构的演变 [1]

附近 FEL 功率降低的原因，见图 6.3。微群聚发展成具有子结构。随着波荡器长度的增加，电子束能量偏差度显著增加。

6.9.2 FEL 增益过程中的相位演变

1. 电场相位和电流密度相位

为了确定 FEL 线性区电场 $E_x(z)$ 和电流密度 $j_1(z)$ 的相位演变情况，将三阶方程三个本征函数叠加的慢变化复数电场振幅表达为

$$E_x(z) = \frac{E_{\text{in}}}{3} \sum_{j=1}^{3} \exp(\alpha_j z) \equiv |E_x(z)| \exp[\mathrm{i}\varphi_E(z)] \qquad (6.56)$$

对于 $\eta = 0$ 和 $k_{\mathrm{p}} = 0$ 的最简单情况，本征值 α_j 由方程 (6.37) 给出。根据方程 (6.56) 易于求出相位 $\varphi_E(z)$。利用方程 (6.6)，调制电流密度 $j_1(z)$ 的相位与电场 $E_x(z)$ 的相位相联系

$$j_1(z) = -\frac{4\gamma_{\mathrm{s}}}{\mu_0 c \hat{K}} E_x'(z) = -\frac{4\gamma_{\mathrm{s}}}{\mu_0 c \hat{K}} \sum_{j=1}^{3} \exp(\alpha_j z) \equiv |j_1(z)| \exp[\mathrm{i}\varphi_{j_1}(z)]$$
$$\qquad (6.57)$$

这两个相位对 z 的依赖关系见图 6.10。

定义两者的相位差为 $\Delta\varphi = [\varphi_E(z) - \varphi_E(0)] - [\varphi_{j_1}(z) - \varphi_{j_1}(0)]$。图 6.10 表明，电场相位的初始增长比电流相位快。从小 z 处的 $\Delta\varphi = 0$ 到 $4L_{\mathrm{G0}} \leqslant z \leqslant 17L_{\mathrm{G0}}$ 处已增长到 $\Delta\varphi = \pi/3$。在饱和区，则必须使用耦合一阶方程。可以看到在约 20 个功率增益长度处的相位交叉。

2. FEL 桶中心相位和微束团相位

在第 4 章已经讨论微群聚的起源是纵向运动的调制：与从光波获得能量的电子相比，在轨道较大振幅处运动的电子因将能量损失给光波而具有较小的纵向平均速度。这一推理不可能预言 FEL 桶内的微群聚的

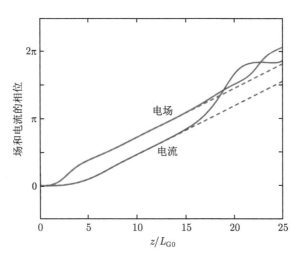

图 6.10　复数电场 $E_x(z)$ 的相位 $\varphi_E(z) - \varphi_E(0)$ (红实线) 和调制电流密度 $j_1(z)$ 的相位 $\varphi_{j1}(z) - \varphi_{j1}(0)$ (蓝实线) 与 z/L_{G0} 的函数关系 [1]; 相位使用耦合一阶方程组求出; 在线性区, 该结果与方程 (6.56)、方程 (6.57) 的结果完全符合; 虚线表明了线性理论对 $z > 17L_{G0}$ 区域的外推

具体位置, 现在要寻求这一问题的答案。对于高增益 FEL 的运行, 微群聚具体位置很关键, 其重要性在于: 为什么微群聚是位于各自 FEL 桶的右边将电子束能量传递给光波, 而不是位于其左边从光波回收能量呢? 对指数增长过程中 FEL 桶中心在相空间内运动的观察可对此作解释。电荷密度调制的峰值也在运动, 但运动速率较慢, 所造成的相位差则是答案的本质。

利用耦合一阶方程组的第二个方程 (6.14) 可以确定 FEL 桶中心的相位变化。因为 FEL 桶由光波电场 E_x 产生, 仅考虑这一项而忽略第二项 (即具有 $j_1(z)$ 的项)。于是, 对位于桶中心的一个粒子 "b", 方程 (6.14) 为

$$\frac{\mathrm{d}\eta_b}{\mathrm{d}z} = -\frac{e}{m_e c^2 \gamma_s} \mathrm{Re}\left\{ \frac{\hat{K} E_x(z)}{2\gamma_s} \exp[\mathrm{i}\psi_b(z)] \right\} \propto \cos[\varphi_E(z) + \psi_b(z)]$$

式中，$\varphi_E(z)$ 是复数电场 E_x 的相位，依赖于 z。在 $z = 0$ 处，桶中心位于

$$\psi_b(0) = -\pi/2 \pm n2\pi$$

如果对于所有 $z \geqslant 0$，b 粒子代表着桶中心，那么它的能量必须保持不变。因此要求满足 $\mathrm{d}\eta_b/\mathrm{d}z = 0$，这意味着

$$\varphi_E(z) + \psi_b(z) = 常数 \equiv \varphi_E(0) + \psi_b(0)$$

从而得到关于桶中心相位与复数电场振幅相位之间的一个重要关系：

$$\psi_b(z) - \psi_b(0) = -[\varphi_E(z) - \varphi_E(0)] \tag{6.58}$$

即桶中心相位的变化等于复数电场振幅相位变化的负值。类似地，利用方程 (6.14) 可以确定电荷分布峰值的相位演变，即 "微聚束" 位置的演变。在这一情况下，因为方程 (6.14) 中的电流密度 $j_1(z)$ 项描述了由空间电荷力引起粒子能量的变化，"微聚束" 位置的演变与这一项有关；而光波项则必须忽略。根据条件 $\mathrm{d}\eta_m/\mathrm{d}z = 0$，则 "微聚束" 相位遵从下述方程：

$$\psi_m(z) - \psi_m(0) = -[\varphi_{j_1}(z) - \varphi_{j_1}(0)] \tag{6.59}$$

即微束团相位的变化等于调制电流密度振幅相位变化的负值。

3. 增益过程中粒子相位的变化情况

三个临近 FEL 桶中所选择多个粒子的相位变化如图 6.11 所示。用耦合方程 (6.13) 求出各粒子有质动力相位 ψ_n，并作为在波荡器内的飞行距离 z 的函数作图。粒子最初处于共振状态 $(W = W_s，\eta = 0)$。在大约 10 个增益长度处之前的粒子行为几乎保持不变。对于初始相位在 $-3\pi/2 < \psi_0 < \pi/2$ 的中心 FEL 桶，桶中心相位和微聚束的相位相同，

即 $\psi_{\mathrm{b}}(0) = \psi_{\mathrm{m}}(0) = -\pi/2$。观察到中心桶向着负 ψ 值处运动，多数粒子仍保持位于这一桶内，而其他的少数粒子已被下一个桶俘获。于是，微群聚过程与下一个桶相联系。

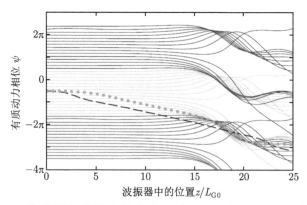

图 6.11   在 FEL 指数增长和饱和期间的三个 FEL 束团中代表粒子的相位运动情况 [1]

虚线是按照方程 (6.58) 给出 FEL 桶中心相位 $\psi_{\mathrm{b}}(z)$ 的变化情况；点线是由方程 (6.59) 给出的微束团相位 $\psi_{\mathrm{m}}(z)$ 的变化情况

中心 FEL 桶运动如图 6.12 所描述。该 FEL 桶相对于粒子的运动清晰可见，而且在桶的右半边这一现象变得显著。这就是对 FEL 功率急速上升的解释。

对于 $z > 13L_{\mathrm{G0}}$，粒子相位发生戏剧性的变化。它们在 18~20 个增益长度处再一次集中在窄带范围。这些窄带就是微束团。

再次强调：FEL 桶中心相位 $\psi_{\mathrm{b}}(z)$ 和微聚束相位 $\psi_{\mathrm{m}}(z)$ 都相对于粒子运动。在 $4L_{\mathrm{G0}} \leqslant z \leqslant 17L_{\mathrm{G0}}$ 的指数增长区，$\Delta\psi = \psi_{\mathrm{m}}(z) - \psi_{\mathrm{b}}(z) \approx \pi/3$，于是电荷分布峰值位于各个桶的右半边，这正是能量从电子束传递到光波所需要的。但是约在 20 个增益长度之处，最大电流密度已经运动到桶的左半边，于是能量从光波传递到电子束。

高增益 FEL 在疲软区和指数增长区的粒子相位几乎不变，而电荷

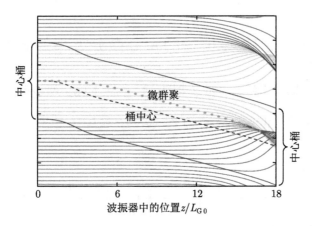

图 6.12   对于 $0 \leqslant z \leqslant 18L_{G0}$ 的 FEL 桶中心的运动 [1]

密度调制却在进行。为了证明密度调制已经相当早地在波荡器中演变，在图 6.13 中观察不同 z 位置上中心 FEL 桶内的归一电荷密度。最初，电荷密度峰值位于桶中心 $\zeta = 0$ 处，但是两个增益长度后该最大值已经向正 ζ 值处移动。在 $(4L_{G0} \leqslant z \leqslant 17L_{G0})$ 的指数增长区，最大值位于 $\zeta \approx \lambda_s/6$ 处，对应的相位差为 $\Delta\psi \approx \pi/3$ (比较图 6.13 与图 6.12)。

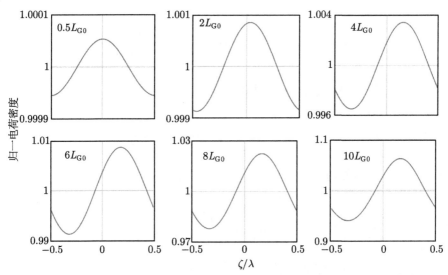

图 6.13   在 $z/L_{G0} = 0.5, 2, 4, 6, 8$ 和 10 处中心 FEL 桶内的归一电荷密度分布 [1]
注意横坐标标度的区别

6.10　高增益 FEL 电场的积分微分方程的低增益极限

如果波荡器足够短，那么根据高增益 FEL 理论可以得到低增益 FEL 理论，即 Madey 理论。方程 (6.33) 给出了高增益 FEL 电场的微分–积分方程:

$$\frac{\mathrm{d}E_x(z)}{\mathrm{d}z} = \mathrm{i}k_\mathrm{u}\frac{\mu_0\hat{K}n_\mathrm{e0}e^2}{2m_\mathrm{e}\gamma_\mathrm{s}^2}\int_0^z\left[\frac{\hat{K}E_x}{2\gamma_\mathrm{s}} + \mathrm{i}\frac{4\gamma_\mathrm{s}c}{\omega_\mathrm{s}\hat{K}}\frac{\mathrm{d}E_x}{\mathrm{d}z}\right](z-s)\mathrm{e}^{-\mathrm{i}2k_\mathrm{u}\eta_0(z-s)}\mathrm{d}s$$

在短波荡器情况下，粗略地认为电场为常数 $E_x \approx E_0$，在方括号中电场导数可以忽略，则方括号内的量可以简化为 $\hat{K}E_0/(2\gamma_\mathrm{s})$。于是给出

$$\begin{aligned}\frac{\mathrm{d}E_x}{\mathrm{d}z} &= \mathrm{i}k_\mathrm{u}\frac{\mu_0\hat{K}^2n_\mathrm{e0}e^2E_0}{4m_\mathrm{e}\gamma_\mathrm{s}^3}\int_0^z(z-s)\mathrm{e}^{-\mathrm{i}2k_\mathrm{u}\eta_0(z-s)}\mathrm{d}s\\ &= \mathrm{i}\Gamma^3E_0\int_0^z(z-s)\mathrm{e}^{-\mathrm{i}2k_\mathrm{u}\eta_0(z-s)}\mathrm{d}s\end{aligned} \tag{6.60}$$

定积分结果为

$$I(z) = \int_0^z(z-s)\mathrm{e}^{-\mathrm{i}2k_\mathrm{u}\eta_0(z-s)}\mathrm{d}s = \frac{(1+\mathrm{i}2k_\mathrm{u}\eta z)\,\mathrm{e}^{-\mathrm{i}2k_\mathrm{u}\eta z}-1}{(2k_\mathrm{u}\eta)^2}$$

于是长度为 L_u 的波荡器端点处的复数电场是

$$E_x(L_\mathrm{u}) = E_0 + \mathrm{i}\Gamma^3E_0\int_0^{L_\mathrm{u}}I(z)\mathrm{d}z \equiv E_0[1+A(L_\mathrm{u})]$$

式中，$A(L_\mathrm{u})$ 定义为

$$A(L_\mathrm{u}) \equiv \mathrm{i}\Gamma^3\int_0^{L_\mathrm{u}}I(z)\mathrm{d}z = -\frac{\mathrm{i}\Gamma^3}{(2k_\mathrm{u}\eta)^2}\left[L_\mathrm{u}+\frac{\mathrm{i}}{k_\mathrm{u}\eta}+\left(L_\mathrm{u}-\frac{\mathrm{i}}{k_\mathrm{u}\eta}\right)\mathrm{e}^{-\mathrm{i}2k_\mathrm{u}\eta L_\mathrm{u}}\right]$$

在 $z=L_\mathrm{u}$ 处电场绝对值平方是

$$|E_x(L_\mathrm{u})|^2 = E_0^2[1+2\mathrm{Re}\{A(L_\mathrm{u})\} + (\mathrm{Re}\{A(L_\mathrm{u})\})^2 + (\mathrm{Im}\{A(L_\mathrm{u})\})^2]$$

增益函数定义为

$$G = \left| \frac{E_x(L_{\mathrm{u}})}{E_0} \right|^2 - 1 \tag{6.61}$$

在短波荡器内，将电场表达式中的二次项忽略，即可得到增益函数为

$$G = \left| \frac{E_x(L_{\mathrm{u}})}{E_0} \right|^2 - 1 \approx 2\mathrm{Re}\{A(L_{\mathrm{u}})\}$$

$$= \frac{2\Gamma^3}{(2k_{\mathrm{u}}\eta)^2} \left[\frac{1}{k_{\mathrm{u}}\eta} - \frac{\cos(2k_{\mathrm{u}}\eta L_{\mathrm{u}})}{k_{\mathrm{u}}\eta} - L_{\mathrm{u}}\sin(2k_{\mathrm{u}}\eta L_{\mathrm{u}}) \right]$$

引入变量 $\xi = k_{\mathrm{u}}\eta L_{\mathrm{u}}$，则增益函数可以改写成

$$G = -\frac{\Gamma^3 L_{\mathrm{u}}^3}{2} \frac{\mathrm{d}}{\mathrm{d}\xi} \left(\mathrm{sinc}^2 \xi \right) = -\frac{\pi e^2 \hat{K}^2 N_{\mathrm{u}}^3 \lambda_{\mathrm{u}}^2 n_{\mathrm{e}0}}{4\varepsilon_0 m_{\mathrm{e}} c^2 \gamma_{\mathrm{s}}^3} \frac{\mathrm{d}}{\mathrm{d}\xi} \left(\mathrm{sinc}^2 \xi \right) \tag{6.62}$$

这就是 Madey 理论。其中，函数 $\mathrm{sinc}\xi$ 定义为 $\mathrm{sinc}\xi \equiv (\sin\xi)/\xi$。

在 $0 \leqslant z \leqslant 2L_{\mathrm{G}0}$ 的疲软区内 FEL 功率几乎为常数，可以应用低增益 FEL 理论来描述。对于长度短于两个功率增益长度的波荡器磁铁，这里比较了按照式 (6.61) 求出的增益曲线以及利用 Madey 理论式 (6.62) 而在低增益理论下得到的增益曲线。两者几乎理想符合，包括曲线形状的一致和大小的符合。这就证明了低增益 FEL 理论是对于短波荡器磁铁的高增益 FEL 理论的极限情况。

6.11 高增益 FEL 增益函数及谱带宽度

如上所述，高增益 FEL 的增益函数 $G(\eta, z)$ 随波荡器位置在变化。在疲软区 $(0 \leqslant z \leqslant 2L_{\mathrm{G}0})$ 内，可以使用 Madey 理论或低增益 FEL 理论，两者几乎理想符合，包括曲线形状的一致和大小的符合。这证明了低增益 FEL 理论是高增益 FEL 理论的极限情况。见图 6.14 中的 (a) 和 (b)。对于其长度大于几个增益长度的波荡器，低增益 FEL 理论与

高增益 FEL 理论差别很大。图 6.14 的 (c)、(d) 和 (e) 表明了沿波荡器内各个纵向位置 $(L_u \gg L_{G0})$ 上的增益函数。由于增益曲线的宽度直接与 FEL 参量紧密相关，所以 $G(\eta, z)$ 是 η/ρ_{FEL} 的函数。对于长波荡器，高增益 FEL 具有比低增益 FEL 更强的放大能力的特征。最大的放大发生在共振点 $(\eta = 0)$，而在低增益 FEL 理论中此点处的增益函数为 0。

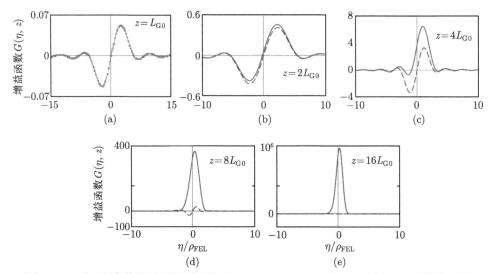

图 6.14   在长波荡器上不同位置 $(z/L_{G0} = 1, 2, 4, 8$ 和 $16)$ 上 FEL 增益函数 $G(\eta, z)$ 与 η/ρ_{FEL} 的函数关系 [1]

实线是高增益理论的计算结果，虚线是按照低增益理论使用 Madey 定理 (3.26) 得到的增益函数；注意图中垂直标度的差别

FEL 参量 ρ_{FEL} 的典型数值在 10^{-3} 范围内。当相对能量偏差 η 超过 FEL 参量时，FEL 增益大大降低。图中增益曲线的 FWHM 在 $z = 4L_{G0}$ 处约为 $2\rho_{FEL}$，而在 $z = 16L_{G0}$ 处则降到约 ρ_{FEL}。这些结果表明，高增益 FEL 是带宽可变的一台窄带放大器。

方程 (6.44) 给出了 $\sigma_\eta \neq 0$ 情况下的增益函数，而图 6.14 表明了增益曲线 $G(\eta, z)$ 的宽度因波荡器长度的增加而收缩。对于 SASE-FEL，假设在束团电荷分布的傅里叶谱中已激发了具有许多频率 $\omega_1, \omega_2, \cdots$ 的辐射。各种频率下失调参量 (或相对能量偏差) 是频率的函数:

$$\eta = \eta(\omega) = -\frac{\omega - \omega_s}{2\omega_s}, \quad \omega_s = \frac{2\gamma_s^2 c k_u}{1 + K^2/2}$$

分母中的因子 2 乃因 $\omega_s \propto \gamma_s^2$ 而引起, 式中负号则是因为电子能量等效的光频率低于 SASE-FEL 的共振能量。该方程已将 FEL 的频率差转换为电子束的等效能量偏差。由于增益函数 $G(\eta, z)$ 是相对能量偏差的高斯分布, 方差由方程 (6.45) 给出, 根据上述 η 的表达式可知, SASE-FEL 的均方根频带宽度为

$$\sigma_\omega(z) = 2\omega_s \sigma_\eta(z) = 3\sqrt{2}\rho_{\text{FEL}}\omega_s\sqrt{\frac{L_{\text{G0}}}{z}} \qquad (6.63)$$

注意, σ_ω 为光波功率的标准差。在波荡器出口处 $(z = L_u)$, 方程 (6.63) 与方程 (5.61) 完全相同。这一公式仅在从 $4L_{\text{G0}}$ 到饱和起点为止的指数增长范围内才正确。

波荡器自发辐射的发射是一个随机过程, 因此由散粒噪声启动的 SASE-FEL 辐射具有混沌光的性质。其典型特性是 FEL 脉冲随波长涨落。表征混沌光特性的一个重要量是它的相干时间 (τ_c) 或相干长度 $(l_c = \tau_c c)$; 相干时间是各种辐射波电场相互关联的时间。相干时间和相干长度分别为

$$\tau_c \equiv \frac{\sqrt{2\pi}}{\sigma_\omega}, \quad l_c \equiv c\tau_c = N_u \lambda_s \left(\frac{4\pi}{3}\frac{L_G}{L_u}\right)^{1/2} \qquad (6.64)$$

后者由方程 (5.67) 给出。

6.12　小　　结

本章在忽略对横向坐标的任何依赖关系、忽略电子束的头尾效应以及不考虑电子的回旋振荡运动等的一维近似下，得到了周期性完整的一阶方程组以及关于光波电场的三阶方程。利用光波电场振幅的三阶方程，分析了高增益 FEL 的性质和特性，包括 FEL 指数增长区饱和区的物理行为以及微群聚的物理概念等。本章研究了两种高增益 FEL 放大器模式，一是考虑用入射种子光波开始激光过程的纯均匀粒子分布，二是假定以光波波长为周期的电子束团密度调制的 SASE 机制。这一高增益 FEL 一维理论与第 5 章三维高增益 FEL 的一维近似结果相一致，而在低增益极限下的结果与 Madey 理论完全符合。

参 考 文 献

[1] Schmüser P, Dohlus M, Rossbach J. Ultraviolet and Soft X-ray Free-Electron Lasers: Introduction to Physical Principles, Experimental Results, Technological Challenges. Berlin, Heidelberg: Springer, 2008.

第 7 章　FEL 亮度和电子束参量要求

本章首先介绍 FEL 作为光源时的亮度概念。为了实现 FEL 发射并使增益长度达到尽可能小，最为重要的事情是要求相对论电子束 (FEL 的工作介质) 的相关参量满足对应条件。本章介绍在预想目标情况下 FEL 对电子束电流和束电子能量的要求，并讨论电子束能散度、发射度以及束电子的回旋振荡运动等非理想因素的不良影响，分析光量子发射对电子能量的累积效应——引起电子束的附加能散度。

7.1　亮　　度

与其他 X 射线源相比，FEL 的亮度极高。直线加速器型相干光源和欧洲 XFEL 的预期峰值量度见图 7.1，图中还给出位于汉堡的紫外和软 X 射线设备 FLASH 以及诸如位于美国斯坦福的相干光源 LCLS 等几个第三代同步辐射光源量度测量值。

表征同步辐射源特性的两个重要特征参量是光子通量和亮度。所谓通量 F，指的是在一定的带宽内每秒的光子数目；亮度 B 是相空间内的光子通量密度。通量角密度 $\mathrm{d}F/\mathrm{d}\Omega$ 是每单位时间 (秒)、在向前方向的单位立体角内由微脉冲在指定频率范围 $(\omega_1 < \omega \leqslant \omega_2)$ 所发射的峰值光子数目。对于平面型波荡器情况，将方程 (2.46) 改写为

$$\frac{\mathrm{d}^2 I(\theta = 0°)}{\mathrm{d}\omega \mathrm{d}\Omega} = \frac{N_\mathrm{u}^2 e^2 K^2}{8\pi\varepsilon_0 c}\frac{\omega_\mathrm{s}^2}{\omega_\mathrm{u}^2} \cdot \frac{\omega^2}{\omega_\mathrm{s}^2}\mathrm{sinc}^2(x/2)$$

该方程对频率在范围 $\Delta\omega = \omega_2 - \omega_1$ 内取积分 (注意 $\omega_2 + \omega_1 \approx 2\omega_\mathrm{s}$)，乘以与激光相互作用的电子通量 $\dot{N}_\mathrm{b}(= I_0/e)$，再除以每个光子的平均

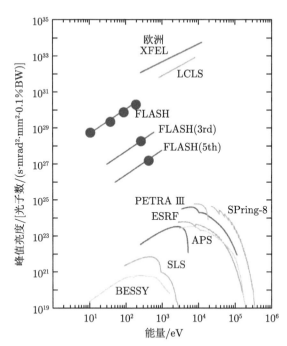

图 7.1　计划中 X 射线 FEL 装置 LCLS 和欧洲 XFEL 的预期峰值量度 (每秒、
每 mm², 每 mrad² 在 0.1% 带宽内的光子数)

作为比较, 列出 FLASH 峰值亮度的测量值 (蓝线) 以及某些第三代同步辐射光源已达到的亮度: APS (美国), BESSY (德国), ESRF (法国), SLS (瑞士), SPring-8 (日本)

能量 $\hbar\omega_s$ 就确定了该通量角密度 $\mathrm{d}F/\mathrm{d}\Omega$:

$$\frac{\mathrm{d}F_0}{\mathrm{d}\Omega} = \frac{\dot{N}_b}{\hbar\omega_s} \int_{\omega_1}^{\omega_2} \frac{\mathrm{d}^2 I_1(0)}{\mathrm{d}\omega \mathrm{d}\Omega} \mathrm{d}\omega \approx \frac{\dot{N}_b}{\hbar} \frac{N_u^2 e^2 K^2}{4\pi\varepsilon_0 c} \frac{\omega_s}{\omega_u^2}$$

F_0 表示理想电子束 (0 发射度、0 能散度), 对于理想电子束, 谱宽为 $\Delta\omega/\omega_s$ 的辐射谱通量为 $F_0 \approx 2\pi\sigma_\theta^2(\mathrm{d}F_0/\mathrm{d}\Omega)$, 其中 σ_θ 由方程 (2.51) 给出。于是,

$$F_0 \approx \frac{I_0 N_u^2 e^2 K^2}{\varepsilon_0 \hbar c^2} \frac{\omega_s}{\omega_u^2} \sigma_\theta^2(\Delta\omega/\omega_s)$$

对于实际电子束 (具有发射度和能散度), 其辐射谱通量恒等于理想束的辐射谱通量, 但是辐射谱通量的角密度 $\mathrm{d}F/\mathrm{d}\Omega$ 降低了, 原因是光

子会散布在一个较大的辐射角 θ_Σ 内，也就是说 $\mathrm{d}F/\mathrm{d}\Omega \approx F_0/2\pi\theta_\Sigma^2$。其中，辐射角度 θ_Σ 与各种角度的关系为 $\theta_\Sigma^2 = \sigma_\theta^2 + \theta_\varepsilon^2 + \theta_{\Delta E/E_\mathrm{b}}^2 + \theta_\mathrm{s}^2$，后四个角度分别是激光本身的散角、由发射度引起的散角 $\gamma_\mathrm{s}^2\theta_\varepsilon^2 = \varepsilon_\mathrm{n}^2/r_\mathrm{b}^2$、由能散度引起的散角 $\gamma_\mathrm{s}^2\theta_{\Delta E/E_\mathrm{b}}^2 = 2\Delta E/E_\mathrm{b}$，以及在理想电子束情况下的辐射角度 (即实际使用的谱宽所对应的角度)$\gamma_\mathrm{s}^2\theta_\mathrm{s}^2 = \Delta\omega/\omega_\mathrm{s}$。

当然，求自由电子激光通量的直接方法是使用 FEL 参量 ρ_FEL、电子束初始总能量 $N_\mathrm{e}\gamma m_\mathrm{e}c^2$ 以及相关的时间量来表示。现在以长度为一个共振光波波长 λ_s 的初始电子束片作为研究对象，该束片电子数目为 $N_\lambda(N_\lambda = N_\mathrm{e}\tau_\mathrm{s}/\tau_\mathrm{b})$，总能量为 $N_\lambda\gamma m_\mathrm{e}c^2$。对于平均通量 $\bar{F}$，相关的时间量为 FEL 的周期 τ_s；微群聚后，该束片的所有电子都集中在长度远小于 λ_s 的范围内，设微束团在 λ_s 内的占空因子为 η_m。因此，对于峰值通量 $\hat{F}$，这一时间量是 FEL 的周期与该占空因子的乘积 $\eta_\mathrm{m}\tau_\mathrm{s}$。峰值通量 $\hat{F}$ 和平均通量 $\bar{F}$ 则可以由下式给出：

$$\bar{F} \approx \frac{\rho_\mathrm{FEL}N_\lambda\gamma m_\mathrm{e}c^2}{\hbar\omega_\mathrm{s}\tau_\mathrm{s}} = \frac{\rho_\mathrm{FEL}N_\mathrm{e}\gamma m_\mathrm{e}c^2}{\hbar\omega_\mathrm{s}\tau_\mathrm{b}} = \frac{\rho_\mathrm{FEL}I_\mathrm{b}\gamma m_\mathrm{e}c^2}{e\hbar\omega_\mathrm{s}}, \quad \hat{F} = \bar{F}/\eta_\mathrm{m}$$

对于图 4.3(c) 的微群聚情况，η_m 的取值约为 1/6。

与电子束量度的定义相同，FEL 的亮度 B 是横向相空间内的光子通量 F 的密度，即 $B \equiv \mathrm{d}^4F/\mathrm{d}V^4$，其中 $\mathrm{d}V^4 = \mathrm{d}x\mathrm{d}\theta_x\mathrm{d}y\mathrm{d}\theta_y$ 是横向四维相空间的体积元。对于在横向四维相空间的高斯分布情况，FEL 的辐射亮度为

$$B = \frac{F}{4\pi^2 \Sigma_x \Sigma_{\theta_x} \Sigma_y \Sigma_{\theta_y}} \tag{7.1}$$

对于仅有部分横向相干性的辐射源，量 Σ_x 和 Σ_{θ_x} 根据光子束和电子束的横向尺寸和发散角按照下式确定：

$$\Sigma_x = \sqrt{\sigma_{x,\mathrm{ph}}^2 + \sigma_{x,\mathrm{b}}^2}, \quad \Sigma_{\theta_x} = \sqrt{\sigma_{\theta_x,\mathrm{ph}}^2 + \sigma_{\theta_x,\mathrm{b}}^2}$$

Σ_y 和 Σ_{θ_y} 也用类似公式求出。

对于完全横向相干光源，横向尺寸和发散角之间不再相互独立。对于高斯模基波中的光子束，可得到

$$\sigma_x \sigma_{\theta_x} = \frac{\lambda_s}{4\pi} \tag{7.2}$$

在长波荡器的 XFEL 中，通常以高斯模基波为主。如果不考虑电子束性质，则可写出

$$\Sigma_x \Sigma_{\theta_x} = \Sigma_y \Sigma_{\theta_y} = \frac{\lambda_s}{4\pi}$$

因此 FEL 的亮度只不过反比于光子波长平方:

$$B_{\text{FEL}} = \frac{4F}{\lambda_s^2} \tag{7.3}$$

在考察 FEL 光源亮度时，往往关心 0.1% 频带宽内的亮度，因此常用以下表达式来表征 FEL 光源的亮度:

$$B_{\text{FEL}}^* = \frac{4F}{\lambda_s^2(0.1\%\,\Delta\omega/\omega)} \tag{7.4}$$

当然，为了达到高的 FEL 增益并形成高斯 FEL 光束，必须遵循对横向尺寸和发散角上限的严格限制，因此，电子束参量间接地起着重要作用。

基波波长下 FLASH 的峰值亮度 (对短持续时间的 FEL 脉冲所测量的亮度) 比现有光源的亮度要高 8 个量级。瞬时功率极高的物理理由有二:一是每个微聚束中大量电子辐射场的相干叠加，相干叠加的光子数目是总功率很大的原因;二是相干长度内所有微聚束辐射场的相干叠加，这是发散很小、形成窄谱线的原因。亮度确定了有多少单色辐射功率会聚在靶的微小斑点上。峰值亮度是非常基本的品质因子。应该注意，虽然峰值亮度很重要，但某些应用常常关心的是平均亮度。此外，有些

实验恰恰需要高通量的 X 射线。在这种情况下，FEL 或许不是可胜任光源，而储存环或环形直线加速器型的光源更为合适。

尽管峰值亮度和脉冲持续时间这两个量使 FEL 成为独一无二的 X 射线源，但必须认识到，随着波长的降低和对应的粒子能量的增加，FEL 设备的技术要求变得越来越难以实现。这里仅讨论 XFEL 的几个方面，并为读者提出更多关于 LCLS[1] 和欧洲 XFEL[2] 技术设计报告的信息。进一步的信息可参阅 Huang 和 Kim 的论文 [3] 以及 Pellegrini 和 Reiche 的评述文章 [4]。

7.2　束电子能量

束电子能量按照方程 (1.3) 由预想的 XFEL 的波段 (λ_s)、波荡器的实际可行周期长度 (λ_u) 以及波荡器最大可行的磁场 (B_0) 直接确定。根据基本方程 (1.3)：

$$\lambda_s = \frac{\lambda_u}{2\gamma^2}(1 + K^2/2)$$

如果电子能量增加 10 倍，则波长降低到 1/100。功率增益长度 L_{G0} 依赖于电子能量 γ 以及粒子密度 $n_{e0}(L_{G0} \sim \gamma_s/n_{e0}^{1/3})$；另一方面，粒子密度 n_{e0} 正比于归一横向发射度 ($n_{e0} \sim \varepsilon_n = \gamma_s \varepsilon$)。因此，功率增益长度对能量的定标关系为

$$L_{G0} \propto \gamma_s^{2/3}$$

将电子能量从 1 GeV 升到 10 GeV 就意味着波长缩短因子为 100、功率增益长度放大 4.6 倍。这一缩放关系在波荡器周期 (长度)λ_u 和波荡器参量 K 保持不变的假定下才正确。考虑 FLASH 实例，λ_u= 27 mm，K= 1.18。将直线加速器电子能量升到 10 GeV，则波长为 0.06 nm，这一光波波长低于欧洲 XFEL 的目标值。

但是，这一简单定标关系未必总是成立。在短波长情况下，发射度判据的要求很难达到。因为随着电子能量增加，横向发射度按 $1/\gamma$ 降低，但是光波波长则按 $1/\gamma^2$ 降低。显然，γ 超过某个阈值后，条件

$$\varepsilon \leqslant \lambda_\mathrm{s}/(4\pi)$$

就不再满足。避免发生这种情况的办法是增加波荡器周期 λ_u 以及 (或者) 波荡器参量 K，于是光波波长随能量的降低不会像仅按 $1/\gamma^2$ 定标的那样陡。对波荡器的这种修正会有不好的结果：所选粒子能量必须高于 10 GeV，波荡器系统的长度必须增加。观察 LCLS 的设计参量，这些结果显而易见。这些参量汇总于表 7.1 中。若将 FLASH 的波荡器用于 LCLS，那么 6.5 GeV 的电子能量会满足达到设计波长为 0.15 nm 这一设计指标。LCLS 波荡器参量 $K= 3.5$ 显著大于 FLASH 波荡器参量 $K=1.18$，于是若要满足发射度判据，则要求电子能量为 13.6 GeV。

表 7.1　直线加速器相干光源的参量 [1]

名称	参量值
电子能量	$W= 13.6$ GeV
束团持续时间	200 fs
束团电流 (平顶部分)	$I_0 = 3400$ A
归一横向发射度	$\varepsilon_\mathrm{n} = 1.2$ μm
平均 β 函数	$\beta_\mathrm{av} = 30$ m
波荡器周期	$\lambda_\mathrm{u} = 0.03$ m
波荡器磁场	$B_0 = 1.25$ T
波荡器参量	$K = 3.5$
波荡器工作长度	$L_\mathrm{u} = 112$ m
基波波长	$\lambda_1 = 0.15$ nm
FEL 参量	$\rho_{\mathrm{FEL}} = 4.2 \times 10^{-4}$
功率增益长度	$L_\mathrm{G} = 5.1$ m
饱和功率	$P_{\mathrm{sat}} = 8$ GW

用式 (7.36) 求出的功率增益长度与表中 $L_G = 5.1$ m 的值非常一致。β 函数的最佳值逼近 22 m 而并非 30 m，但增益长度的差别微不足道，而预期的饱和功率稍高于 $\beta_x = 30$ m 时的数值。由于实际原因 (较弱的四极子磁场以及较松的定位公差)，选择了较大的 β 函数。

一个最为关键的参量显然是电子束横向发射度。在降低归一横向发射度 ε_n 方面的任何进展都会对 FEL 设备的布局有强烈影响，因为降低电子能量、缩小波荡器周期以及减小波荡器参量 K 都可以达到同样的光波波长。这又意味着降低总体尺寸和造价。毫不奇怪，世界各地所做的大量努力都是为了设计并建造能够产生极低发射度电子束的电子源。另一个重要任务是在加速和束团压缩期间保持住小的归一发射度。现在看来，为了突破这些尝试，必须将精力集中于一台高能直线加速器上。的确，注入器性能的改善可以在同样的加速器设备上达到较低的光波波长。

7.3 束 电 流

电子束电流受诸多 FEL 参量的制约。对于一个合理的理想增益长度 $L_{G0} \sim 1$ m 级，假定电子束参量为束团长度，即 80 fs，束团横向尺寸为 80 μm；波荡器参量 $K = 1.23$，$\lambda_u = 2.73$ cm。利用方程 (3.33) 的 Γ 以及方程 (6.38) 的 L_{G0}，先求出增益长度 L_{G0} 与电子密度 n_{e0} 的关系以得到所需要的电子密度。该关系为

$$L_{G0} = \frac{1}{\sqrt{3}\Gamma} = \frac{1}{\sqrt{3}} \left(\frac{4m_e \gamma_s^3}{\mu_0 e^2 k_u \hat{K}^2} \right)^{1/3} \frac{1}{n_{e0}^{1/3}} \tag{7.5}$$

电子密度 n_{e0} 与电流 I_0 之间的关系为

$$n_{e0} = \frac{I_0}{2\pi e c \sigma_b^2} \tag{7.6}$$

于是，

$$I_0 = \frac{1}{3\sqrt{3}} \frac{8\pi e c \sigma_\mathrm{b}^2 m_\mathrm{e} \gamma_\mathrm{s}^3}{\mu_0 \mathrm{e}^2 k_\mathrm{u} \hat{K}^2} \cdot \frac{1}{L_{\mathrm{G}0}^3} \tag{7.7}$$

将相关参量代入得到

$$I_0[\mathrm{kA}] = \frac{1.2}{(L_{\mathrm{G}0}[\mathrm{m}])^3} \tag{7.8}$$

可见，对于 1 m 大小的功率增益长度，要求电子束具有 kA 级的峰值电流。实际电子密度不仅由束团峰值电流所决定，还与束的横向尺寸 σ_b 有关。束横向尺寸的典型值为 50~100 μm。

另一方面，方程 (6.35) 定义的空间电荷参量与电流密切相关：

$$k_\mathrm{p} \propto \sqrt{n_{\mathrm{e}0}} \propto \sqrt{I_0} \tag{7.9}$$

为了研究在什么情况下才需要考虑空间电荷效应，回忆在求解电场的三阶方程时引出了新参量——增长率函数 $f_{\mathrm{gr}}(\eta) = 2\mathrm{Re}\{\alpha_1(\eta)\}L_{\mathrm{G}0}$。该参量实际上是功率增益长度的理想值与实际值之比，也就是说增长率函数的理想值为 1，而增长率函数的实际值小于 1。由于增长率函数是在 $\eta = 0$ 处满足抛物线方程 (6.43) 的，当高于 $\eta \approx 1.88\rho_{\mathrm{FEL}}$ 时，即能量 W 超过共振能量 W_s 的量 $\Delta W = 1.88\rho_{\mathrm{FEL}}W_\mathrm{s}$ 时，第一本征值 $\alpha_1(\eta)$ 的实部为 0，指数增长停止。第二本征值 α_2 的实部为负值。图 7.2 是理想增长率函数曲线。

现在考虑电子束的空间电荷效应和能散度对增长率函数的影响。显然，由于这些非理想因素会造成功率增益长度的增加，所以人为地定出 $L_\mathrm{G} \leqslant 1.25L_{\mathrm{G}0}$ 或 $f_{\mathrm{gr}} \geqslant 0.8$ 为可容忍范围，增益长度的增加为适中的程度 (在 10% 左右)。数值上求解积分微分方程确定本征值 α_1，图 7.3 给出了对应的结果。

图 7.3(a) 表明，单能情况下，当空间电荷参量增加 (k_p/Γ 取 0、0.5 和 1.0) 时，增长率函数 $f_{\mathrm{gr}}(\eta)$ 的最大值从 1 分别降低到 0.93 和 0.78，

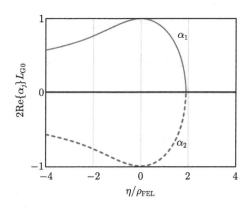

图 7.2　第一、第二本征值实部和 $2L_{G0}$ 的乘积与 η/ρ_{FEL} 的函数关系

意味着功率增益长度分别增长 7% 和 28%，并且功率增益谱带宽度随空间电荷的增加而显著收缩。图 7.3(b) 则表明没有考虑空间电荷效应时增长率函数受束能散度的影响情况，三条曲线分别对应 $\sigma_\eta/\rho_{FEL}= 0$、0.5 和 1。对于 $\sigma_\eta = 0.5\rho_{FEL}$ 的情况，增长率函数的最大值降到 0.8，增益长度比理想增益长度长 25%，即 $L_{G} \approx 1.25L_{G0}$；当 $\sigma_\eta = 1.0\rho_{FEL}$ 时，增益长度的增加超过 2 倍。

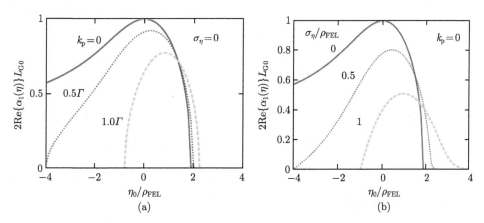

图 7.3　(a) 不同 k_{p} 下的增长率函数；(b) 不同能散度下的增长率函数

初步结论是，满足可容忍条件的空间电荷参量和束能散度分别为

$$k_{p} \leqslant 0.5\varGamma \tag{7.10}$$

$$\sigma_\eta \leqslant 0.5\rho_{\mathrm{FEL}} \tag{7.11}$$

对于典型的电子束、波荡器和 FEL 相关参量，得到有关空间电荷参量与束电流关系的表达式：

$$k_{\mathrm{p}}/\Gamma \approx 0.04 I_0^{1/6}[\mathrm{A}] \tag{7.12}$$

因为对束电流是 1/6 次幂的函数关系，即使是用超高的 5 MA 的峰值电流，所得到的 $k_{\mathrm{p}} \approx 0.5\Gamma$ 仍然满足要求。仅仅在电子能量低于 100 MeV 时才需要考虑空间电荷参量的影响；对于 GeV 级的 X 射线 FEL 电子束，可以不考虑空间电荷效应，因为由该效应引起的增益长度的增加仅为 1%，可以忽略不计。

7.4   束 能 散 度

由于高增益 FEL 的带宽非常窄，电子束能散度 σ_η 或 $\sigma_W(\sigma_\eta = \sigma_W/W_{\mathrm{s}})$ 对增益长度的影响较大。仅当所有电子都具有相同能量 W_{s} 时，功率增益长度才接近于实际增益长度 L_{G}。方程 (7.11) 已给出了能散度的合理上限。对于很典型的 FEL 参量 $\rho_{\mathrm{FEL}} = 1.6 \times 10^{-3}$，能散度应低于 1.0×10^{-3}。

一个需要特别加以考虑的物理现象是由空间电荷效应引起的束团能量沿束团的快速变化 $\mathrm{d}W/\mathrm{d}t$。当在一个相干时间长度 τ_{c} 上的相对能量抖动 $\mathrm{d}W/W$ 与 ρ_{FEL} 同量级时，束能散度对增益长度的影响起着重要作用。对应的限制为

$$\frac{\tau_{\mathrm{c}}}{\mathrm{d}t}\frac{\mathrm{d}W}{W} = \frac{\tau_{\mathrm{c}}}{W}\frac{\mathrm{d}W}{\mathrm{d}t} < 0.5\rho_{\mathrm{FEL}} \tag{7.13}$$

大的能量抖动也影响带宽，使带宽增加。

7.5 发 射 度

要想使电子束与光波发生最充分的相互作用,则要求沿着波荡器使发生相互作用的这两种束的横截面理想重叠。为此,必须仔细研究电子束发射度的影响。电子束均方根发射度 ε 及其等效的辐射衍射极限 λ_s/π 是重要的参量。

圆形电子束横向尺寸为 $\sigma_b(= \sigma_x = \sigma_y)$。发射度等效于电子束物理中所谓的 "柯朗-施奈德斯" (Courant-Snyder) 不变量 $W = \gamma x^2 + 2\alpha x x' + \beta x'^2$,这里,$\alpha$、$\beta$ 和 γ 是 Twiss 参量,$x' \equiv \mathrm{d}x/\mathrm{d}z$,$z$ 向为运动方向。定义 β 函数为电子束横向尺寸平方与发射度的比值,于是发射度、束尺寸与 β 函数之间的关系为

$$\sigma_x^2(z) = \varepsilon\beta(z) \tag{7.14}$$

β 函数是表示发射度与束尺寸之间关系的物理量,是束传输线设计中的一个重要参量。例如,当电子束均方根发射度为 $\varepsilon = 1$ nm 时,需要用 $\beta_x(z) = 10$ m 的 β 函数来达到 $\sigma_x = 100$ μm 的束尺寸。

通常采用与辐射的尺寸和散角都相同的电子束来达到电子束与辐射之间的良好重叠。由于波荡器中的电子在横向的水平方向执行摇摆振荡,波荡器磁铁在横向竖直方向具有弱聚焦作用。为了维持电子束为圆形,常常在长度合适的波荡器段之间放置四极子形成所谓的 FODO 周期结构来实现强聚焦,其 β 函数在 10~30 m;典型的 FODO 周期结构小于 β 函数数值。

电子的回旋振荡运动不影响电子能量方程 (5.97) 而影响相对能量偏差,使增益降低。前已指出,摇摆运动与电场之间的相位受回旋振荡运动的调制,从而造成对电子微群聚的瓦解作用。为了使得在四极子聚

焦下由回旋振荡运动引起的解群聚效应不重要，则要求满足 $k_s \varepsilon_x/4 \ll 1$ 或波荡器总长度 $L_u \ll \pi/k_q$。原则上，选择足够大的 β 函数，可以将横向速度值降低，从而增加纵向速度。另一方面，较大的 β 函数得到了较低的电子密度和较长的增益长度，于是两者之间有一个最佳折中。最佳 β 函数以后由下式给出 [5]:

$$\beta_{\mathrm{opt}} = 15.8 \left(\frac{I_A}{I_0} \right)^{1/2} \frac{\varepsilon_n^{3/2} \lambda_u^{1/2}}{\hat{K} \lambda_s} (1 + 8\delta)^{-1/3} \qquad (7.15)$$

式中，

$$\delta = \frac{262 I_A}{I_0} \frac{\varepsilon_n^{5/2} \sigma_\gamma^2}{\hat{K}^2 (1 + K^2/2)^{1/8} \lambda_s^{1/8} \lambda_u^{9/8}} \qquad (7.16)$$

在 X 射线区，β 函数最佳值在 10~30 m 的范围；I_A 是阿尔文电流。

回旋振荡运动对 FEL 的起光过程有一定的影响，它在波荡器振荡上附加了一个横向速度分量，既使束电子能量有所降低，又使电子束附加一个回旋振荡运动引起的能散度，即对束能起有效的涂抹作用。根据方程 (2.27)，考虑了回旋振荡运动后的电子纵向速度为

$$\langle \bar{v}_z^\beta \rangle = \left(1 - \frac{1}{2\gamma^2} \right) c - \frac{1}{2c} \left(\langle \overline{v_{x\beta}^2} \rangle + \langle \overline{v_{y\beta}^2} \rangle \right) \approx \left(1 - \frac{1}{2\gamma^2} \right) c - \frac{1}{c} \langle \overline{v_{x\beta}^2} \rangle$$

式中，用尖括号表示对回旋振荡运动取平均；加横线表示对波荡器的摇摆运动取平均。回旋振荡运动的横向速度平方的两种平均后的结果如下：

$$\langle \overline{v_{x\beta}^2} \rangle \approx c^2 \langle \overline{x_\beta^2} \rangle \approx c^2 \frac{\varepsilon_x}{\beta_{\mathrm{av}}}, \quad \langle \overline{v_{y\beta}^2} \rangle \approx c^2 \langle \overline{y_\beta^2} \rangle \approx c^2 \frac{\varepsilon_y}{\beta_{\mathrm{av}}}$$

式中，下标 av 表示纵向平均。

首先，回旋振荡运动使束能降低，利用方程 (2.19) 得到能量因子的减小量为

$$\Delta \gamma_{\mathrm{eff}} = \frac{\mathrm{d}\gamma}{\mathrm{d}\bar{v}_z} \delta \bar{v}_z \approx \frac{\gamma^3 \delta \bar{v}}{c} = -\gamma^3 \varepsilon / \beta_{\mathrm{av}}$$

其次，电子束附加一个因回旋振荡运动引起的能散度

$$\sigma_{\eta,\beta} = \frac{\Delta\gamma_{\mathrm{eff}}}{\gamma_{\mathrm{s}}} \approx -\frac{\gamma_{\mathrm{s}}^2\varepsilon}{\beta_{\mathrm{av}}}$$

因此，电子的总能散度为 (假定附加能散度与固有能散度近似相同)

$$\sigma_{\eta,\mathrm{tot}}^2 = \sigma_\eta^2 + \sigma_{\eta,\beta}^2 \approx 2\sigma_{\eta,\beta}^2 \Rightarrow \sigma_{\eta,\mathrm{tot}} \approx \sqrt{2}\sigma_{\eta,\beta}$$

加入四极子的上述两种不同效应后，利用可接受能散度条件 (方程 (7.11)) 可以得到电子束发射度条件为

$$\varepsilon = \frac{\sigma_{\eta,\beta}\beta_{\mathrm{av}}}{\gamma_{\mathrm{s}}^2} = \frac{\sigma_{\eta,\mathrm{tot}}\beta_{\mathrm{av}}}{\sqrt{2}\gamma_{\mathrm{s}}^2} < \frac{\beta_{\mathrm{av}}}{2\sqrt{2}\gamma^2}\rho_{\mathrm{FEL}} \tag{7.17}$$

β_{av} 是平均 β 函数，$\beta(z) \approx \beta_{\mathrm{av}}$。例如，对于 LCLS 参量，束电子能量为 13.6 GeV、β_{av}=30 m 以及 $\rho_{\mathrm{FEL}} = 0.74 \times 10^{-3}$，对归一发射度的限制为 $\varepsilon_{\mathrm{n}} < 0.3$ μm。根据 $\varepsilon_{\mathrm{n}} = \gamma\varepsilon$，利用方程 (7.14) 和方程 (7.17) 可以得到用束尺寸 σ_x 和 FEL 参量 ρ_{FEL} 表示的归一发射度限制条件:

$$\varepsilon_{\mathrm{n}} < \sigma_x\sqrt{\frac{\rho_{\mathrm{FEL}}}{2\sqrt{2}}} \tag{7.18}$$

因为 FEL 参量 $\rho_{\mathrm{FEL}} \propto 1/\gamma$，于是对归一发射度的限制条件与 $\sqrt{\gamma}$ 成反比。这一条件对束能量仅有较弱的依赖关系，这就有可能通过选择合适的束尺寸来调节 FEL 起光条件而放宽对电子源的束发射度要求。但是必须考虑到束尺寸的放宽引起电子密度的降低，于是引起增益长度的增加 (方程 (7.5))。

理想条件下，光子束应该与电子束具有相同的横向尺寸。但是像任何电磁波那样，波荡器中的 FEL 波会受到光学衍射。因为 FEL 辐射与光学激光束有许多相似之处，所以可用高斯束来描述。瑞利 (Rayleigh)

长度 z_R 定义为离束腰使光束截面为束腰截面 (截面最小值) 2 倍处的距离。z_R 与束腰半径 w_0 的关系为

$$z_\mathrm{R} = \pi w_0^2 / \lambda_\mathrm{s} \tag{7.19}$$

对于 $w_0 \approx 100 \ \mu\mathrm{m}$ 和 $\lambda_\mathrm{l} = 30 \ \mathrm{nm}$ 的情况，瑞利长度的典型数值为 $z_\mathrm{R} \approx 1 \ \mathrm{m}$。设束腰位置为 z_0，则离束腰后的束半径按下式增长：

$$w(z) = w_0 \sqrt{1 + \left(\frac{z - z_0}{z_\mathrm{R}} \right)^2}$$

FEL 光束的束腰尺寸 w_0 是功率增益长度和光波波长的几何平均，即

$$w_0 = \sqrt{L_\mathrm{G0} \lambda_\mathrm{s}} \tag{7.20}$$

而束腰处的散角为

$$\theta_\mathrm{div} \approx \tan \theta_\mathrm{div} = \frac{\lambda_\mathrm{s}}{n \pi w_0} \tag{7.21}$$

在高斯激光束光学中，用使 $\mathrm{TEM_{00}}$ 束强度降低到在 $r = 0$ 处强度值的 $1/\mathrm{e}^2 = 0.135$ 时的半径值来定义束径向宽度 (电场降低到 $1/\mathrm{e}$)。根据这一定义，在光束的束腰处光强高斯分布的标准差为

$$\sigma_r = w_0/2, \quad \sigma_\theta = \theta_\mathrm{div}/2 \tag{7.22}$$

而瑞利长度可以写成

$$z_\mathrm{R} = 4\pi \sigma_r^2 / \lambda_\mathrm{s} \tag{7.23}$$

种子激光束的衍射加宽不受电子束存在的影响，但种子激光束的长度应该足够长以便在疲软区获得有效的馈送。一旦建立了指数增长区，所产生的 FEL 电场依赖于电子束横向尺寸而与种子激光束无关。

FEL 光束也受控于衍射，所造成的横向加宽很容易破坏与电子束原先良好的重叠状况，因而降低了从电子束到光波的能量转移。幸而有一种称为增益导引的机制能够抵消 FEL 束的加宽效应。对增益导引的

理解如下所述。考虑指数增长区的一观察点 z_0。这一点上的绝大部分辐射强度是在 z_0 之前 (上游) 的 2~3 个增益长度上产生的，新产生辐射的宽度由电子束宽度所确定。更远处的辐射因衍射而加宽，但无论如何，因为它们幅度小得多而仅起次要作用。总体的结果是光波中心部分的指数增长，并保持着很窄的谱带宽度。对于 10 nm 级波长、典型横向尺寸为 50~100 μm 的 FEL，按照方程 (5.110) 得到的瑞利长度为 2.5 m。典型功率增益长度约为 1 m，因此要求波荡器长度远大于瑞利长度。光波的衍射效应并不意味着其后的光波扩展得比电子束更快，或不意味着光强损失。必须考虑到光波功率沿波荡器的指数增长，于是 "新鲜的" 光波不断地产生，光波的束腰仍然是电子束均方根尺寸的 2 倍 (方程 (7.20))。这一效应称为 "增益引导"。也就是说，尽管有光波的定域扩展，由于增益引导而使得在达到饱和之前的 FEL 束腰保持不变。当然，如果瑞利长度太小，那么在放大过程中一定会有光子的损失。对于波长为 nm 量级的 X 射线 FEL 瑞利长度高达 25 m，增益引导很有用，因此光子因衍射效应造成的损失效应可以忽略。尽管如此，衍射损失总要发生。三维数值模拟的确表明了某些场能量从激光束径向离开 [6]。

增益导引另一个有用的效应是 FEL 光束有能力追踪相对于参考轨道有缓慢偏离 (或称 "绝热" 偏离，也称寝渐偏离) 的电子束，也许这些偏离由寄生本底磁场的作用所形成。在 X 射线 FEL 的长波荡器磁铁中，这种引导非常重要。

为了提供有效的增益引导，FEL 放大必须足够大，以至于光轴附近新激光场的增长大大超过衍射损失。于是要求增益长度短于瑞利长度。但是这一要求往往难以实现，因为增益长度依赖于粒子密度和电子束均方根半径：

$$L_{G0} \propto n_{e0}^{-1/3} \propto \sigma_r^{2/3}$$

短增益长度要求束具有很小的横向尺寸，而要保持光束宽度等于电子束宽度则转而要求有短的瑞利长度。一个很好的折中是将瑞利长度选择得稍大于 FEL 的 2 倍的功率增益长度：

$$z_{\mathrm{R}} \approx 2L_{\mathrm{G0}} \Rightarrow \frac{4\pi\sigma_r^2}{\lambda_{\mathrm{s}}} \approx \frac{\lambda_{\mathrm{u}}}{2\pi\sqrt{3}\rho_{\mathrm{FEL}}} \tag{7.24}$$

将方程 (7.24) 联合方程 (7.14) 和 (7.18) 可以得到仅依赖于光波波长的发射度上限：

$$\frac{4\pi\varepsilon_x\beta_{\mathrm{av}}}{\lambda_{\mathrm{s}}} \approx \frac{\lambda_{\mathrm{u}}}{2\pi\sqrt{3}\rho_{\mathrm{FEL}}} < \frac{\lambda_{\mathrm{u}}}{2\pi\sqrt{3}} \frac{\beta_{\mathrm{av}}}{2\sqrt{2}\gamma_{\mathrm{s}}^2\varepsilon_x} < \frac{\lambda_{\mathrm{s}}\beta_{\mathrm{av}}}{4\pi\varepsilon_x}$$

这里已使用了共振关系。于是发射度必须小于 $\lambda_{\mathrm{s}}/(4\pi)$。

可以将高斯 FEL 激光束的发射度定义为束均方根宽度与束均方根发散角的乘积：

$$\varepsilon_{\mathrm{FEL}} = \sigma_r\sigma_\theta = \frac{\lambda_{\mathrm{s}}}{4\pi} \tag{7.25}$$

要求电子束发射度不超过光束发射度，从而得到如下判据：

$$\varepsilon_x \leqslant \frac{\lambda_{\mathrm{s}}}{4\pi} \tag{7.26}$$

这是对驱动 XFEL 的电子束品质的极为苛刻的必要条件，这一条件或要求实际上不能完全满足。

电子束与激光束之间的理想重叠的判据是使电子束发射度小于等于对光束的限制所得到的光束发射度，即

$$\varepsilon \leqslant \varepsilon_{\mathrm{FEL}} = \frac{\lambda_{\mathrm{s}}}{4\pi} \tag{7.27}$$

与从电子束的回旋加速振荡所推导出的归一发射度判据 (7.18) 相比，由方程 (7.26) 导出的归一发射度却与 γ 成反比：

$$\varepsilon_{\mathrm{n}} = \gamma\varepsilon \leqslant \frac{\gamma\lambda_{\mathrm{s}}}{4\pi} = \frac{\lambda_{\mathrm{u}}}{8\pi\gamma}(1 + K^2/2) \propto \frac{1}{\gamma} \tag{7.28}$$

假定对于不同的束电子能量下波荡器参量无明显变化 (对于 X 射线 FEL 情况通常如此), 那么方程 (7.26) 的定标关系有效。例如, 对于 FLASH 用 1 GeV 电子束产生 6.3 nm 的 FEL 要求归一发射度限制为 $\varepsilon_n < 1$ μm, 而 LCLS 用 13.6 GeV 电子束产生波长为 0.15 nm 的 FEL 则要求归一发射度限制为 $\varepsilon_n < 0.3$ μm。

7.6 自发波荡器辐射和量子效应

在波荡器中除了发射 FEL 辐射外, 还发射出大量自发波荡器辐射。按照方程 (2.40), 由 N_e 个电子所发射的自发辐射总功率为

$$P_{\text{spont}} = \frac{N_e e^4 \gamma^2 B_0^2}{12\pi\varepsilon_0 c m_e^2} \tag{7.29}$$

自发辐射总功率随着束能量平方而增加。为了将自发辐射总功率和 FEL 的饱和功率作比较, 观察 FEL 的饱和功率 (即方程 (6.52))

$$P_{\text{sat}} \approx 1.6\rho_{\text{FEL}} P_{\text{beam}} \left(L_{\text{G0}}/L_{\text{G}}\right)^2$$

明显可见, FEL 的饱和功率仅随电子能量缓慢增加。在较低的电子能量下, 自发辐射总功率低于 FEL 的饱和功率。但是当电子能量很高时, 自发辐射总功率会高于 FEL 的饱和功率。例如, 对于 13.6 GeV 电子能量的 LCLS, 其自发辐射总功率约为饱和功率的 10 倍。于是存在一个转折点, 当束电子能量从较低值继续增加时, 自发辐射功率开始超过 FEL 功率。这一转折点大约位于 10 GeV 处。与 LCLS 情况相比, 对于 1 GeV 电子能量的 FLASH-FEL, 饱和功率约为自发辐射总功率的 7 倍。

另一方面, X 射线区 FEL 辐射的立体角很小, 并且谱带非常窄。这一立体角如下求得: 如果用高斯基本模描述长波荡器结构出口处的

FEL 光子束, TEM$_{00}$ 束的均方根发散角为

$$\sigma_\theta = \frac{\lambda_\mathrm{s}}{4\pi\sigma_x}$$

如果光子束尺寸与电子束匹配, 那么电子束的横向尺寸为

$$\sigma_x = (\varepsilon_x\beta_x)^{1/2}$$

利用 LCLS 参量, 得到发散角为 $\sigma_\theta \approx 3 \times 10^{-7}$ rad, 而立体角为

$$\Delta\Omega_\mathrm{FEL} < 10^{-12} \text{ mrad} \tag{7.30}$$

相比之下, 包含了绝大多数自发波荡器辐射的锥角则大得多:

$$\theta_\mathrm{spont} = K/\gamma \approx 0.15 \text{ mrad}$$

对应的立体角比 FEL 辐射的立体角大 5 个量级, 于是如果将探测器的接收角限于这一小立体角 $\Delta\Omega_\mathrm{FEL}$ 内, 就强烈地遏制了自发辐射。

　　同样地, 整个 FEL 辐射的谱带宽度非常小

$$(\Delta\omega/\omega)_\mathrm{FEL} \approx 2\rho_\mathrm{FEL} \approx 10^{-3}$$

而自发波荡器辐射谱却非常宽 (如果对所有方向积分), 参见图 7.4。

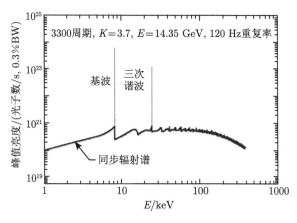

图 7.4　LCLS 自发波荡器辐射和 FEL 辐射谱通量的计算结果

大功率的自发辐射具有许多重要性。首先，它使 XFEL 的运行过程复杂化。这一过程通常从远低于饱和情况的小增益 FEL 开始。低水平 FEL 一定被自发波荡器辐射的高本底所湮没。其次，由于自发辐射的能量损失，电子会偏离共振。根据方程 (2.40)，可以求出在波荡器长度 L_u 上的自发辐射波荡器辐射引起的电子能量变化。结果为

$$\frac{\Delta W}{W} = \frac{\Delta\gamma}{\gamma} = -\frac{e^2\gamma K^2 k_u^2 L_u}{12\pi\varepsilon_0 m_e c^2} \tag{7.31}$$

在 LCLS 的长波荡器上，相对能量损失为 1.6×10^{-3}，超过了能带宽度。于是电子在波荡器的某个长度后已经离开了共振。为了恢复共振条件，随着 z 的增加必须使用降低磁场的方法渐渐地减小波荡器参量，例如，采用加宽永磁磁铁的间隙或者降低电磁波荡器的绕线电流等方法降低磁场。这一方法称为"波荡器锥化"法。经典的 FEL 理论不足以对所有 FEL 设备作理论描述。光子的量子性质对储存环内同步辐射起重要作用，对于 FEL 也必须考虑光子量子性质。当一个电子发射一个光子时，光子能量激烈变化。问题归结为这一个光子是否处于 FEL 增益带宽之内。已经表明 [7]，当该光子的能量与 FEL 的带宽相当时，即当 $\hbar\omega \sim \rho_{FEL}\gamma m_e c^2$ 时，高增益 FEL 与量子效应相关。考虑 LCLS 的实例：对于 13.6 GeV 的电子能量、0.15 nm 的 FEL 光子波长和 8 keV 的光子能量，电子的相对能量损失为 6×10^{-7}，远低于 FEL 带宽 ($\rho_{FEL} = 4.2\times10^{-4}$)。虽然发射一个光子时，量子反冲不重要，但是在 XFEL 的长波荡器上许许多多光子发射的累积效应会超过 FEL 带宽。

还必须加以考虑的是因辐射的统计性而引起的电子束附加能散度，这是非相干波荡器辐射的另一个不利效应。这一能散度如下求出：由量子激发造成 $(\Delta\gamma)^2$ 的增长率为 [8,9]

$$\frac{\mathrm{d}(\Delta\gamma)^2}{\mathrm{d}z} = \frac{7e^2\hbar\gamma^4 K^3 k_u^3}{60\pi\varepsilon_0 m_e^2 c^3}\left(1.2 + \frac{1}{K + 1.33K^2 + 0.4K^3}\right) \tag{7.32}$$

对于 LCLS，括号内的修正因子为 1.22。对于 FLASH 和在建的 XFEL 而言，由所谓"量子扩散效应"引起的附加能散度并不重要，不会导致增益长度的增加。

7.7　非理想因素影响汇总

电子束能散度、发射度、空间电荷、束有限长度以及辐射的衍射等许多效应均会使实际增益长度增加。对于表征短波长 FEL 特性时，三个无量纲参量很有用：能散度参量 X_γ、衍射参量 X_d 以及发射度参量或角分散参量 X_ε。下面根据参考文献 [10] 写出这些参量的公式：

$$X_\gamma = \frac{L_{G0}4\pi\sigma_\eta}{\lambda_u} \tag{7.33}$$

$$X_d = \frac{L_{G0}\lambda_s}{4\pi\sigma_r^2} \tag{7.34}$$

$$X_\varepsilon = \frac{L_{G0}4\pi\varepsilon}{\beta_{av}\lambda_s} \tag{7.35}$$

根据以下考虑，所有这些参量都小于 1。将 FEL 参量代入不等式 (7.11) 得到

$$X_\gamma < \frac{1}{2\sqrt{3}}$$

按照方程 (7.35)，衍射参量为

$$X_d = \frac{L_{G0}}{Z_R} \approx \frac{1}{2}$$

最后利用 $\rho_{FEL} = \Gamma/(2k_u)$ 和式 (7.17) 并利用 $\lambda_u/(2\gamma_r^2) < \lambda_l$，写出角分散参量为

$$X_\varepsilon = \frac{\lambda_u\varepsilon}{\sqrt{3}\beta_{av}\lambda_s\rho_{FEL}} < \frac{\lambda_u}{2\gamma_s^2\lambda_s}\frac{1}{\sqrt{6}} < \frac{1}{\sqrt{6}}$$

Xie[10] 已将 XFEL 的 3D 增益长度写为如下形式:

$$L_G = L_{G0}(1 + \Delta) \tag{7.36}$$

则在各种因素的影响下的实际增益长度 L_G 是理想增益长度 L_{G0} 的 $(1 + \Delta)$ 倍。利用上述三个无量纲参量可以给出修正项 Δ 的形式:

$$\Delta = c_1 X_d^{c_2} + c_3 X_\varepsilon^{c_4} + c_5 X_\gamma^{c_6} + c_7 X_\varepsilon^{c_8} X_\gamma^{c_9}$$

$$+ c_{10} X_d^{c_{11}} X_\gamma^{c_{12}} + c_{10} X_d^{c_{14}} X_\varepsilon^{c_{15}} + c_{16} X_d^{c_{17}} X_\varepsilon^{c_{18}} X_\gamma^{c_{19}}$$

拟合系数 $c_i(i = 1, 2, \cdots, 19)$ 值已用三维模拟结果给出,详见参考文献 [10]。Saldin 等 [11] 提出了实际增益长度的另一表达式:

$$L_G = 1.19 \left(\frac{I_A}{\hat{I}_b}\right)^{1/2} \frac{(\varepsilon_n \lambda_u)^{5/6}(1 + K^2/2)^{1/3}}{\lambda_s^{2/3} \hat{K}}(1 + \delta) \tag{7.37}$$

式中,$I_A = 17.5$ kA 是阿尔文电流;$\hat{I}_b$ 是束电流峰值;而参量 δ 由方程 (7.16) 给出。方程 (7.37) 仅当 β 函数按照方程 (7.15) 优化时才有效。

参 考 文 献

[1] Group T. Linear Coherent Light Source (LCLS) Design Study Report. 1998.

[2] Brinkmann R. TESLA XFEL: first stage of the X-ray laser laboratory. Technical Design Report. 2002.

[3] Huang Z, Kim K J. Review of X-ray free-electron laser theory. Phys. Rev. ST Accel. Beams, 2007, 10: 034801.

[4] Pellegrini C, Reiche S. The development of X-ray free-electron lasers. IEEE J. Quantum Electron., 2004, 10(6): 1393.

[5] Saldin E, Schneidmiller E, Yurkov M. Design formulas for short-wavelength FELs. Opt. Commun., 2004, 235: 415.

[6] Huang Z, Kim K J. Transverse and temporal characteristics of a high-gain free-electron laser in the saturation regime. Nucl. Instr. Meth. A, 2002, 483: 504.

[7] Schroeder C B, Pellegrini C, Chen P. Quantum effects in high-gain freeelectron lasers. Phys. Rev. E, 2001, 64: 056502.

[8] Sands M. The Physics of Electron Storage Rings — An Introduction. SLAC Publication SLAC-121, 1970.

[9] Saldin E, Schneidmiller E, Yurkov M. Calculation of energy diffusion in an eleltron beam due to quantum fluctuations of undulator radiation. Nucl. Instr. Meth. A, 1996, 381: 545.

[10] Xie M. Exact and variational solutions of 3D eigenmodes in high gain FELs. Nucl. Instr. Meth. A, 2000, 445(59): 92, 93.

[11] Saldin E L, Schneidmiller E A, Yurkov M V. Design formulas for VUV and X-ray FELs. Proc. of FEL Conf., 2004: 93.

第 8 章　激光同步辐射光源

与 FEL 设备一样，作为新光源的激光同步辐射光源 (LSS) 也是近三十年以来所开发的单色、窄带、可调 X 射线脉冲光源。既然电子在波荡器中的摇摆运动造成电子同步辐射并利用 SASE 原理能够得到高量度 FEL 的同步辐射激光，那么直接利用激光中的周期性磁场使相对论电子产生同步辐射的发射也可以获得所需要的单色、窄带、可调 X 射线的辐射脉冲 [1-8]。本章是从另一种物理原理来分析这种 X 射线光源的性质的，即用超高强度激光脉冲代替波荡器、用紧凑型低能电子加速器或静态等离子体代替电子储存环或高能电子直线加速器，利用基于非线性汤姆孙散射的激光同步辐射光源来产生 X 射线。产生高能 X 射线的机制是汤姆孙散射或康普顿散射，本质上与波荡器同步辐射源的机制相同。

利用激光的周期性磁场代替 FEL 中的波荡器 (摇摆器) 周期磁场结构，驱使电子束横向振荡而产生激光同步辐射。由于激光磁场结构的空间周期 (波长) 比 FEL 波荡器周期短约 4 个量级，由电子束引起的强激光汤姆孙散射 (或逆康普顿散射) 构成了单色、高能、可调的窄 X 射线束短脉冲。窄带宽 (近单色) 的超短脉冲 X 射线源在固体物理、材料、化学、生物以及医学科学领域应用极广。

以下介绍激光电子束非线性散射的理论分析。对于任意强度、线偏振或圆偏振的入射激光，这一理论均有效；给出了散射辐射强度分布的显式表达式；研究了散射辐射的多种性质，包括谱带宽、角分布和超强情况下的辐射谱行为；讨论了电子能散度和电子束发射度的非理想效应。

　　激光同步辐射光源有许多引人注目的特性：① 在从紫外到伽马射线的整个 X 射线谱上可得到单能、可调的 X 射线；② X 射线脉冲极短 (1 ps)；③ 为产生给定能量的光子需要比常规同步辐射低得多的电子束能量 (约为 1/300)；④ 与常规设备相比，该设备紧凑而经济；⑤ 所产生光子的能量高于常规同步辐射 ($\geqslant$30 keV)；⑥ 带宽窄 (1%)，不受限于常规同步辐射的波荡器长度；⑦ 用长相干长度得到窄带 X 射线；⑧ 易于通过改变入射激光偏振性来调整 X 射线偏振性；⑨ 用现有技术可以得到高峰值光子通量和亮度。激光同步辐射光源获得高平均功率和高亮度的能力目前受限于高强度激光器的重复频率。

　　本章内容来自参考文献 [9]，相关内容也见文献 [10-13]。

8.1　简　　述

　　类似于常规同步辐射论文中的波荡器强度参量 K，激光同步辐射的一个重要参量是无量纲激光强度参量 a_0。该参量是归一激光矢势 $a_0 = eA_0/(m_\mathrm{e}c)$，它与入射激光的强度 I_0 和功率 P_0 的关系分别为

$$a_0 = 0.85 \times 10^{-9} \lambda_0 [\mu\mathrm{m}] I_0^{1/2} [\mathrm{W/cm}^2] \tag{8.1}$$

$$P_0 [\mathrm{GW}] = 21.5(a_0 r_0/\lambda_0)^2 \tag{8.2}$$

式中，λ_0 是入射激光波长；r_0 是激光 (高斯型) 横向焦斑尺寸。当 $a_0 \ll 1$ 时，汤姆孙散射发生在线性区，并以基波辐射 ($\omega = \omega_1$)。当 $a_0 \geqslant 1$ 时，汤姆孙散射发生在非线性区，除了基波外还有大量谐波 $\omega = \omega_n = n\omega_1$ ($n = 1, 2, 3, \cdots$) 为谐波数。对于 $\lambda_0 = 1\ \mu\mathrm{m}$、$a_0 \geqslant 1$ 的情况，要求 $I_0 \geqslant 10^{18}\ \mathrm{W/cm}^2$。这样的功率和强度足以产生具有高峰值通量、高亮度和超短激光同步辐射光源的 X 射线脉冲。

激光同步辐射光源充分利用相对论多普勒 (Doppler) 因子，对于电子束和激光束的对碰，该因子来自激光被对流而来的相对论电子束的反散射。在这种情况下，沿轴基波波长为

$$\bar{\lambda} = \frac{\lambda_0(1 + a_0^2/2)}{[(1 + \beta_0)\gamma_0]^2} \approx \frac{\lambda_0(1 + a_0^2/2)}{4\gamma_0^2} \tag{8.3}$$

式中，γ_0 和 β_0 分别是电子束的初始能量因子和归一电子速度；同步辐射频率是入射激光频率的二次多普勒上移。因此，对于 $\gamma_0 \gg 1$ 就可以产生极短波长的辐射。用实用单位表示，对于束电子能量为 E_b 的反散射基波光子能量 $E_p = \hbar\bar{\omega}$ 和波长 $\bar{\lambda}$ 分别为

$$E_p[\text{keV}] = \frac{0.019E_b^2[\text{MeV}]}{(1 + a_0^2/2)\lambda_0[\mu\text{m}]}, \quad \bar{\lambda}[\text{Å}] = 650\lambda_0[\mu\text{m}]\frac{(1 + a_0^2/2)}{E_b^2[\text{MeV}]} \tag{8.4}$$

作为对比，常规光源 (如 FEL) 使用波荡器磁铁，对应的基波光子能量和波长为

$$E_p[\text{keV}] = \frac{0.95E_b^2[\text{GeV}]}{(1 + K^2/2)\lambda_u[\text{cm}]}, \quad \bar{\lambda}[\text{Å}] = 13\lambda_u[\text{cm}]\frac{(1 + K^2/2)}{E_b^2[\text{GeV}]} \tag{8.5}$$

因为激光同步辐射光源的激光波长 ($\lambda_0 = 1$ μm) 比波荡器波长 ($\lambda_u \geqslant 4$ cm) 短四个量级，于是在激光同步辐射光源中使用低至常规源的 1/300 的电子束电子能量即可产生相同光子能量的 X 射线。激光同步辐射光源设备紧凑得多，在高光子能量 ($E_p > 10$ keV) 时尤为如此。例如，同样产生 30 keV 的硬 X 射线 ($\bar{\lambda} = 0.4$ Å)，在常规 FEL 情况下要求电子能量 $\geqslant 12$ GeV，而用 $\lambda_0 = 1$ μm 的激光同步辐射设备所要求的束电子能量仅为 40 MeV。

激光同步辐射光源辐射的可调性通过调节电子能量或激光强度而实现。略去热效应，第 n 次谐波 (频率 ω_n) 带宽为 $\Delta\omega/\omega_n = 1/(nN_0)$，$N_0$ 是与电子相互作用的激光周期数。因为 N_0 典型值很大 (> 300)，故

原则上可产生窄带 X 射线。实际上，谱带宽受限于热效应。利用电子
束产生激光同步辐射光源辐射的另一个优点在于散射辐射很好地准直
于反散射方向 (即电子束方向)。对于 $\gamma_0 \gg 1$ 的电子束和 $a_0 < 1$，谱带
宽为 $\Delta\omega/\omega \approx 1/N_0$ 的反散射辐射局限于 $\theta \approx 1/(\gamma_0\sqrt{N_0})$ 的辐射锥半
角内。

汤姆孙散射理论是一种经典描述，只要散射光子能量远小于电子
能量，即 $\hbar\omega \ll \gamma_0 m_e c^2$，则该理论正确。对于 $\gamma_0 \gg 1$ 的电子束以及
$\lambda_0 = 1\,\mu m$、$a_0 < 1$ 的激光，意味着 $\gamma_0 < 10^5$，也就是说束电子能量小
于 50 GeV。因为根据公式 (8.43)、公式 (8.18) 和公式 (8.19)，激光同步
辐射光源基波的共振关系为

$$\omega_{\mathrm{LSS}} = \omega_0\frac{2\gamma_0^2(1+\beta_{z0})}{1+a_0^2/2} \approx 4\gamma_0^2\omega_0$$

满足汤姆孙散射条件 $\hbar\omega_{\mathrm{LSS}} \ll \gamma_0 m_e c^2$ 则要求 $4\gamma_0^2\hbar\omega_0 \ll \gamma_0 m_e c^2$，于是，

$$\gamma_0 < \frac{m_e c^2}{4\hbar\omega_0} = \frac{m_e c\lambda_0}{4h}$$

将 $\lambda_0 = 10^{-6}$ m 代入，得到 $\gamma_0 < 10^5$。

本章介绍强激光与电子束相互作用的非线性汤姆孙散射解析理论。

8.2   强激光场中的电子运动

假定激光沿负 z 向运动，而电子沿正 z 向运动、初始轴向速度为
v_0。电子的相对论运动方程为

$$\frac{\mathrm{d}\boldsymbol{p}}{\mathrm{d}t} = -e(\boldsymbol{E} + \boldsymbol{v}\times\boldsymbol{B}) = -e\left[-\nabla\Phi - \frac{\partial\boldsymbol{A}}{\partial t} + \boldsymbol{v}\times(\nabla\times\boldsymbol{A})\right]$$

一般说，电势为 $\Phi = \Phi^{(0)} + \Phi^{(1)}$，其中 $\Phi^{(0)}$ 是在电子束与激光相互
作用之前的空间电荷势，而 $\Phi^{(1)}$ 是由激光场引起的势。对于轴向均匀

的长电子束，$|\Phi^{(0)}| \leqslant v_b m_e c^2/e$，这里 $v_b = I_b[\text{kA}]/(17\beta_0)$ 是 Budker 参量、$I_b(\text{kA})$ 是束电流。因为对于所关心的电子束 $v_b \ll 1$，$\Phi^{(0)}$ 可忽略。对于短脉冲激光，脉冲长度 $T_0[\mu\text{s}] \ll 35 n_e^{-1/2}[\text{cm}^{-3}]$，激光场引起的势 $\Phi^{(1)}$ 也可以忽略。因此对于典型电子束，电势足够小而可以忽略。以下使用归一变量 $\boldsymbol{u} = \boldsymbol{p}/m_e c = m_e \gamma \boldsymbol{v}/m_e c = \gamma \boldsymbol{\beta}$ 和 $\boldsymbol{\beta} = \boldsymbol{v}/c$，则运动方程改写为

$$\frac{1}{c}\frac{\mathrm{d}\boldsymbol{u}}{\mathrm{d}t} = \frac{1}{c}\frac{\partial \boldsymbol{a}}{\partial t} - \boldsymbol{\beta} \times (\nabla \times \boldsymbol{a}) \tag{8.6}$$

激光场的矢势为

$$\boldsymbol{A} = \boldsymbol{A}_\perp = A_0 \left[\left(\frac{1+\delta_p}{2}\right)^{1/2}\cos(k_0 z + \omega_0 t)\boldsymbol{i} + \left(\frac{1-\delta_p}{2}\right)^{1/2}\sin(k_0 z + \omega_0 t)\boldsymbol{j}\right]$$

对应的归一矢势为 $\boldsymbol{a} = e\boldsymbol{A}/m_e c$，库仑规范 $\nabla \cdot \boldsymbol{A} = 0$ 意味着一维时 $A_z = a_z = 0$。激光归一矢势表述为

$$\boldsymbol{a} = \boldsymbol{a}_\perp = (a_0/\sqrt{2})[(1+\delta_p)^{1/2}\cos(k_0\eta)\boldsymbol{i} + (1-\delta_p)^{1/2}\sin(k_0\eta)\boldsymbol{j}] \tag{8.7}$$

式中，$k_0 = 2\pi/\lambda_0$ 为激光场波数，$\eta = z + ct$，而 $\delta_p = 1$ 表示线偏振激光，而 $\delta_p = 0$ 表示圆偏振激光；对于线偏振激光和圆偏振激光均有 $|\boldsymbol{a}|^2 = a_0^2/2$。激光平均功率仅与波长 λ_0、半径 r_0 和 a_0 有关，而与 δ_p 无关；横向高斯分布 $|a| \sim \exp(-r^2/r_0^2)$ 由方程 (8.2) 给出，即

$$P_0[\text{GW}] = 21.5(a_0 r_0/\lambda_0)^2 \tag{8.8}$$

假定激光场仅用 $\boldsymbol{a}_\perp$ 描述，因此 $\boldsymbol{\beta}$、$\boldsymbol{u}$ 和 γ 仅为 $\eta \equiv z + ct$ 的函数。将方程 (8.6) 分解为横向分量方程和纵向分量方程而得到两个运动常数，即

$$\mathrm{d}(\boldsymbol{u}_\perp - \boldsymbol{a}_\perp)/\mathrm{d}\eta = 0 \quad (\text{横向动量守恒}) \tag{8.9}$$

$$\mathrm{d}(\gamma + u_z)/\mathrm{d}\eta = 0 \quad (\text{能量守恒}) \tag{8.10}$$

假定激光–电子相互作用前无磁矢势 $\boldsymbol{a}_\perp = 0$ 以及电子无横向动量 $\boldsymbol{u}_\perp = 0$，电子总能量与纵向动量分别为 $\gamma = \gamma_0$ 和 $u_z = \gamma_0\beta_0$，因此方程 (8.9) 与方程 (8.10) 的积分结果为

$$\boldsymbol{u}_\perp = \boldsymbol{a}_\perp \tag{8.11}$$

$$\gamma + u_z = \gamma_0(1 + \beta) \tag{8.12}$$

这两个运动常数完全描述了电子在势 $\boldsymbol{a}$ 中的非线性运动情况。定义方程 (8.12) 的初始值为 h_0，即

$$h_0 = \gamma_0(1 + \beta_0) \approx 2\gamma_0 \tag{8.13}$$

因此电子的运动情况仅由磁矢势和初始条件所决定：

$$\beta_z = \frac{h_0^2 - (1 + a^2)}{h_0^2 + (1 + a^2)}, \quad \boldsymbol{\beta}_\perp = \boldsymbol{a}_\perp/\gamma, \quad \gamma = (h_0^2 + 1 + a^2)/2h_0 \tag{8.14}$$

可见电子速度和总能量都随矢势而变化。

作为 η 的函数，电子轨道 $\boldsymbol{r}(\eta) = x\boldsymbol{i} + y\boldsymbol{j} + z\boldsymbol{k}$ 可根据以下方程：

$$\frac{1}{c}\frac{\mathrm{d}\boldsymbol{r}}{\mathrm{d}t} \equiv \boldsymbol{\beta} = (1 + \beta_z)\frac{\mathrm{d}\boldsymbol{r}}{\mathrm{d}\eta} \tag{8.15}$$

给出 $\mathrm{d}\boldsymbol{r}/\mathrm{d}\eta = \boldsymbol{u}/h_0$。

对于线偏振激光 ($\delta_\mathrm{p} = 1$)，电子轨道由下述方程给出

$$\begin{cases} u_x = a_0\cos(k_0\eta) \\ u_y = 0 \\ u_z = [h_0^2 - (1 + a_0^2\cos^2(k_0\eta))]/2h_0 \end{cases} \tag{8.16}$$

因此，电子轨道为

$$\begin{cases} x(\eta) = x_0 + r_1\sin(k_0\eta) \\ y(\eta) = y_0 \\ z(\eta) = z_0 + \beta_1\eta + z_1\sin(2k_0\eta) \end{cases} \tag{8.17}$$

其中已略去量级为 $O(\lambda_0/L_0)$ 的项，而其他参变量分别为

$$r_1 = a_0/(h_0 k_0), \quad z_1 = -a_0^2/(8h_0^2 k_0), \quad \beta_1 = (1 - 1/M_0)/2 \qquad (8.18)$$

并且 β_1 表达式中的参量 M_0 如下定义：

$$M_0 = h_0^2/(1 + a_0^2/2) \qquad (8.19)$$

类似地，对于圆偏振激光 ($\delta_{\mathrm{p}} = 0$)，电子速度解为

$$\begin{cases} u_x = \dfrac{a_0}{\sqrt{2}} \cos(k_0\eta) \\[2mm] u_y = \dfrac{a_0}{\sqrt{2}} \sin(k_0\eta) \\[2mm] u_z = \dfrac{1}{2h_0}[h_0^2 - (1 + a_0^2/2)] \end{cases} \qquad (8.20)$$

因此电子轨道为

$$\begin{cases} x(\eta) = x_0 + \dfrac{r_1}{\sqrt{2}} \sin(k_0\eta) \\[2mm] z(\eta) = z_0 + \beta_1\eta \\[2mm] y(\eta) = y_0 - \dfrac{r_1}{\sqrt{2}} \cos(k_0\eta) \end{cases} \qquad (8.21)$$

其中，已忽略了量级为 $O(\lambda_0/L_0)$ 的各项。方程中，x_0, y_0 和 z_0 是电子的初始位置。

电子轴向平均漂移速度 $\bar{\beta}_z$ 可用参量 β_1 写出。因为 $\eta = z + ct$，方程 (8.21) 意味着 $z = (z_0 + \beta_1 ct)/(1 - \beta_1)$。因此，

$$\bar{\beta}_z = \beta_1/(1 - \beta_1) = (M_0 - 1)/(M_0 + 1) \qquad (8.22)$$

是电子轴向平均归一速度。将方程 (8.16) 和方程 (8.20) 的速度分量代入谱确定方程 (1.1)，可以分别确定在线偏振和圆偏振入射激光情况下的激光同步辐射光源谱性质。

8.3　散 射 辐 射

在一条任意轨道 $r(t)$ 和 $\beta(t)$ 上的一个单电子在相互作用时间 T 内辐射到单位频率 ω、单位立体角 Ω 所发射的辐射能谱由方程 (1.1) 给出, 即

$$\frac{\mathrm{d}^2 I}{\mathrm{d}\omega\mathrm{d}\Omega} = C_I \left| \int_{-\infty}^{\infty} \boldsymbol{n} \times (\boldsymbol{n} \times \boldsymbol{\beta}) \exp[\mathrm{i}\omega\,(t - \boldsymbol{n} \cdot \boldsymbol{r}(t)/c)]\mathrm{d}t \right|^2 \qquad \text{(SI 制)}$$

为简化书写而引入

$$C_I = \frac{e^2 \omega^2}{16\pi^3 \varepsilon_0 c^3} = \frac{e^2 k^2}{16\pi^3 \varepsilon_0 c}$$

$\boldsymbol{n}$ 是指向观察方向的单位矢量。引入球坐标系 (r, θ, ϕ): $x = r\sin\theta\cos\phi$、$y = r\sin\theta\sin\phi$ 和 $z = r\cos\phi$。球坐标系单位矢量与直角坐标系单位矢量的关系为

$$\begin{pmatrix} \boldsymbol{e}_r \\ \boldsymbol{e}_\theta \\ \boldsymbol{e}_\phi \end{pmatrix} = \begin{pmatrix} \sin\theta\cos\phi & \sin\theta\sin\phi & \cos\theta \\ \cos\theta\cos\phi & \cos\theta\sin\phi & -\sin\phi \\ -\sin\phi & \cos\varphi & 0 \end{pmatrix} \begin{pmatrix} \boldsymbol{i} \\ \boldsymbol{j} \\ \boldsymbol{k} \end{pmatrix} \qquad (8.23)$$

并认为 $\boldsymbol{e}_r$ 和 $\boldsymbol{n}$ 一致, 于是,

$$\boldsymbol{n} \times (\boldsymbol{n} \times \boldsymbol{\beta}) = -\,(\beta_x \cos\theta\cos\phi + \beta_y \cos\theta\sin\phi - \beta_z \sin\theta)\boldsymbol{e}_\theta$$

$$+\,(\beta_x \sin\phi - \beta_y \cos\phi)\boldsymbol{e}_\phi \qquad (8.24)$$

$$\boldsymbol{n} \cdot \boldsymbol{r} = x\sin\theta\cos\phi + y\sin\theta\sin\phi + z\cos\theta \qquad (8.25)$$

散射辐射在 $\boldsymbol{n} \times (\boldsymbol{n} \times \boldsymbol{\beta})$ 方向上偏振。因此发射的辐射能谱可以分写为 $I = I_\theta + I_\phi$, I_θ 和 I_ϕ 分别是在 $\boldsymbol{e}_\theta$ 和 $\boldsymbol{e}_\phi$ 方向上偏振的辐射能量。

使用关系 $c\boldsymbol{\beta}\mathrm{d}t = (\mathrm{d}\boldsymbol{r}/\mathrm{d}\eta)\mathrm{d}\eta$，则方程 (1.1) 改写为用 $\eta \equiv z + ct$ 作为自变量所表示的辐射谱：

$$\frac{\mathrm{d}^2 I_\theta}{\mathrm{d}\omega\mathrm{d}\Omega} = C_I \left| \int_{-\eta_0}^{\eta_0} \left[\frac{\mathrm{d}x}{\mathrm{d}\eta}\cos\theta\cos\phi + \frac{\mathrm{d}y}{\mathrm{d}\eta}\cos\theta\sin\phi - \frac{\mathrm{d}z}{\mathrm{d}\eta}\sin\theta \right] \exp(\mathrm{i}\psi)\mathrm{d}\eta \right|^2 \tag{8.26}$$

$$\frac{\mathrm{d}^2 I_\phi}{\mathrm{d}\omega\mathrm{d}\Omega} = C_I \left| \int_{-\eta_0}^{\eta_0} \left[\frac{\mathrm{d}x}{\mathrm{d}\eta}\sin\phi - \frac{\mathrm{d}y}{\mathrm{d}\eta}\cos\phi \right] \exp(\mathrm{i}\psi)\mathrm{d}\eta \right|^2 \tag{8.27}$$

其中相位为

$$\psi = \omega\left(t - \boldsymbol{n}\cdot\boldsymbol{r}(t)/c\right) = k[\eta - x\sin\theta\cos\phi - y\sin\theta\sin\phi - z(1+\cos\theta)] \tag{8.28}$$

而 $k = \omega/c$、$\eta_0 = L_0/2$，假定激光长度 $L_0 \gg \lambda_0 = 2\pi/k_0$。由方程 (8.28) 或方程 (8.25) 给出关系 $\boldsymbol{r} = \boldsymbol{r}(\eta)$。

8.3.1 线偏振情况

考察方程 (8.26) 和方程 (8.27)，欲得到线偏振情况下的同步辐射谱则必须求出以下三个积分：

$$\hat{I}_x = \int_{-\eta_0}^{\eta_0} \frac{\mathrm{d}x}{\mathrm{d}\eta}\mathrm{e}^{\mathrm{i}\psi}\mathrm{d}\eta, \quad \hat{I}_y = \int_{-\eta_0}^{\eta_0} \frac{\mathrm{d}y}{\mathrm{d}\eta}\mathrm{e}^{\mathrm{i}\psi}\mathrm{d}\eta, \quad \hat{I}_z = \int_{-\eta_0}^{\eta_0} \frac{\mathrm{d}z}{\mathrm{d}\eta}\mathrm{e}^{\mathrm{i}\psi}\mathrm{d}\eta$$

方程 (8.17) 给出了线偏振激光 ($\delta_p = 1$) 入射情况下的电子轨道；由于 $\mathrm{d}y/\mathrm{d}\eta = 0$，显然 $\hat{I}_y = 0$。方程 (8.26) 和方程 (8.27) 在线偏振情况下简化为

$$\frac{\mathrm{d}^2 I_\theta}{\mathrm{d}\omega\mathrm{d}\Omega} = C_I \left| \hat{I}_x\cos\theta\cos\phi - \hat{I}_z\sin\theta \right|^2, \quad \frac{\mathrm{d}^2 I_\phi}{\mathrm{d}\omega\mathrm{d}\Omega} = C_I \left| I_x\sin\phi \right|^2$$

对于最被关注的轴向辐射情况 ($\theta = 0°$)，因为 $\sin\theta = 0$ 而不必考虑 $\mathrm{d}z/\mathrm{d}\eta$ 项。因此，在线偏振情况下的激光同步辐射光源的辐射谱具有最

简单的形式:

$$\frac{\mathrm{d}^2 I}{\mathrm{d}\omega\mathrm{d}\Omega} = C_I \left|\hat{I}_x\right|^2 = \frac{e^2 k^2}{16\pi^3\varepsilon_0 c}\left|\hat{I}_x\right|^2 \tag{8.29}$$

根据轨道方程 (8.17) 得到

$$\frac{\mathrm{d}x}{\mathrm{d}\eta} = k_0 r_1 \cos(k_0\eta) = \frac{k_0 r_1}{2}(\mathrm{e}^{\mathrm{i}k_0\eta} + \mathrm{e}^{-\mathrm{i}k_0\eta})$$

用 $\eta \equiv z + ct$ 作为自变量所表示的辐射谱为

$$\frac{\mathrm{d}^2 I}{\mathrm{d}\omega\mathrm{d}\Omega} = C_I \left|\hat{I}_x\right|^2 = C_I \left|\int_{-\eta_0}^{\eta_0} \frac{\mathrm{d}x}{\mathrm{d}\eta} \exp(\mathrm{i}\psi)\mathrm{d}\eta\right|^2$$

$$= C_I \left|\frac{k_0 r_1}{2}\int_{-\eta_0}^{\eta_0}(\mathrm{e}^{\mathrm{i}k_0\eta} + \mathrm{e}^{-\mathrm{i}k_0\eta})\mathrm{e}^{\mathrm{i}\psi}\mathrm{d}\eta\right|^2$$

其中, 相位 ψ 可写为

$$\psi = \psi_0 + (1 - 2\beta_1)k\eta - 2kz_1 \sin 2k_0\eta, \quad \psi_0 = -2kz_0 \tag{8.30}$$

利用贝塞尔恒等式 (参见方程 (3.25))

$$\exp(\mathrm{i}b\sin\sigma) = \sum_{n=-\infty}^{\infty} \mathrm{J}_n(b)\exp(\mathrm{i}n\sigma)$$

可以将相位因子改写 (记 $\hat{k} \equiv (1 - 2\beta_1)k$), 步骤如下:

$$\mathrm{e}^{\mathrm{i}(\psi + lk_0\eta)}$$

$$= \mathrm{e}^{\mathrm{i}(\psi_0 + \hat{k}\eta + lk_0\eta)}\mathrm{e}^{\mathrm{i}\{-\hat{\alpha}_x\sin(k_0\eta) - \hat{\alpha}_z\sin(2k_0\eta)\}}$$

$$= \mathrm{e}^{\mathrm{i}(\psi_0 + \hat{k}\eta + lk_0\eta)}\sum_{m=-\infty}^{\infty}\mathrm{J}_m(\hat{\alpha}_z)\mathrm{e}^{-\mathrm{i}2mk_0\eta}\sum_{n^*=-\infty}^{\infty}\mathrm{J}_{n^*}(\hat{\alpha}_x)\mathrm{e}^{-\mathrm{i}n^* k_0\eta}$$

$$= \sum_{m=-\infty}^{\infty}\mathrm{J}_m(\hat{\alpha}_z)\mathrm{e}^{-\mathrm{i}2mk_0\eta}\sum_{n=-\infty}^{\infty}\mathrm{J}_{n-2m+l}(\hat{\alpha}_x)\mathrm{e}^{-\mathrm{i}(n-2m+l)k_0\eta}\mathrm{e}^{\mathrm{i}(\psi_0 + \hat{k}\eta + lk_0\eta)}$$

$$= \sum_{m=-\infty}^{\infty}\mathrm{J}_m(\hat{\alpha}_z)\sum_{n=-\infty}^{\infty}\mathrm{J}_{n-2m+l}(\hat{\alpha}_x)\mathrm{e}^{-\mathrm{i}2mk_0\eta}\mathrm{e}^{-\mathrm{i}(n-2m+l)k_0\eta}\mathrm{e}^{\mathrm{i}(\psi_0 + \hat{k}\eta + lk_0\eta)}$$

$$= \sum_{m=-\infty}^{\infty} \mathrm{J}_m(\hat{\alpha}_z) \sum_{n=-\infty}^{\infty} \mathrm{J}_{n-2m+l}(\hat{\alpha}_x) \mathrm{e}^{\mathrm{i}(\psi_0 + \hat{k}\eta - nk_0\eta)}$$

令 $\bar{k} = \hat{k} - nk_0$，于是相位因子改写的结果为

$$\exp[\mathrm{i}(\psi + lk_0\eta)] = \sum_{m,n=-\infty}^{\infty} \mathrm{J}_m(\hat{\alpha}_z) \mathrm{J}_{n-2m+l}(\hat{\alpha}_x) \exp[\mathrm{i}(\psi_0 + \bar{k}\eta)] \quad (8.31)$$

其中 l 的取值为 ± 1，而其他参量表达如下：

$$\bar{k} = k[1 - \beta_1(1 + \cos\theta)] - nk_0 \quad (8.32)$$

$$\hat{\alpha}_z = kz_1(1 + \cos\theta) \quad (8.33)$$

$$\hat{\alpha}_x = kr_1 \sin\theta \cos\phi \quad (8.34)$$

为了求方程 (8.29) 的结果，必须求出 $\hat{I}_x$。利用恒等式 (8.31)，得到

$$\hat{I}_x = \frac{1}{2} k_0 r_1 \left[\int_{-\eta_0}^{\eta_0} \mathrm{e}^{\mathrm{i}(\psi + k_0\eta)} \mathrm{d}\eta + \int_{-\eta_0}^{\eta_0} \mathrm{e}^{\mathrm{i}(\psi - k_0\eta)} \mathrm{d}\eta \right]$$

$$= \frac{k_0 r_1}{2} \int_{-\eta_0}^{\eta_0} \left[\sum_{m=-\infty}^{\infty} \mathrm{J}_m(\hat{\alpha}_z) \sum_{n=-\infty}^{\infty} \mathrm{J}_{n-2m+1}(\hat{\alpha}_x) \mathrm{e}^{\mathrm{i}(\psi_0 + \bar{k}\eta)} \right.$$

$$\left. + \sum_{m=-\infty}^{\infty} \mathrm{J}_m(\hat{\alpha}_z) \sum_{n=-\infty}^{\infty} \mathrm{J}_{n-2m-1}(\hat{\alpha}_x) \mathrm{e}^{\mathrm{i}(\psi_0 + \bar{k}\eta)} \right] \mathrm{d}\eta$$

$$= \frac{k_0 r_1}{2} \mathrm{e}^{\mathrm{i}\psi_0} \sum_{m=-\infty}^{\infty} \mathrm{J}_m(\hat{\alpha}_z)$$

$$\times \sum_{n=-\infty}^{\infty} \left\{ [\mathrm{J}_{n-2m+1}(\hat{\alpha}_x) + \mathrm{J}_{n-2m-1}(\hat{\alpha}_x)] \int_{-\eta_0}^{\eta_0} \mathrm{e}^{\mathrm{i}\bar{k}\eta} \mathrm{d}\eta \right\}$$

其中相关积分的结果为

$$\int_{-\eta_0}^{\eta_0} \mathrm{e}^{\mathrm{i}\bar{k}\eta} \mathrm{d}\eta = \frac{\mathrm{e}^{\mathrm{i}\bar{k}\eta_0} - \mathrm{e}^{-\mathrm{i}\bar{k}\eta_0}}{\mathrm{i}\bar{k}} = 2\frac{\sin(\bar{k}\eta_0)}{\bar{k}}$$

于是

$$\hat{I}_x = k_0 r_1 \mathrm{e}^{\mathrm{i}\psi_0} \sum_{m,n=-\infty}^{\infty} \left[\frac{\sin \bar{k}\eta_0}{\bar{k}} \right] \mathrm{J}_m(\hat{\alpha}_z)[\mathrm{J}_{n-2m-1}(\hat{\alpha}_x) + \mathrm{J}_{n-2m+1}(\hat{\alpha}_x)]$$

$$(8.35)$$

在 $\theta = 0°$ 的情况下不必使用 $\hat{I}_z$。因此,线偏振情况下在 $\theta = 0°$ 方向的总辐射谱为

$$\frac{\mathrm{d}^2 I}{\mathrm{d}\omega \mathrm{d}\Omega} = \frac{e^2 \omega^2}{16\pi^3 \varepsilon_0 c^3} |\hat{I}_x^2| = \frac{e^2 k^2}{16\pi^3 \varepsilon_0 c} |\hat{I}_x^2| \tag{8.36}$$

对于 $\theta \neq 0°$ 的一般情况,需要求出 $\hat{I}_z$。利用同样的思路可得到 $\hat{I}_z$ 的表达式

$$\hat{I}_z = 2\mathrm{e}^{\mathrm{i}\psi_0} \sum_{m,n=-\infty}^{\infty} \left[\frac{\sin(\bar{k}\eta_0)}{\bar{k}} \right] \mathrm{J}_m(\hat{\alpha}_z)\{\beta_1 \mathrm{J}_{n-2m}(\hat{\alpha}_z)$$

$$+ k_0 z_1 [\mathrm{J}_{n-2m-2}(\hat{\alpha}_x) + \mathrm{J}_{n-2m+2}(\hat{\alpha}_x)]\}$$

于是辐射谱改写为

$$\frac{\mathrm{d}^2 I_\theta}{\mathrm{d}\omega \mathrm{d}\Omega} = \frac{e^2 \omega^2}{16\pi^3 \varepsilon_0 c^3} |\hat{I}_x \cos\theta \cos\phi - \hat{I}_z \sin\theta|^2 \tag{8.37}$$

$$\frac{\mathrm{d}^2 I_\phi}{\mathrm{d}\omega \mathrm{d}\Omega} = \frac{e^2 \omega^2}{16\pi^3 \varepsilon_0 c^3} |\hat{I}_x \sin\phi|^2 \tag{8.38}$$

因为两种不同谐波 n 和 n' 的频谱很好分离,将方程 (8.37) 和方程 (8.38) 合并,注意相位因子 $\mathrm{e}^{\mathrm{i}\psi_0}$ 的模值为 1,经变换和整理后得到以下结果:

$$\frac{\mathrm{d}^2 I}{\mathrm{d}\omega \mathrm{d}\Omega} = \sum_{n=1}^{\infty} \frac{e^2 k^2}{16\pi^3 \varepsilon_0 c} \left[\frac{\sin(\bar{k}\eta_0)}{\bar{k}} \right]^2 [C_x^2(1 - \sin^2\theta \cos^2\phi)$$

$$+ C_z^2 \sin^2\theta - C_x C_z \sin(2\theta) \cos\phi] \tag{8.39}$$

其中,

$$C_x = \sum_{m=-\infty}^{\infty} (-1)^m k_0 r_1 \mathrm{J}_m(\alpha_z)[\mathrm{J}_{n-2m-1}(\alpha_x) + \mathrm{J}_{n-2m+1}(\alpha_x)]$$

$$C_z = \sum_{m=-\infty}^{\infty} (-1)^m 2\mathrm{J}_m(\alpha_z)\{\beta_1 \mathrm{J}_{n-2m}(\alpha_x) + k_0 z_1[\mathrm{J}_{n-2m-2}(\alpha_x) + \mathrm{J}_{n-2m+2}(\alpha_x)]\}$$

已对贝塞尔函数自变量 $\hat{\alpha}_x$ 和 $\hat{\alpha}_z$ 作了 $\omega = \omega_n$ 的近似而使用 α_z 和 α_x:

$$\alpha_z = \frac{na_0^2(1+\cos\theta)}{8h_0^2[1-\beta_1(1+\cos\theta)]}, \quad \alpha_x = \frac{na_0\sin\theta\cos\phi}{h_0[1-\beta_1(1+\cos\theta)]} \tag{8.40}$$

对于反散射辐射 ($\theta = 0°$) 情况, 用 $|\hat{I}_x^2|$ 表示的辐射谱由于含对 n 求和的平方而不能给出第 n 个谐波分量的辐射谱, 所以必须加以改造。注意到 $\hat{\alpha}_z = -k(1+\cos\theta)a_0^2/(8h_0^2k_0) = -|\hat{\alpha}_z|$, $\mathrm{J}_m(\hat{\alpha}_z) = (-1)^m\mathrm{J}_m(|\hat{\alpha}_z|)$, 同时考虑到辐射谱仅包含 $\omega_n > 0$ 的谱分量, 因此应该舍弃 n 求和中 $n \leqslant 0$ 的所有项。经化简可得到线偏振情况下的总辐射谱为

$$\frac{\mathrm{d}^2 I}{\mathrm{d}\omega \mathrm{d}\Omega} = \sum_{n=1}^{\infty} \frac{e^2 k^2}{16\pi^3 \varepsilon_0 c}\left[\frac{\sin(\bar{k}\eta_0)}{\bar{k}}\right]^2 C_x^2 \tag{8.41}$$

定义共振函数 $R(k, nk_0)$ 为

$$R(k, nk_0) = \left[\frac{\sin(\bar{k}\eta_0)}{\bar{k}\eta_0}\right]^2 \tag{8.42}$$

共振函数用来确定给定谐波辐射谱的频率宽度。这一函数在共振频率 ω_n 处有锐峰, 共振频率 ω_n 值由 $\bar{k} = 0$ 给出, 即

$$\omega_n = \frac{n\omega_0}{1-\beta_1(1+\cos\theta)} \tag{8.43}$$

关于 ω_n 谱宽度 $\Delta\omega/\omega_n = 1/(nN_0)$, 其中 $N_0 = L_0/\lambda_0$ 是与电子束相互作用的激光周期数。$L_0 = \bar{T}c$ 为激光的空间长度, $\bar{T}$ 为激光脉冲 (时间) 宽度。

这里特别关心沿轴的反散射辐射。在反散射方向 $(\theta = 0°)$ 上，方程 (8.40) 简化为

$$|\hat{\alpha}_z| \approx \alpha_z = \frac{na_0^2}{4h_0^2[1 - 2\beta_1]} = \frac{M_0 na_0^2}{4\gamma_0^2(1 + \beta_0)^2} = \frac{na_0^2}{4(1 + a_0^2/2)}, \quad \hat{\alpha}_x = 0$$

(8.44)

由于 $\mathrm{J}_{k=0}(0) = 1$ 以及 $\mathrm{J}_{k\neq0}(0) = 0$，$\mathrm{J}_{n-2m\pm1}(0)$ 的表达式中仅当 $m = (n\pm1)/2$ 时才取值为 1，否则为 0，因而具有 δ 函数的性质。于是，

$$\sum_{m=-\infty}^{\infty} (-1)^m \mathrm{J}_m(\alpha_z)\delta(n - 2m \pm 1) = (-1)^{(n\pm1)/2}\mathrm{J}_{(n\pm1)/2}(\alpha_z)$$

这表明，在反散射方向 $(\theta = 0°)$ 上仅有奇次谐波，偶次谐波为 0。因此 C_x^2 可以改写为

$$C_x^2 = \left\{ \sum_{m=-\infty}^{\infty} (-1)^m k_0 r_1 \mathrm{J}_m(\alpha_z)[\mathrm{J}_{n-2m-1}(\alpha_x) + \mathrm{J}_{n-2m+1}(\alpha_x)] \right\}^2$$

$$= (k_0 r_1)^2 [\mathrm{J}_{(n-1)/2}(\alpha_z) - \mathrm{J}_{(n+1)/2}(\alpha_z)]^2, \quad n \in 1, 3, 5, \cdots$$

不难得到反散射方向 $(\theta = 0°)$ 上的辐射强度谱为

$$\frac{\mathrm{d}^2 I}{\mathrm{d}\omega\mathrm{d}\Omega} = \sum_{n=1}^{\infty} \frac{e^2 k^2}{16\pi^3\varepsilon_0 c} \left[\frac{\sin(\bar{k}\eta_0)}{\bar{k}} \right]^2 C_x^2$$

第 n 次奇次谐波的辐射强度谱为

$$\frac{\mathrm{d}^2 I_n}{\mathrm{d}\omega\mathrm{d}\Omega} = \frac{e^2 k_0 N_0 M_0^2}{4\pi\varepsilon_0} G_n(\omega)F_n(a_0)$$

(8.45)

式中，$F_n(a_0)$ 是谐波振幅函数；$G_n(\omega)$ 是共振谱函数，分别定义为

$$F_n(a_0) \equiv n\alpha_n[\mathrm{J}_{(n-1)/2}(\alpha_n) - \mathrm{J}_{(n+1)/2}(\alpha_n)]^2$$

(8.46)

$$G_n(\omega) \equiv \frac{R(k, nk_0)}{\Delta\omega} = \frac{1}{\Delta\omega} \left| \frac{\sin[(\omega - nM_0\omega_0)\bar{T}]}{(\omega - nM_0\omega_0)\bar{T}} \right|^2 \qquad (8.47)$$

相关的其他参量如下给出:

$$\alpha_n = \alpha_z = \frac{na_0^2}{4(1 + a_0^2/2)}, \quad \bar{T} = L_0/(2cM_0), \quad \bar{k} = k/M_0 - nk_0,$$

$$\omega = nM_0\omega_0 \approx \frac{4\gamma_0^2 n\omega_0}{1 + a_0^2/2} \qquad (8.48)$$

共振函数 $G_n(\omega)$ 在 $\omega = nM_0\omega_0$ 处取尖锐峰值, 谱宽为 $\Delta\omega/\omega_n = 1/(nN_0)$; 当 $N_0 \to \infty$ 时, $G_n(\omega) \to \delta(\omega - \omega_n)$。

在第 n 次反散射谐波中的辐射能量依赖于函数 $F_n(a_0)$(方程 (8.48))。对于高次谐波 $n \gg 1$, 当 $a_0^2 \gg 1$ 时, F_n 变得显著。对于中等功率的激光, $a_0^2 \ll 1$, 仅基波是重要的。图 8.1 给出 F_n 对参量 $(a_0^2/4)/(1 + a_0^2/2)$ 的关系图。

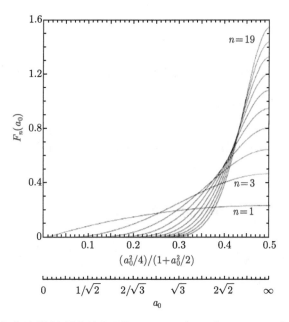

图 8.1 前 10 个奇次谐波的振幅函数 $F_n(a_0)$ 与 $(a_0^2/4)/(1 + a_0^2/2)$ 的函数关系

8.3.2　圆偏振情况

对于圆偏振激光 ($\delta_p = 0$) 入射的散射辐射，在方程 (8.26) 和方程 (8.27) 中使用圆偏振情况的电子轨道，即方程 (8.20) 和方程 (8.21)。谱强度分布可以改写为

$$\frac{\mathrm{d}^2 I_\theta}{\mathrm{d}\omega \mathrm{d}\Omega} = \frac{e^2\omega^2}{16\pi^3\varepsilon_0 c^3} \left| \int_{-\eta_0}^{\eta_0} \left[\frac{k_0 r_1}{\sqrt{2}} \cos\theta \cos(k_0\eta - \phi) - \beta_1 \sin\theta \right] \exp(\mathrm{i}\psi)\mathrm{d}\eta \right|^2 \tag{8.49}$$

$$\frac{\mathrm{d}^2 I_\phi}{\mathrm{d}\omega \mathrm{d}\Omega} = \frac{e^2\omega^2}{16\pi^3\varepsilon_0 c^3} \left| \int_{-\eta_0}^{\eta_0} \left[\frac{k_0 r_1}{\sqrt{2}} \sin(k_0\eta - \phi) \right] \exp(\mathrm{i}\psi)\mathrm{d}\eta \right|^2 \tag{8.50}$$

相位 ψ 如下确定：

$$\psi = \psi_0 + [1 - \beta_1(1 + \cos\theta)]k\eta - (kr_1/\sqrt{2})\sin\theta\sin(k_0\eta - \phi)$$

ψ_0 由方程 (8.31) 给出。利用贝塞尔恒等式 (方程 (8.31)) 得到相位因子：

$$\exp\{\mathrm{i}[\psi_0 + l(k_0\eta - \phi)]\} = \sum_{n=-\infty}^{\infty} \exp[\mathrm{i}(\psi_0 + \bar{k}\eta + n\phi)]\mathrm{J}_{n+l}(\hat{\alpha})$$

式中，$\hat{\alpha} = (kr_1/\sqrt{2})\sin\theta$；$\bar{k}$ 由方程 (8.32) 给出。方程 (8.49) 和方程 (8.50) 中的三个积分就可以如下写出：

$$\hat{I}_0 = \int_{-\eta_0}^{\eta_0} \exp(\mathrm{i}\psi)\mathrm{d}\eta = \sum_{n=-\infty}^{\infty} \exp[\mathrm{i}(\psi_0 + n\phi)]\left[\frac{\sin(\bar{k}\eta_0)}{\bar{k}}\right] 2\mathrm{J}_n(\hat{\alpha})$$

$$\hat{I}_1 = \int_{-\eta_0}^{\eta_0} \cos(k_0\eta - \psi)\exp(\mathrm{i}\psi)\mathrm{d}\eta$$

$$= \sum_{n=-\infty}^{\infty} \exp[\mathrm{i}(\psi_0 + n\phi)]\left[\frac{\sin(\bar{k}\eta_0)}{\bar{k}}\right]\frac{2n}{\hat{\alpha}}\mathrm{J}_n(\hat{\alpha})$$

$$\hat{I}_2 = \int_{-\eta_0}^{\eta_0} \sin(k_0\eta - \psi)\exp(\mathrm{i}\psi)\mathrm{d}\eta$$

$$= \sum_{n'=-\infty}^{\infty} \exp[i(\psi_0 + n'\phi)] \left[\frac{\sin(\bar{k}\eta_0)}{\bar{k}} \right] 2i J'_{n'}(\hat{\alpha})$$

正如方程 (8.42) 的共振函数所表明，以上表达式表示了中心位于 $\omega = \omega_n$ 的频谱，ω_n 由方程 (8.43) 给出，其宽度为 $\Delta\omega/\omega_n = 1/(nN_0)$。因为两种不同谐波 n 和 n' 很好分离，方程 (8.49) 和方程 (8.50) 可合并。因此圆偏振情况下的辐射谱强度可以写为

$$\frac{\mathrm{d}^2 I}{\mathrm{d}\omega\mathrm{d}\Omega} = \frac{e^2 k^2}{4\pi^3 \varepsilon_0 c} \sum_{n=1}^{\infty} \left[\frac{\sin(\bar{k}\eta_0)}{\bar{k}} \right]^2$$

$$\times \left[\frac{[\cos\theta - \beta_1(1+\cos\theta)]^2}{\sin^2\theta} J_n^2(\alpha) + \frac{k_0^2 r_1^2}{2} J_n'^2(\alpha) \right] \quad (8.51)$$

式中，$k_0 r_1 = a_0/h_0$，对贝塞尔函数自变量也作了 $\omega = \omega_n$ 的近似，因此，

$$\alpha = \frac{n(a_0/\sqrt{2})\sin\theta}{h_0[1-\beta_1(1+\cos\theta)]} \quad (8.52)$$

利用以下恒等式 (定义新参量 $\hat{z} = \alpha/n$)：

$$\sum_{n=1}^{\infty} n^2 J_n^2(n\hat{z}) = \frac{\hat{z}^2(4+\hat{z}^2)}{16(1-\hat{z}^2)^{7/2}}$$

$$\sum_{n=1}^{\infty} n^2 J_n'^2(n\hat{z}) = \frac{4+3\hat{z}^2}{16(1-\hat{z}^2)^{5/2}}$$

完成方程 (8.51) 中的求和。对频率积分后可以得到 $\mathrm{d}I/\mathrm{d}\Omega$ 的解析表达式：

$$\frac{\mathrm{d}I}{\mathrm{d}\Omega} = \frac{(e^2/c)N_0\omega_0 a_0^2/h_0^2}{128\pi\varepsilon_0(1-\hat{z}^2)^{7/2}[1-\beta_1(1+\cos\theta)]^3}$$

$$\times \left\{ \frac{[\cos\theta - \beta_1(1+\cos\theta)]^2}{[1-\beta_1(1+\cos\theta)]^2}(4+\hat{z}^2) + (4+3\hat{z}^2)(1-\hat{z}^2) \right\} \quad (8.53)$$

由于电子轨道的对称性，辐射谱强度分布与方位角 ϕ 无关。轴上仅有基波而高次谐波为 0。基波强度在 $\theta = 0°$ 方向 (轴上) 为最大，其频率从低强度汤姆孙反散射值 ($4\gamma_0^2\omega_0$) 上移。高次谐波的峰值在离轴处，并限于 $\theta \leqslant 2/M_0^{1/2}$ 的角度内。

在反散射方向上仅基波 ($n = 1$) 不为 0。在 $\theta \to 0°$ 的极限下，$J_1'(\alpha) \to 1/2$ 和 $J_1(\alpha) \to \alpha/2$。因此，

$$\frac{\mathrm{d}^2 I_1}{\mathrm{d}\omega\mathrm{d}\Omega} = \frac{e^2 k_0 N_0 M_0^2 a_0^2}{16\pi\varepsilon_0(1 + a_0^2/2)} G_1(\omega) \tag{8.54}$$

其中，共振函数 $G_1(\omega)$ 由方程 (8.47) 取 $n = 1$ 给出。

8.4 散射辐射的性质

8.4.1 辐射功率

强激光场中一个电子受相对论抖动所辐射的功率 P_s 由拉莫尔公式给出 [14]。经典拉莫尔公式为

$$P_\mathrm{s} = \frac{e^2}{6\pi\varepsilon_0 m_0^2 c^3} \left(\frac{\mathrm{d}\boldsymbol{p}}{\mathrm{d}t} \cdot \frac{\mathrm{d}\boldsymbol{p}}{\mathrm{d}t}\right)^2$$

推广到相对论情况后的结果为

$$P_\mathrm{s} = \frac{e^2}{6\pi\varepsilon_0 m_0^2 c^3} \left(-\frac{\mathrm{d}p_\mu}{\mathrm{d}\tau} \cdot \frac{\mathrm{d}p_\mu}{\mathrm{d}\tau}\right) = \frac{e^2}{6\pi\varepsilon_0 m_0^2 c^3} \left[\left(\frac{\mathrm{d}\boldsymbol{p}}{\mathrm{d}\tau}\right)^2 - \left(\frac{\mathrm{d}p}{\mathrm{d}\tau}\right)^2\right]$$

其中，$\mathrm{d}\tau = \mathrm{d}t/\gamma$，而 p_μ 是四维动量。在高相对论情况下 ($\beta \approx 1$)，结果为

$$P_\mathrm{s} = \frac{e^2}{6\pi\varepsilon_0 c} \gamma^2 \left[\left(\frac{\mathrm{d}\boldsymbol{u}}{\mathrm{d}t}\right)^2 - \left(\frac{\mathrm{d}\gamma}{\mathrm{d}t}\right)^2\right]$$

假定电子轨道仅为 $\eta = z + ct$ 的函数，于是，

$$P_{\mathrm{s}} = \frac{e^2 c}{6\pi\varepsilon_0}(\gamma + u_z)^2 \left[\left(\frac{\mathrm{d}\boldsymbol{u}}{\mathrm{d}\eta}\right)^2 - \left(\frac{\mathrm{d}\gamma}{\mathrm{d}\eta}\right)^2\right] \tag{8.55}$$

使用 8.2 节所得到的轨道，在圆偏振或线偏振辐射场中单个电子的辐射功率为

$$P_{\mathrm{s}} = \frac{e^2 c h_0^2 k_0^2 a_0^2 \chi_{\mathrm{p}}}{6\pi\varepsilon_0} \tag{8.56}$$

式中，χ_{p} 是偏振因子，对于圆偏振 $\chi_{\mathrm{p}} = 1/2$，对于线偏振 $\chi_{\mathrm{p}} = \sin^2(k_0\eta)$；$h_0$ 由方程 (8.13) 决定。在激光周期内取平均，则辐射功率与入射激光功率之比 P_{s}/P_0 为

$$P_{\mathrm{s}}/P_0 \approx 16 r_{\mathrm{e}}^2 h_0^2/(3 r_0^2) \tag{8.57}$$

这里，$r_{\mathrm{e}} = e^2/(4\pi\varepsilon_0 m c^2)$ 是经典电子半径；r_0 为激光脉冲的最小焦斑尺寸。

激光通过密度为 n_0 的均匀分布电子束，其散射辐射总功率是 $P_{\mathrm{T}} = N_{\mathrm{e}} P_{\mathrm{s}}$，而与激光相互作用的总电子数为 $N_{\mathrm{e}} = n_0 L_0 \sigma_{\mathrm{L}}$，激光脉冲长度为 $L_0 = c\tau_{\mathrm{L}}$，σ_{L} 是激光束有效截面。假定高斯激光脉冲矢势分布为 $\hat{a}(r) = (a_0 r_0/r_{\mathrm{L}})\exp(-r^2/r_{\mathrm{L}}^2)$，$r_{\mathrm{L}}$ 为激光焦斑尺寸而 r_0 是最小焦斑尺寸，则有效截面 σ_{L} 如下给出：

$$\sigma_{\mathrm{L}} = \pi r_0^2/2$$

于是散射辐射总功率与入射激光功率的比值为

$$P_{\mathrm{T}}/P_0 = (8\pi/3) r_{\mathrm{e}}^2 L_0 n_0 h_0^2 \tag{8.58}$$

8.4.2 共振函数性质

研究由方程 (8.42) 给出的共振函数 $R(k, nk_0)$，可以弄清辐射谱的几个性质：

(1) 共振频率 ω_n 由共振函数 $R(k, nk_0)$ 峰值 ($\bar{k} = 0$) 确定，其表达式为

$$\omega_n = \frac{nM_0\omega_0}{1 + M_0\beta_1(1 - \cos\theta)} \tag{8.59}$$

式中，n 为谐波数；M_0 是相对论多普勒上移因子 ($M_0 \gg 1$)。辐射主要被反散射到小角度 $\theta^2 \ll 1$ 内。因此，

$$\omega_n = \frac{nM_0\omega_0}{1 + M_0\theta^2/4}$$

它表明沿轴反散射上 ($\theta = 0°$) 的频率最大。由于 $M_0 \gg 1$，角度变化 $\Delta\theta$ 引起的频率变化 $\Delta\omega$ 为

$$\frac{\Delta\omega}{\omega_n} = \frac{|2M_0\theta\Delta\theta + \Delta\theta^2/2|}{4 + M_0\theta^2} \tag{8.60}$$

(2) 角扩展 $\Delta\theta$。发生关于频率 ω_n 的带宽 $\Delta\omega$ 时的角扩展可利用方程 (8.60) 求解得到。尤其要关心两个角度。对于线偏振激光场，高次谐波 ($n \gg 1$) 的辐射强度以角度 $\theta = 0°$ 为中心；圆偏振激光场的角扩展中心在角度 $\theta_0 = 2/M_0^{1/2}$ 附近。对于这两个角度，方程 (8.60) 意味着

$$\Delta\theta \approx \frac{\gamma_\perp}{\gamma_0} \times \begin{cases} (\Delta\omega/\omega_n)^{1/2}, & \theta = 0° \\ (\Delta\omega/\omega_n), & \theta = \theta_0 \end{cases} \tag{8.61}$$

这里已使用了 $M_0 = 4\gamma_0^2/(1 + a_0^2/2) \approx 4\gamma_0^2/\gamma_\perp^2$。

(3) 共振频率的固有带宽 $\Delta\omega_n$。对于单电子辐射，令 $\omega = \omega_n + \delta\omega$ 并将共振函数 $R(k, nk_0)$ 对 $\delta\omega$ 积分而给出固有频率宽度 $\Delta\omega_n$ 为

$$\Delta\omega_n \approx \int_{-\infty}^{\infty} R(k, nk_0)\mathrm{d}(\delta\omega) = \omega_n/(nN_0) \tag{8.62}$$

因此 $\Delta\omega_n/\omega_n = 1/(nN_0)$，其中 $N_0 = L_0/\lambda_0$ 是激光脉冲的波长数。因此，当 $N_0 \to \infty$ 时，有 $R(k, nk_0) \to \Delta\omega_n\delta(\omega - \omega_n)$。

(4) 固有带宽对应的角扩展 $\Delta\theta_n$。在 ω_n 附近具有带宽 $\Delta\omega_n$ 的角度范围 θ_n 附近，可以将方程 (8.61) 代入方程 (8.62) 而给出 $\Delta\theta_n$：

$$\Delta\theta_n \approx \frac{\gamma_\perp}{\gamma_0} \times \begin{cases} (1//nN_0)^{1/2}, & \theta = 0° \\ (1//nN_0), & \theta = \theta_0 \end{cases} \tag{8.63}$$

同样地，令 $\theta = \theta' + \delta\theta$，将共振函数 $R[k_n(\theta'), nk_0]$ 对 $\delta\theta$ 积分，可以得到类似结果。

8.4.3 超强行为

当 $a_0 \ll 1$ 时，散射辐射在基波频率 $\omega_1 = \omega_0/[1 - \beta_1(1 + \cos\theta)]$ 之处取窄峰值；当 a_0 接近 1 时也出现谐波 $\omega_n = n\omega_1$。当 $a_0 \gg 1$ 时，产生许多高次谐波 $(n \gg 1)$，同步辐射谱强度由大量密集的高次谐波组成。电子能散度可以使带宽加宽而造成许多谐波的重叠。因此在超强极限下（即 $a_0 \gg 1$)，总谱被加宽使辐射谱连续而直到临界频率 $\omega_c = n_c\omega_1$ 处为 0 $(n_c$ 为临界谐波数)。研究辐射谱方程 (8.39) 和方程 (8.51)，即可以确定在超强极限下的临界谐波数 n_c。

利用如下关系式可以分析大谐波数 $n \gg 1$ 辐射谱的渐近性质 [14]：

$$\begin{cases} J_n(n\hat{z}) \approx \dfrac{\hat{x}^{1/2}}{\pi}(1 - \hat{z})^{-1/4} K_{1/3}(n\hat{x}) \\ J'_n(n\hat{z}) \approx -\dfrac{\hat{x}^{1/2}}{\pi\hat{z}}(1 - \hat{z})^{1/4} K_{2/3}(n\hat{x}) \end{cases} \tag{8.64}$$

其中，$|\hat{z}| < 1$ 并且是 a_0 和 θ 的函数：

$$\hat{x} = \ln[1 + (1 - \hat{z}^2)^{1/2}] - \ln\hat{z} - (1 - \hat{z}^2)^{1/2} \tag{8.65}$$

$K_{1/3}$ 和 $K_{2/3}$ 是修正贝塞尔函数。特别地，对于 $n\hat{x} \gg 1$ 有

$$K_{1/3} \approx K_{2/3} \approx [\pi/(2n\hat{x})]\exp(-n\hat{x})$$

因此，仅仅 $n\hat{x} \leqslant 1$ 的谐波才对辐射谱有显著贡献。临界谐波数表达为 $n_c \hat{x}_{min} = 1$ 或 $n_c = 1/\hat{x}_{min}$，$\hat{x}_{min}$ 是方程 (8.65) 的最小值。而且，$d\hat{x}/d\hat{z} < 0$，$\hat{x}$ 的最小值发生于 $\hat{z}_{max}$ 处。典型地，对于 $a_0^2 \gg 1$ 有 $1 - \hat{z}_{max}^2 \ll 1$，将方程 (8.65) 展开得到 $\hat{x}_{min} \approx \frac{1}{3}(1 - \hat{z}_{max}^2)^{3/2}$。关键的谐波数由此式反推出。在超强情况下，可以求得 $n_c = 1/\hat{x}_{min}$。对于圆偏振情况，$n_c = 3a_0^3/\sqrt{8}$；对于线偏振情况，$n_c = 3a_0^3/4$。

1. 圆偏振激光超强行为

对于圆偏振激光，

$$\hat{z} \equiv \frac{\alpha}{n} = \frac{(a_0/\sqrt{2})\sin\theta}{h_0[1 - \beta_1(1 + \cos\theta)]} \tag{8.66}$$

$\hat{z}$ 的最大值为 $\hat{z}_{max} = (a_0/\sqrt{2})/(1 + a_0^2/2)^{1/2}$，并发生于 θ_0 处，

$$\cos\theta_0 = (M_0 - 1)/(M_0 + 1) \tag{8.67}$$

将 $\hat{z}_{max}$ 值代入方程 (8.65)，对于 $a_0^2 \gg 1$ 给出 $\hat{x}_{min} \approx 2\sqrt{2}/(3a_0^2)$，于是临界谐波数为

$$n_c \approx 3a_0^2/\sqrt{8} \tag{8.68}$$

因此，临界谐波 (n_c) 辐射散射在 $\theta = \theta_0$ 方向上。在 $\theta = \theta_0$ 方向散射辐射的频率为

$$\omega(\theta = \theta_0) = n\omega_0(M_0 + 1)/2 \tag{8.69}$$

对于相对论电子束，$M_0 \gg 1$，$\theta_0 \approx 2/M_0^2$，因此高次谐波几乎都反散射。假定 $a_0^2 \gg 1$ 和 $M_0 \gg 1$，电子轨道倾角为 $|u_\perp|/|u_z| \approx 2\sqrt{2}/M_0^{1/2} \approx a_0/\gamma_0$。显然，$\theta_0$ 与电子轨道的倾角相关。

辐射谱在 $n \gg 1$ 时的渐近性质可以根据方程 (8.51) 和方程 (8.64) 确定。在超相对论极限下 ($a_0^2 \gg 1$)，辐射约束在关于最佳角度 θ_0 的小

角度 $\delta\theta$ 范围内，即 $\theta = \theta_0 + \delta\theta$，其中 $\delta\theta^2 \ll 1$。假定 $n \gg 1$、$a_0^2 \gg 1$ 以及 $\delta\theta^2 \ll 1$，则给出渐近谱：

$$\frac{\mathrm{d}^2 I}{\mathrm{d}\omega\mathrm{d}\Omega} \approx N_0 \frac{3e^2}{\pi^2 c} \frac{\gamma^2 \xi^2}{1 + \gamma^2 \delta\theta^2} \left[\frac{\gamma^2 \delta\theta^2}{1 + \gamma^2 \delta\theta^2} K_{1/3}^2(\xi) + K_{2/3}^2(\xi) \right] \qquad (8.70)$$

其中，

$$\xi = \frac{\omega}{\omega_c}(1 + \gamma^2 \delta\theta^2)^{3/2}, \quad \omega_c = n_c \frac{M_0 + 1}{2}\omega_0, \quad \gamma = \frac{a_0(M_0 + 1)}{2(2M_0)^{1/2}} \quad (8.71)$$

方程 (8.70) 对于 M_0 的任意值都有效，即对任意束电子能量都有效。方程 (8.71) 中 $n_c = 3a_0^2/2\sqrt{2}$，$(M_0 + 1)/2$ 是在最佳角 θ_0 散射辐射的相对论多普勒频率上移因子。γ 的表达式见方程 (8.14)，但假定了 $a_0^2 \gg 1$。在推导方程 (8.70) 时使用了方程 (8.64) 并用积分近似表示求和，即 $\sum_n R(k, nk_0) \approx 1/N_0$，因此 $n\hat{x} \to \xi$。注意，在 $\delta\theta = 0$ 的极限下，$\mathrm{d}^2 I/(\mathrm{d}\omega\mathrm{d}\Omega) \sim \xi^2 K_{2/3}^2(\xi) \equiv Y(\xi)$，其中 $\xi = \omega/\omega_c$。图 8.2 表明了函数 $Y(\xi) = \xi^2 K_{2/3}^2(\xi)$ 的曲线图。函数 $Y(\xi)$ 在 $\xi = 1/2$ 处有极大值，对于 $\xi > 1$，该函数急剧减小。总功率的一半是以 $\omega < \omega_c/2$ 的频率辐射，另一半则以 $\omega > \omega_c/2$ 的频率辐射。将 $\mathrm{d}^2 I/(\mathrm{d}\omega\mathrm{d}\Omega)$ 对频率和角度积分可以表明这一点 [15]。

方程 (8.70) 是在超相对论极限下由在即时环形轨道上运动的一个电子所发射的同步辐射谱标准结果的 N_0 倍 [15]，轨道的曲率半径为 $\rho = 3\gamma^3 c/\omega_c$。根据该方程得出几个众所周知的性质，例如，辐射强度的角分布和频谱分布分别为 [14]

$$\frac{\mathrm{d}I}{\mathrm{d}\Omega} \approx \frac{7}{48} \frac{N_0 e^2 \gamma^2}{c} \frac{\omega_c}{(1 + \gamma^2 \delta\theta^2)^{5/2}} \left[1 + \frac{5}{7} \frac{\gamma^2 \delta\theta^2}{1 + \gamma^2 \delta\theta^2} \right] \qquad (8.72\mathrm{a})$$

$$\frac{\mathrm{d}I}{\mathrm{d}\omega} \approx 2\sqrt{3} \frac{N_0 e^2 \gamma}{c} \frac{\omega}{\omega_c} \int_{2\omega/\omega_c}^{\infty} K_{5/3}(\xi)\mathrm{d}\xi \qquad (8.72\mathrm{b})$$

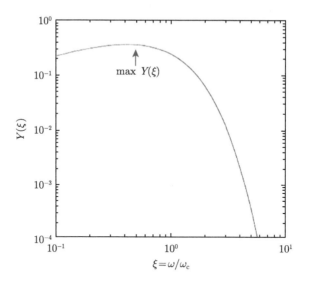

图 8.2　函数 $Y(\xi) = \xi^2 K_{2/3}^2(\xi)$ 的图示

　　频谱峰值强度和辐射能量的量级分别为 $N_0 e^2 \gamma / c$ 和 $N_0 e^2 \gamma \omega_{\mathrm{c}} / c$。峰值强度发生在最佳角 θ_0 处，即 $\delta\theta = 0°$。低于 $n_{\mathrm{c}}(\omega \ll \omega_{\mathrm{c}})$ 的谐波，辐射强度按 $(\omega/\omega_0)^{2/3}$ 增加；高于 $n_{\mathrm{c}}(\omega \gg \omega_{\mathrm{c}})$ 的谐波，辐射强度则呈指数型降低，也即

$$\left.\frac{\mathrm{d}^2 I}{\mathrm{d}\omega \mathrm{d}\Omega}\right|_{\delta\theta=0} \approx N_0 \frac{3e^2}{\pi^2 c}\left[\varGamma\left(\frac{2}{3}\right)\right]^2 \gamma^2 \left[\frac{\omega}{2\omega_{\mathrm{c}}}\right]^{2/3}, \quad \omega \ll \omega_{\mathrm{c}} \qquad (8.73\mathrm{a})$$

$$\left.\frac{\mathrm{d}^2 I}{\mathrm{d}\omega \mathrm{d}\Omega}\right|_{\delta\theta=0} \approx N_0 \frac{3e^2}{2\pi c} \gamma^2 \left[\frac{\omega}{\omega_{\mathrm{c}}}\right] \exp\left[-\frac{2\omega}{\omega_{\mathrm{c}}}\right], \quad \omega \gg \omega_{\mathrm{c}} \qquad (8.73\mathrm{b})$$

　　对于 $\omega \ll \omega_{\mathrm{c}}$，固定频率的散射辐射限于在关于 θ_0 的角扩展范围 $\Delta\delta\theta = (\omega_{\mathrm{c}}/\omega)^{1/3}/\gamma$ 内，反之对于 $\omega > \omega_{\mathrm{c}}$ 的谱区，则限于 $\Delta\delta\theta = (\omega_{\mathrm{c}}/3\omega)^{1/2}/\gamma$ 范围内。对频率积分谱的平均角度扩展范围为 $\langle\delta\theta^2\rangle^{1/2} \sim 1/\gamma$。

2. 线偏振激光超强行为

　　对于在 $a_0 \ll 1$ 极限下的线偏振激光场，在反散射方向的一个窄小

锥 $\Omega \approx 2\pi\theta_c^2$ 内产生基频上移的辐射，其中 $\theta_c \sim 1/h_0$。在 $a_0 \gg 1$ 的极限下，产生了接近于连续的高次谐波辐射，反散射方向上的辐射锥也加宽 [8]。特别地，在竖直方向上 ($\phi = \pi/2$，方向垂直于 x-z 平面)，发射则限于竖直角 $\theta_c \sim 1/h_0$ 之内。在水平方向上 ($\phi = 0$，即电子轨道平面上) 发射角加宽，并限于大小 $\theta_h \sim a_0/h_0$ 的水平角度内，它由 x-z 平面上电子的偏转角所确定 [8]。辐射谱的渐近行为可用方程 (8.39) 和方程 (8.64) 来分析。令 θ 是竖直向观察角，也就是说 $\phi = \pi/2$，于是在 $a_0 \gg 1$ 和 $n \gg 1$ 的极限下，$\theta^2 \ll 1$ 以及在方程 (8.39) 中的系数 C_x 和 C_z 为 $C_z^2 \approx \mathrm{J}_l^2(l\hat{z})$ 和 $C_x^2 \approx (a_0/h_0)^2 \mathrm{J}_l'^2(l\hat{z})$，这里已忽略量级为 $1/a_0$ 的附加项，而 $n = 2l + 1 \gg 1$。因此，对于线偏振情况有

$$\hat{z} = \frac{\alpha_z}{l} \approx 1 - \frac{2}{a_0^2}\left[1 + \frac{h_0^2}{4}\theta^2\right]$$

利用贝塞尔函数的渐近行为 (方程 (8.64)) 可以得到轴附近的渐近谱。注意，对于 $\theta = 0°$，$\hat{x}_{\max} \approx 8/(3a_0^2)$。因此，$l_c = 1/\hat{x}_{\max}$，其临界谐波数 $n_c \approx 2l_c$ 如下给出：

$$n_c \approx 3a_0^3/4 \tag{8.74}$$

利用方程 (8.39) 和方程 (8.64)，得到渐近谱为

$$\frac{\mathrm{d}^2 I}{\mathrm{d}\omega\mathrm{d}\Omega} \approx N_0 \frac{12e^2}{\pi^2 c} \frac{\hat{\gamma}^2 \zeta^2}{1 + \hat{\gamma}^2\theta^2}\left[\frac{\hat{\gamma}^2\theta^2}{1 + \hat{\gamma}^2\theta^2}K_{1/3}^2(\xi) + K_{2/3}^2(\xi)\right] \tag{8.75}$$

其中，

$$\begin{cases} \omega_c = n_c M_0 \omega_0 \\ \zeta = \dfrac{\omega}{\omega_c}(1 + \hat{\gamma}^2\theta^2)^{3/2} \\ \hat{\gamma} = h_0/2 \end{cases} \tag{8.76}$$

推导渐近谱方程 (8.75) 时，使用了 $\sum_n R(k, nk_0) \to 1/N_0$ 和 $l\hat{x} \to \zeta$ 的关系。从方程 (8.75) 可以看出渐近谱的几个显著性质。如同圆偏振情

况，使用方程 (8.72) 和方程 (8.73)，并利用 $N_0 \to 4N_0$、$\delta\theta \to \theta$、$\gamma \to \hat{\gamma}$，其中 ω_c 由方程 (8.76) 给出。特别地，$\omega \approx \omega_c$ 的辐射限于竖直向角度 $\theta_v \approx 1/\hat{\gamma}$ 之内。在水平方向上，辐射限于角度 $\theta_h \approx a_0/\gamma_0$ 之内。

8.5   散射辐射的非理性效应

8.5.1   电子束能散度

以上的分析假定了理想电子分布，略去发射度和能散度的影响。这些效应对于散射辐射谱的谱带宽十分重要 [8]。在实际电子束中，电子总会有平均发散角和平均能散度，它们分别用束发射度和固有能散度表示。

电子束的归一发射度为 $\varepsilon_n = \gamma_0 r_b \theta_b$，这里 r_b 是束平均半径、θ_b 是平均电子发散角。由于发射度所引起的相对能散度为 $(\Delta E/E_b)_\varepsilon = \varepsilon_n^2/2r_b^2$，其中 E_b 为束初始能量，则对应的因发射度引起的谱线加宽为

$$(\Delta\omega/\omega_n)_\varepsilon = 2(\Delta E/E_b)_\varepsilon = \varepsilon_n^2/r_b^2 \tag{8.77}$$

由于各种原因，如电压变化、脉冲宽度影响等，电子束会有固有能散度 $(\Delta E/E_b)_i$。固有能散度对谱线加宽的贡献为

$$(\Delta\omega/\omega_n)_i = 2(\Delta E/E_b)_i \tag{8.78}$$

另外，激光与电子束相互作用长度对谱带宽度的贡献为

$$(\Delta\omega/\omega_n)_0 = 1/(nN_0)$$

于是关于谐波 ω_n 的辐射总谱宽为

$$(\Delta\omega/\omega_n)_T \approx [(\Delta\omega/\omega_n)_0^2 + (\Delta\omega/\omega_n)_\varepsilon^2 + (\Delta\omega/\omega_n)_i^2]^{1/2} \tag{8.79}$$

具有总宽度 $(\Delta\omega/\omega_n)_T$ 的辐射限于在 $\theta_T \approx (\Delta\omega/\omega_n)_T^{1/2}/\gamma_0$ 的角度内。因此，对于具体的某种谐波，它使电子束引起的散射辐射谱强度 $\mathrm{d}^2I/(\mathrm{d}\omega\mathrm{d}\Omega)$ 降低，降低因子近似为 θ_0^2/θ_T^2。

8.5.2 电子束能量损失

电子束经汤姆孙散射而辐射时必然有能量损失。能量损失速率等于散射功率，即 $mc^2\mathrm{d}\gamma/\mathrm{d}t = -P_s$，$P_s$ 由方程 (8.56) 给出。假定 $h_0 \approx 4\gamma^2$，使用线偏振激光场，那么按照 $\gamma = \gamma_0/(1+t/\tau_R)$ 可以推导出电子束能量 [5]，这里 t 是电子束-激光相互作用时间，$\tau_R = 3/(4cr_ek_0^2a_0^2\gamma_0)$。使用实用单位写出：

$$\tau_R[\mathrm{ps}] \approx 1.6 \times 10^{22} E_b^{-1}[\mathrm{MeV}]I_0^{-1}[\mathrm{W/cm^2}] \tag{8.80}$$

电子束能量损失的结果是引入谱线加宽的一个附加来源：

$$(\Delta\omega/\omega_n)_R = 2(\gamma_0 - \gamma)/\gamma_0$$

式中，$\gamma_0 - \gamma = \gamma t/\tau_R$。对于典型的激光脉宽和强度，$t/\tau_R \ll 1$，这一效应很小。例如，一个 $2\,\mathrm{ps}(t = 1\,\mathrm{ps})$、强度为 $I_0 = 2.6\times10^{17}\,\mathrm{W/cm^2}(a_0 = 0.43)$ 的激光脉冲与 $E_b = 40\,\mathrm{MeV}(\gamma_0 = 79)$ 的电子束将给出 $(\Delta\omega/\omega_n)_R \approx 0.13\%$。

8.6 激光同步辐射的通量和亮度

非线性汤姆孙散射作为一种机制可以产生 X 射线的辐射。在这一激光同步辐射源中，强激光被对流的相对论电子束反散射。激光同步辐射光源有潜力提供从软 X 射线到硬 X 射线的紧凑型可调短脉冲辐射。在电子束激光同步辐射光源中，假定 $\gamma_0^2 \gg 1$ 和 $a_0^2 \ll 1$，因相对论多普勒频移因子而得到短波长的辐射，即 $\lambda = \lambda_0/(4\gamma_0^2)$。使用已开发的啁啾

式脉冲放大器 (CPA) 后，这种辐射具有超高功率 ($\geqslant 10$ TW) 和超高强度 ($\geqslant 10^{18}$ W/cm^2)；辐射的脉宽超短 (< 1 ps)；重复频率限于 10 Hz。表征同步辐射源特性的两个重要特征参量是光子通量和亮度。通量 F、亮度 B 和通量角密度 $\mathrm{d}F/\mathrm{d}\Omega$ 的定义见 7.1 节。对于在 $a_0^2 \ll 1$ 和 $\gamma_0 \gg 1$ 极限下的基波 ($n = 1$) 反散射 ($\theta = 0°$) 辐射 (即 $\omega \approx \bar{\omega} = 4\gamma_0^2\omega_0$)，得到 $\alpha_1 = a_0^2/4 \ll 1$。于是 $F_1(a_0) \approx a_0^2/4$，该辐射的强度分布 (方程 (8.45) 和方程 (8.47)) 为

$$\frac{\mathrm{d}^2I_1(0)}{\mathrm{d}\omega\mathrm{d}\Omega} = \frac{e^2\omega^2}{32\pi^2\varepsilon_0c^2}\lambda_0N_0a_0^2G_1(\omega), \quad G_1(\omega) = \frac{N_0}{\bar{\omega}}\left[\frac{\sin[\pi(\omega-\bar{\omega})N_0/\bar{\omega}]}{\pi(\omega-\bar{\omega})N_0/\bar{\omega}}\right]^2 \tag{8.81}$$

将方程 (8.61) 对频率在范围 $\Delta\omega_{\mathrm{s}} = \omega_2 - \omega_1$ 内取积分，乘以与激光相互作用的电子通量 $\dot{N}_{\mathrm{b}}(= fI_{\mathrm{b}}/e)$ 再除以每个光子的平均能量 $\hbar\bar{\omega}$ 就确定了该通量角密度 $\mathrm{d}F/\mathrm{d}\Omega$：

$$\frac{\mathrm{d}F_0}{\mathrm{d}\Omega} = \frac{\alpha_{\mathrm{f}}N_0\dot{N}_{\mathrm{b}}a_0^2\gamma_0^2}{4\pi\varepsilon_0} \times \begin{cases} N_0\left(\dfrac{\Delta\omega}{\bar{\omega}}\right)_{\mathrm{s}}, & (\Delta\omega/\bar{\omega})_{\mathrm{s}} \ll 1/N_0 \\ 1, & (\Delta\omega/\bar{\omega})_{\mathrm{s}} \gg 1/N_0 \end{cases} \tag{8.82}$$

f 是充填因子：

$$f = \begin{cases} \sigma_0/\sigma_{\mathrm{b}}, & \sigma_0 < \sigma_{\mathrm{b}} \\ 1, & \sigma_0 \geqslant \sigma_{\mathrm{b}} \end{cases}$$

$\alpha_{\mathrm{f}} = 1/137$ 是精细结构常数，F_0 表示理想电子束 (0 发射度、0 能散度) 情况下的同步辐射谱通量。对于理想电子束，谱宽为 $(\Delta\omega/\bar{\omega})_{\mathrm{s}}$ 的辐射谱通量为 $F_0 \approx 2\pi\theta_{\mathrm{R}}^2(\mathrm{d}F_0/\mathrm{d}\Omega)$，其中 $\theta_{\mathrm{R}}^2 = \theta_0^2 + \theta_{\mathrm{s}}^2$，于是，

$$F_0 \approx 2\pi\alpha_{\mathrm{f}}N_0\dot{N}_{\mathrm{b}}a_0^2(\Delta\omega/\bar{\omega})_{\mathrm{s}} \tag{8.83}$$

对于实际电子束 (具有发射度和能散度)，其谱通量恒等于理想束的谱通量，但是辐射通量的角密度 $\mathrm{d}F/\mathrm{d}\Omega$ 降低了，原因是光子会散布在

一个较大的辐射角 θ_Σ 内，即 $\mathrm{d}F/\mathrm{d}\Omega \approx F_0/2\pi\theta_\Sigma^2$。该辐射角 θ_Σ 与各种角度的关系为 $\theta_\Sigma^2 = \theta_0^2 + \theta_\varepsilon^2 + \theta_{\Delta E/E_{\mathrm{b}}}^2 + \theta_{\mathrm{s}}^2$，后四个角度分别是激光本身的角度、由发射度引起的角度、由能散度引起的角度以及理想电子束情况下的辐射角度：$\gamma_0^2\theta_0^2 = 1/nN_0$，$\gamma_0^2\theta_\varepsilon^2 = \varepsilon_{\mathrm{n}}^2/r_{\mathrm{b}}^2$，$\gamma_0^2\theta_{\Delta E/E_{\mathrm{b}}}^2 = 2\Delta E/E_{\mathrm{b}}$ 和实际使用的谱宽所对应的角度 $\gamma_0^2\theta_{\mathrm{s}}^2 = \Delta\omega/\omega_n$。用实用单位表示的非理想束谱通量为

$$\hat{F}[\mathrm{photon/s}] = 8.4 \times 10^{16} f(L/Z_{\mathrm{R}}) I_{\mathrm{b}}[\mathrm{A}] P_0[\mathrm{GW}](\Delta\omega/\bar{\omega})_{\mathrm{s}} \tag{8.84}$$

亮度 $B = F/[(2\pi)^2(R\theta_\Sigma)^2]$，其中 $R = \sqrt{r_{\mathrm{s}}^2 + (\theta_{\mathrm{t}}L/4\pi)^2\theta_{\mathrm{t}}^2}$ 是辐射源的总有效尺寸，这里，$\theta_{\mathrm{t}}^2 = \theta_0^2 + \theta_{\mathrm{s}}^2 + \theta_n^2$，$\theta_n^2 = (\Delta\omega/\bar{\omega})_n^2/\gamma_0^2$；$r_{\mathrm{s}} = \min\{r_{\mathrm{b}}, r_0/2\}$。用实用单位表示的非理想束对应的辐射亮度为

$$\hat{B}\left[\frac{\mathrm{photon}}{\mathrm{s \cdot mm^2 \cdot mrad^2}}\right]$$
$$= 8.1 \times 10^9 f(L/Z_{\mathrm{R}}) \frac{I_{\mathrm{b}}[\mathrm{A}] E_{\mathrm{b}}^2[\mathrm{MeV}] P_0[\mathrm{GW}]}{r_{\mathrm{s}}^2[\mathrm{mm}]} \frac{(\Delta\omega/\bar{\omega})(1+\delta)}{\Delta\omega/\bar{\omega} + (\delta\omega/\bar{\omega})_T} \tag{8.85}$$

其中，$\delta = [\theta_{\mathrm{t}}L/(4\pi r_{\mathrm{s}})]^2 \ll 1$；$Z_{\mathrm{R}}$ 是瑞利长度。相互作用长度为 $L = \min[2Z_{\mathrm{R}}, L_0/2]$。

为简单起见，已假定了对流式激光–电子束几何，其 X 射线脉冲长度近似为电子束微脉冲长度。较软的 X 射线可以用降低瑞利长度或改变激光–电子束的相互作用角度调节。原则上这两种方法可以产生超短的 X 射线脉冲，其脉冲宽度与激光脉冲同量级。散射辐射的性质包括谱带宽、角分布以及超强度下的辐射谱行为。电子束的发射度和能散度的非理想效应是使散射辐射的谱带宽和角分布加宽。

8.7　小　　结

本章介绍了激光与电子束相互作用的非线性散射理论。对于任意强

度的线偏振或圆偏振的入射激光，这一理论均有效。本章给出了散射辐射强度分布的显式表达式；研究了散射辐射的多种性质，包括谱带宽、角分布和超强情况下 $(a_0 \gg 1)$ 的辐射谱行为；讨论了电子能散度和束发射度的非理想效应，这些因素会使谱线和散射辐射角分布加宽；然后将这些结果应用于可能的激光同步辐射光源构造。

用 $\omega_n = nM_0\omega_0^\circ$ 给出汤姆孙反散射 $(\theta = 0)$ 辐射频率的一般公式。对于线偏振激光，在反散射方向 (轴上) 仅有奇次谐波。反之，圆偏振激光在反散射方向上仅有基波。轴外则存在奇偶谐波。给出散射辐射强度分布的一般表达式。产生短波长 X 射线要求 $M_0 \gg 1$ 或/和 $n \gg 1$。公式 $\Delta\omega/\omega_n = 1/(nN_0)$ 给出具体谐波的固有谱带宽。如果与电子相互作用的激光周期数 $N_0 \geqslant 300$，则可以实现小的谱带宽。能散度、束发射度等的非理想效应会使谱带宽加宽。当 $a_0^2 \ll 1$ 时，仅散射出基波辐射。当 $a_0^2 \gg 1$ 时，产生许多谐波，造成了几乎连续的散射辐射，一直延伸到某个临界谐波数 $n_c \sim a_0^3$，超过谐波数的辐射基本上消失。给出了超强情况下的散射辐射强度分布。改变入射激光的偏振性就可以调节散射辐射的偏振性。从电子束散射的辐射具有很好的准直性。对于 $\gamma_0 \gg 1$ 和 $a_0^2 \ll 1$，频率上移的辐射限制在反散射方向上半锥角为 $\theta \approx (\Delta\omega/\bar{\omega})^{1/2}/\gamma_0$ 的辐射锥内。

激光同步辐射光源为产生 X 射线辐射提供了一种方法。它由于具有许多独特而吸引人的特性而使用于多种光谱学以及成像应用。这些特性包括结构紧凑、造价低、可调性、谱带窄、短脉冲结构、高光子能量、光子束准直性好、偏转的可控性以及高的光子通量和亮度等。这些辐射光子通量和亮度与常规同步辐射相当。目前的激光技术限制了高平均通量和高平均亮度的进一步提高。最近，紧凑型基于啁啾式脉冲放大器技术的固态激光器的发展有能力产生超高强度激光 $(a_0 > 1)$，以满足从实验上探索非线性区的汤姆孙散射和激光同步辐射光源 X 射线的产生。

本章限于讨论和分析用强激光被电子束的汤姆孙 (不相干) 散射 X 射线的产生。但是对于足够冷的电子分布可以用强激光被电子束的受激 (相干) 反散射产生短波长的辐射。受激反散射谐波的产生为用激光泵浦自由电子激光 (LPFEL) 产生 X 射线提供了方法。啁啾式脉冲放大器激光和高亮度电子束的进一步进展可以为实现非相干 (LSS) 和相干 (LPFEL)X 射线的紧凑源而提供必要的技术支撑。

参 考 文 献

[1] Sarachik E, Schappert G. Classic theory of the scattering of intense laser radiation by free electrons. Phy. Rev. D, 1970, 1(10): 2738-2753.

[2] Waltz R, Manley O. Synchrotron-like radiation from intense beams in dense plasmas. Phys. Fluids, 1978, 21: 808.

[3] Sprangle P, Hafizi B, Mako F. New X-ray source for lithography. Appl. Phys. Lett., 1989, 55: 2559.

[4] Carroll F, Waters J, Price R, et al. Near-monochromatic X-ray beams produced by the free electron laser and Compton backscatter. Invest. Radiol., 1990, 25: 465.

[5] Sprangle P, Ting A, Esarey E, et al. Tunable short pulse hard X-ray from a compact laser synchrotron source. J. Appl. Phys., 1992, 72(11): 5032.

[6] Esarey E, Sprangle P, Ting A, et al. Laser synchrotron radiation as a compact source of tunable short pulse hard X-ray. Nucl. Intrum. & Methods in Physics Research, 1993, 331(1-3): 545-549.

[7] Castillo-Herrera C I, Johnston T W. Incoherent harmonic emission from strong electromagnetic waves in plasmas. IEEE Trans. Plasma Sci., 1993, 21(1): 125-135.

[8] Month M, Dienes M. The physics of particle accelerators: based in part on

USPAS seminars and courses in 1989 and 1990. Vol.1//American Institute of Physics, 1992.

[9] Esarey E, Ride S, Sprangle P. Nonlinear Thomson scattering of intense laser pulses from beams and plasmas. Phy. Rev. E, 1993, 48(4): 3003-3021.

[10] Schreiber S. Soft and hard X-ray SASE free electron lasers. Rev. of Accel. Sci. and Tech., 2010, 3: 93-120.

[11] Sprangle P, Esarey E, Ting A. Nonlinear interaction of laser pulses in plasmas. Phy. Rev. A, 1990, 41(8): 4463-4469.

[12] Esarey E, Sprangle P. Generation of stimulated backscattered radiation from intense-laser interactions with beams and plasmas. Phy. Rev. A, 1992, 45(8): 5872-5882.

[13] Ride S, Esarey E, Sprangle P. Thomson scattering of intense laser from electron beams at arbitrary interaction angles. Phy. Rev. E, 1995, 52(5): 5425-5442.

[14] Abramowitz M, Stegun I. Handbook of Mathematical Functions. New York: Dover, 1970.

[15] Jackson J. Classical Electrodynamics. 2nd ed. New York: John & Wiley, 1975.

致　　谢

　　本书献给我的岳父李国珍先生，老先生是我科学研究生涯的引路人，虽然他所从事的研究领域和我的研究领域交集不多，但他的科研理念、思维模式、探索未知世界的方法，让我获益良多。老先生从小立志科学研究，1954 年被选入哈尔滨军事工程学院学习，1960 年大学毕业之际又被选入核武器研究队伍，曾任九院 (现中国工程物理研究院) 一所 102 室主任，为我国的核武器事业作出了贡献。特别是他在 20 世纪 80 年代初，目睹研究院所地处山区，吸引青年科技人才难，留住青年科技人才更难，同时科研工作的效率也大打折扣，这不利于九院事业的发展，他不顾个人得失，向上级领导（院领导、核工业部领导）提议将研究院所迁往大城市，后经院领导、核工业部领导等的共同努力，终于有了 839 工程，将全院的 8 个研究所从山区迁往绵阳，为九院事业的再出发，迈向更高的高峰打下了良好的基础。岳父的大局观影响着我在科学研究探索中尽可能地有高度、有广度。

　　感谢我的恩师陶祖聪先生。先生清华大学毕业后，赴苏联留学深造，回国后在中国科学院物理研究所工作，1959 年 6 月苏联撤走专家后，应国家之需，调入九院投入我国核武器集体攻关的会战，是第一批调到九院的 105 将之一，曾任中国工程物理研究院总工程师，也是我国 863 高技术 416 专题第一任首席科学家，为我国的核武器事业和激光惯性约束聚变点火事业不辞辛劳、鞠躬尽瘁，他不幸英年早逝，在他弥留人间最后的日子里，我有幸陪同数日，其间，他谆谆教诲我，作为炎黄子孙，有幸成为核武器研究队伍的一员，一定要珍惜这个机会，为中华民族贡献自己的一份力量。在我科研生涯的迷茫之际，每每想起先生的教诲，我重获前进的力量，不止科学研究探索之步。

感谢我的上级领导丁伯南院士，从我入职伊始，与他共事了 24 年，受益良多。不管是加班熬夜，攻克技术难关，或是闲暇小酌，忆往日峥嵘岁月，他与我们年轻人亦师亦友，带领我们直线感应加速器研制团队茁壮成长，他常教诲我 "珍惜每个机会，勇迎挑战，关注细节，多观察勤思考，厚积薄发"。从他身上，我学到了坚韧、细致、宽容等优秀品德。

感谢施将君老师，从我攻读博士学位开始，直至我步入花甲之年，施老师给过我许多专业技术上与职业生涯上的指导和无私的帮助，本书的许多内容是由施老师提供的。施老师严谨、敏锐、勇于坚持科学真理的科学研究作风为我树立了榜样。

感谢我妻子李雅娟和女儿章芷若对我的诸多鼓励与支持。特别是雅娟她秉承家训 "清白做人，认真做事，志存高远，勤勿蹉跎"，始终如一地激励我要在自己的研究领域有所建树，此书的编撰成功，与她的督促与鼓励是分不开的。女儿的乖巧和努力上进也是我完成此书的动力。

感谢我的父亲章昆恒先生、母亲孙爱梅女士，是你们给了我顽强生长的生命，并再三叮嘱我时刻不忘 "忠厚待人，勤俭持家" 的家训，秉持 "向善向上" 的生活原则，为家庭、为集体贡献力量。感谢岳母张学琴女士，您勤劳、善良、宽厚待人的品质是我做人的榜样。

此外，我还要感谢我的许多师长、亲友、同仁、学生，他们都给予我许多的帮助和暖心的情谊，是他们的关注与鼓励，使我不停地在科学研究路上蹒跚前行，有了些许收成，因篇幅有限，这里不再赘述。书中不妥之处在所难免，敬请批评指正。

章林文

2022 年 8 月 19 日